AF873252

BÜCHEREI DER HOCHFREQUENZTECHNIK

HERAUSGEGEBEN VON

H. FRÜHAUF
DRESDEN

BAND 15

DIE AUSBREITUNG DER ULTRAKURZEN WELLEN

VON

PETR BECKMANN

LEIPZIG 1963
AKADEMISCHE VERLAGSGESELLSCHAFT
GEEST & PORTIG K.-G.

DIE AUSBREITUNG DER ULTRAKURZEN WELLEN

VON

PETR BECKMANN
DOKTOR DER TECHNISCHEN WISSENSCHAFTEN
PRAG

MIT 86 BILDERN UND 16 TABELLEN

LEIPZIG 1963
AKADEMISCHE VERLAGSGESELLSCHAFT
GEEST & PORTIG K.-G.

Alle Rechte bei der Akademischen Verlagsgesellschaft Geest & Portig K.-G., Leipzig
© Petr Beckmann, Prag. 1963
Printed in Germany. Lizenz-Nr. 276 – 105/36/63
Gesamtherstellung: Druckerei Fortschritt, Erfurt, Werk II

Vorwort

Dieser Schrift liegen Vorlesungen zugrunde, die der Verfasser im Jahre 1959 an der Hochschule für Elektrotechnik Ilmenau hielt. Das Werk befaßt sich mit den Grundlagen der Ausbreitung der Radiowellen von weniger als 10 m Wellenlänge. Es soll den Wissenschaftlern und Technikern die Möglichkeit geben, einen Überblick über die Grundprobleme der UKW-Ausbreitung zu gewinnen, um dann die einzelnen speziellen Probleme dieses Faches an Hand der zahlreichen, meist in der periodischen Literatur enthaltenen kurzen Arbeiten weiterstudieren zu können.

In den letzten zehn Jahren ist besonders die Ausbreitung der UKW jenseits des Horizontes Gegenstand vieler Forschungsarbeiten und praktischer Anwendungen gewesen. Die Behandlung dieses Gebietes allein würde schon die Abfassung eines Buches rechtfertigen[1]; das Ziel der vorliegenden Schrift ist es jedoch, einen allgemeinen Überblick über die gesamte UKW-Ausbreitung zu bieten. Deshalb sind die allgemeinen Prinzipien der UKW-Ausbreitung jenseits des Horizontes in einem einzigen Kapitel zusammengefaßt worden; dagegen enthält dieses Buch u. a. auch die Prinzipien der Ausbreitung auf freie Sicht, der Streuung an Meteorenspuren und der Ausbreitung im Weltall.

Die Forschung auf dem Gebiet der UKW-Ausbreitung hat in den vergangenen Jahren einen großen Aufschwung erfahren, wobei es zu einer regen internationalen Zusammenarbeit kam. Der Verfasser gedenkt hier des Erfahrungsaustausches und der Zusammenarbeit mit den Wissenschaftlern in anderen Ländern, besonders mit den Kollegen des Instituts für Radiotechnik und Elektronik der Sowjetischen Akademie der Wissenschaften, des Geophysikalischen Instituts der Bulgarischen Akademie der Wissenschaften, des Forschungsinstituts für Fernmeldewesen (TKI) Budapest, des Meteorologischen Observatoriums (jetzt Observatorium für Ionosphärenforschung) Kühlungsborn, des Rundfunk- und Fernsehtechnischen Zentralamts (Außenstelle Kolberg), des Heinrich-Hertz-Instituts der Deutschen Akademie der

[1]) Seit Abschluß des Manuskriptes ist ein solches Buch erschienen (Du Castel, F.: Propagation troposphérique et faisceaux hertziens transhorizon, Paris 1961).

Wissenschaften, des Fernmeldetechnischen Zentralamts Darmstadt, des Département Transmissions des C.N.E.T. Paris, der D.S.I.R. Radio Research Station, Slough, England, des National Bureau of Standards, Boulder, Colorado, USA, und aller anderen Wissenschaftler, mit denen die tschechoslowakische Forschung auf diesem Gebiet zusammengearbeitet hat, von denen sie viel erfahren konnte und denen sie ihre bescheidenen Beiträge zur Verfügung stellte. Möge die Freundschaft, die durch gemeinsame Interessen auf diesem Gebiet zustandegekommen ist, erhalten bleiben und als Vorbild für alle Arten der menschlichen Tätigkeit dienen.

Der Verfasser dankt Herrn Professor Dr. H. Frühauf für die gewissenhafte Durchsicht des Manuskriptes und dem Verlag für die Mühe, die er sich mit der Herausgabe des Buches gegeben hat. Er hofft, daß der vorliegende Überblick über die UKW-Ausbreitung Wissenschaftlern und Technikern nützlich sein wird.

Prag, im April 1962 PETR BECKMANN

Inhalt

1. Einleitung

Die Radiowellen unter 10 m Wellenlänge, die wir als ultrakurze Wellen bezeichnen, haben zwei besondere Eigenschaften, die sie bezüglich der Ausbreitung von den Wellen des restlichen Radiospektrums unterscheiden:

a) Sie werden (bis auf die in Kap. 7 angeführten Ausnahmen) von der Ionosphäre wenig oder gar nicht beeinflußt.

b) Ihre Wellenlänge ist vergleichbar mit Geländegebilden, Bäumen, Sträuchern, Häusern, Flugzeugen usw. oder kleiner als diese. Von besonderer Wichtigkeit ist es, daß die Wellenlänge üblicherweise viel kleiner ist als die Antennenhöhe des Senders und Empfängers über der Erdoberfläche.

Als Folge der ersten Eigenschaft wird die Reichweite der UKW auf der Erdoberfläche begrenzt; dies ist im allgemeinen ein Vorteil, da sich zwei geographisch weit auseinanderliegende Sender auf derselben Frequenz nicht stören.

Als Folge der zweiten Eigenschaft ergibt sich, daß man in vielen Fällen das elektromagnetische Feld mit den Methoden der geometrischen Optik berechnen kann. Dies trifft besonders bei der Berechnung der Feldstärke zu, die von hoch über dem Erdboden befindlichen Antennen erzeugt wird, wobei die Höhe der Antenne über dem Erdboden in Wellenlängen gemessen wird. Die kleine Wellenlänge ermöglicht auch die Anwendung der UKW auf die Funkortung, da z. B. die Wirkfläche eines Flugzeuges nur bei UKW groß genug ist, um eine meßbare Leistung zum Funkortungsgerät zurückzustreuen. Schließlich ist dieselbe Eigenschaft die Ursache dafür, daß im UKW-Bereich der Einfluß des Bodens nicht mehr so sehr durch seine elektrischen Eigenschaften (Leitfähigkeit, Dielektrizitätskonstante) als durch die geometrische Form des Geländes und der darauf befindlichen Gegenstände (Bäume, Sträucher, Häuser usw.) zur Geltung kommt. Eine eigentliche Bodenwelle im Sinne der längeren Wellen des Funkspektrums tritt aus mehreren Gründen nicht auf: Erstens kommt es nur selten vor, daß sich eine UKW-Sender-Antenne — in Wellenlängen gemessen — praktisch auf dem Boden befindet. Ausnahmen sind z. B. in Kraftwagen (Polizeiwagen, Sanitätswagen) eingebaute Senderanlagen auf Meterwellen. Zweitens werden auch in diesem

Fall die Streuung, Beugung und Reflexion an Hindernissen der Erdoberfläche eine größere Rolle spielen als die elektrischen Eigenschaften der Bodenmaterie. Drittens ist auch bei glattem Gelände die Dämpfung der eigentlichen Bodenwelle wegen der hohen Frequenz groß. Dabei ist zu beachten, daß die van der Polsche Formel [Doluchanow 1956] für den UKW-Bereich nicht immer genau zutrifft, da sie unter Annahme einer großen komplexen Dielektrizitätskonstante

$$|\varepsilon_k'| = |\varepsilon' - i \cdot 60\,\lambda\sigma| \gg 1 \tag{1.1}$$

abgeleitet ist, wo ε' die reelle relative Dielektrizitätskonstante, λ die Wellenlänge und σ die Leitfähigkeit (alles in MKS-Einheiten) sind. In den meisten Fällen ist σ des Erdbodens von der Größenordnung 10^{-2} bis 10^{-3} S/m, so daß nur der reelle Teil von ε_k' im UKW-Bereich von Bedeutung ist. Nun ist aber z. B. bei trockenem Boden ε' nur etwa 4 bis 5, so daß (1.1) nicht mehr zutrifft. Aber auch wenn (1.1) gilt, zeigt die van der Polsche Formel, daß die Dämpfung der Bodenwelle im UKW-Bereich sehr groß ist. Im allgemeinen kann man jedoch die Bodenwelle (im Sinne der längeren Wellen) im Meterbereich meist und im Dezimeter- und Zentimeterbereich praktisch immer vernachlässigen.

Eine für die Funktechnik unangenehme (und für die Radiometeorologie vorteilhafte) Folge der Eigenschaft b) ist die Dämpfung und Streuung der Zentimeterwellen an meteorologischen Niederschlägen (Regen, Schnee, Hagel) und an Wassertröpfchen und Eiskristallen in Gewitterwolken. Diese Erscheinung wird in Kapitel 6 behandelt werden.

Die Tatsache, daß als Trägerwelle für Modulatoren mit großer Bandbreite, wie z. B. das Fernsehen und die Mehrkanaltelefonie, nur ultrakurze Wellen wegen ihrer hohen Frequenz in Betracht kommen, ist keine Folge der Ausbreitungserscheinung. Trotzdem muß man diese Anwendungen eigens bei der Ausbreitung berücksichtigen, da z. B. eine Reflexion durch ein Objekt in der Nähe einer Empfangsantenne die Güte eines Fernsehbildes beträchtlich vermindern kann. Beim Farbfernsehen kann sogar die Phasenverschiebung, die bei der Reflexion eintritt, die übertragene Farbe ändern.

Die Besonderheit der UKW-Ausbreitung besteht also in der Art, wie diese Wellen von der Erdoberfläche und der Atmosphäre beeinflußt werden.

2. Die Ausbreitung auf freie Sicht

2.1. Die einfache Reflexionsformel

Unter Ausbreitung auf freie oder „optische Sicht" versteht man oft die Ausbreitung auf einer Funkstrecke, bei der der Sender am Empfangspunkt optisch sichtbar ist. In Wirklichkeit ist eine so einfache Definition ungenügend, da unter Umständen schwierige Beugungseffekte an Gegenständen in der Nähe des geradlinig und dünn gedachten Funkstrahles auftreten können.

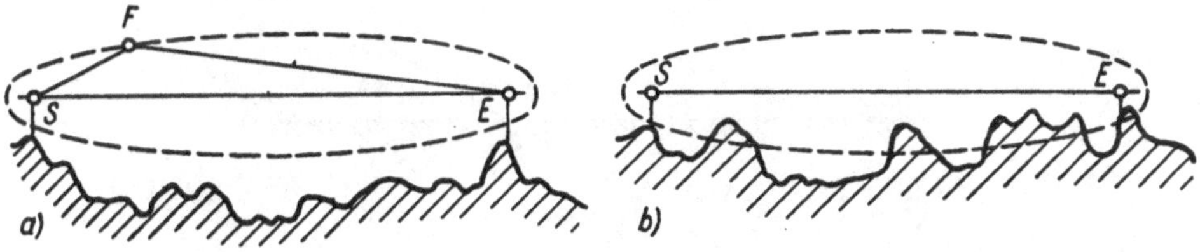

Bild *2.1.* *a* Ausbreitung auf freie Sicht; *b* nichtoptische Strecke

Unter „Ausbreitung auf freie Sicht" werden wir daher die Ausbreitung auf einer Strecke verstehen, bei der das erste Fresnelsche Ellipsoid[1]) frei ist (Bild *2.1a*); wenn Hindernisse in das erste Fresnelsche Ellipsoid eindringen (Bild *2.1b*), kann man die entsprechenden Beugungseffekte nicht mehr vernachlässigen. Die Frage wird in Kapitel 4 besprochen werden. Vorläufig setzen wir voraus, daß die erste Fresnelzone zwischen Sender S und Empfangspunkt E frei ist und daß sich die Punkte S und E so hoch (in Wellenlängen λ gemessen) über dem Erdboden befinden, daß man aus den in der Einleitung erwähnten Gründen die geometrische Optik anwenden kann.

Wir nehmen vorerst ebenen und glatten Boden an; dann können wir die empfangene Feldstärke als die Vektorensumme des direkten und des am

---

[1]) Das n-te Fresnelsche Ellipsoid ist der geometrische Ort aller Punkte F, für die nach Bild *2.1a*

$$\overline{SF} + \overline{FE} = \text{konst.} = \overline{SE} + n\,\frac{\lambda}{2}$$

gilt, wobei λ die benutzte Wellenlänge ist (s. Abschn. 4.1 und 4.3).

Erdboden reflektierten Strahles berechnen. Der Sender mit der Leistung P und dem Antennengewinn D (in Richtung zum Empfänger gemessen) befinde sich im Punkte A (Bild 2.2). Im Empfangspunkt B ist dann offensichtlich

$$E = E_0(1 + |R|\, e^{i(\Theta_1 + \Theta_2)}), \tag{2.1}$$

wo

$$E_0 = \frac{\sqrt{60\, PD}}{r} \tag{2.2}$$

die Feldstärkeamplitude des direkten Strahles (im freien Raum) und R der Fresnelsche Reflexionskoeffizient ist; Θ_1 ist die Phasenverschiebung, die bei

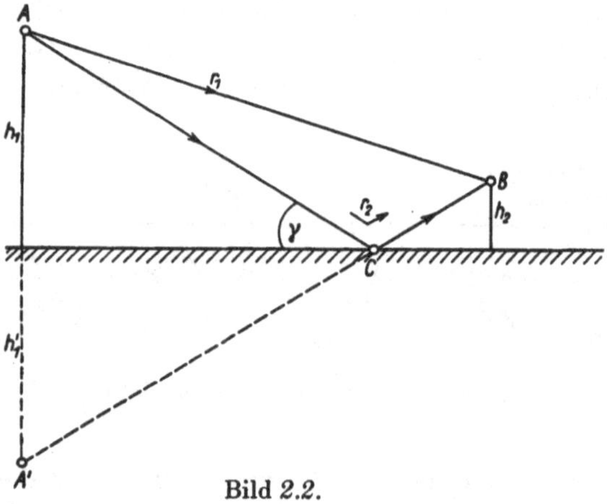

Bild 2.2.

Geometrische Größen bei der Ausbreitung auf freie Sicht über glatter, ebener Erde

der Reflexion eintritt und Θ_2 der Phasenunterschied, der durch die unterschiedliche Weglänge AB und ACB verursacht wird. Die Fresnelschen Reflexionskoeffizienten werden in der Theorie des elektromagnetischen Feldes abgeleitet (s. z. B. [Stratton 1941]) für Vertikalpolarisation ($\mathfrak{E}$ in der Ebene ACB) ist der Reflexionskoeffizient

$$R^+ = \frac{Y \sin\gamma - \sqrt{Y - \cos^2\gamma}}{Y \sin\gamma + \sqrt{Y - \cos^2\gamma}} \tag{2.3}$$

und für Horizontalpolarisation ($\mathfrak{E}$ senkrecht zur Ebene ACB)

$$R^- = \frac{\sin\gamma - \sqrt{Y - \cos^2\gamma}}{\sin\gamma + \sqrt{Y - \cos^2\gamma}}. \tag{2.4}$$

Hierbei ist Y die normalisierte (bezogene) Admittanz [Beckmann 1956] der ebenen Grenzfläche (des Erdbodens)

$$Y = \frac{\varepsilon' - \mathrm{i}\, 60\, \lambda \sigma}{\mu'}, \tag{2.5}$$

wo ε' die relative Dielektrizitätskonstante ($\varepsilon' = \varepsilon/\varepsilon_0 = \varepsilon/36\pi \cdot 10^{-9}$), $\mu'(=1)$ die relative Permeabilität des Erdbodens und σ die spezifische Leitfähigkeit (Siemens/Meter) des Erdbodens sind. Der Streifwinkel γ, der zur Bestimmung von $R^{\pm}$ und Θ_1 notwendig ist, ist gemäß Bild *2.2*

$$\gamma = \arc\tan \frac{h_1 + h_2}{r}. \tag{2.6}$$

In der Praxis ist meist

$$h_1, h_2 \ll r. \tag{2.7}$$

Den Unterschied Δr in der Weglänge AB und ACB bestimmt man dann, indem man $AB = r_1$ und $A'CB = r_2$ durch den Pythagoräischen Satz ermittelt; nach Reihenentwicklung und Vernachlässigung der Größen zweiter Ordnung erhält man

$$\Delta r = \frac{2 h_1 h_2}{r}. \tag{2.8}$$

Folglich ist der Phasenunterschied zwischen den zwei Strahlen

$$\Theta_2 = \frac{2\pi}{\lambda} \Delta r = \frac{4\pi\, h_1 h_2}{\lambda r}. \tag{2.9}$$

Wird dies in (2.1) eingesetzt, dann ergibt sich für den Effektivwert der Feldstärke die „Reflexionsformel"

$$E_{\text{eff}} = \frac{|E|}{\sqrt{2}} = \frac{\sqrt{30\, PD}}{r} \sqrt{1 + 2\,|R| \cos\left(\Theta_1 + \frac{4\pi h_1 h_2}{\lambda r}\right) + |R|^2}. \tag{2.10}$$

In außergewöhnlichen Fällen, wo (2.7) nicht erfüllt ist (z. B. bei Funkverbindungen zwischen nicht weit voneinander entfernten Flugzeugen), ist die Ableitung von Θ_2 noch einfacher, als hier angegeben wurde, da dann γ ein recht großer Winkel wird. Auf der anderen Seite ist folgendes zu beachten: Bei großen Streifwinkeln muß der Antennengewinn D in Richtung AB nicht mehr derselbe sein wie in Richtung AC, so daß dann (2.1) die Form

$$E = \frac{\sqrt{60\, P}}{r} \left(\sqrt{D_1} + \sqrt{D_2}\right) |R|\, \mathrm{e}^{\mathrm{i}(\Theta_1 + \Theta_2)} \tag{2.11}$$

annimmt. Weiter ist zu beachten, daß bei vertikaler Polarisation die 𝔈-Vektoren der beiden Strahlen räumlich einen Winkel bilden. Bei großen γ muß man also die zwei Feldstärken nicht nur phasenmäßig, sondern auch noch räumlich vektoriell zusammenzählen. Bei horizontaler Polarisation fällt diese Bemerkung natürlich weg, da dann beide $\mathfrak{E}$-Vektoren im Raume dieselbe (waagerechte) Richtung haben.

In der Praxis wird der eben erwähnte Fall nur selten vorkommen; dagegen wird (2.7) meist so weit erfüllt sein, daß der Winkel

$$\gamma \approx \frac{h_1 + h_2}{r} \tag{2.12}$$

genügend klein ist, so daß man von der Beziehung

$$\lim_{\gamma \to 0} R = -1 \tag{2.13}$$

Gebrauch machen kann. (Hierbei ist zu bemerken, daß bei horizontaler Polarisation R seinem Grenzwert schneller zustrebt als bei vertikaler.) Setzen wir nun (2.13) in (2.10) ein, erhalten wir nach einfachen trigonometrischen Transformationen

$$E_{\text{eff}} = \frac{2\sqrt{30\,PD}}{r} \left| \sin \frac{2\pi h_1 h_2}{\lambda r} \right| . \tag{2.14}$$

Der absolute Betrag kommt dadurch zustande, daß die Wurzel in (2.10) immer positiv genommen werden muß, da es sich ja um einen Effektivwert handelt.

Wenn nun schließlich der Winkel γ so klein wird, daß man in (2.14) den Sinus durch sein Argument approximieren kann, was man allgemein bei

$$\frac{2\pi h_1 h_2}{\lambda r} \leqq \frac{\pi}{9}, \quad \text{d. h.} \quad h_1 h_2 \leqq \frac{\lambda r}{18} \tag{2.15}$$

annimmt, dann erhalten wir die von Wwedenski schon 1929 abgeleitete „quadratische“ Formel

$$E_{\text{eff}} = \frac{4\pi h_1 h_2}{r^2 \lambda} \sqrt{30\,PD}. \tag{2.16}$$

Es ist bemerkenswert, daß die Feldstärke sowohl nach (2.10) als auch nach (2.14), nicht aber nach (2.16) mit r oszilliert. Die Oszillationen werden durch Phaseninterferenz zwischen direktem und reflektiertem Strahl hervorgerufen. Eine einfache Berechnung des Argumentes im Kosinus in (2.10) bzw. Sinus in (2.14) zeigt, daß mit zunehmendem r die Interferenzperioden immer langsamer durchlaufen werden: Der Gang von E_{eff} als Funktion von r ist in

Bild *2.3 symbolisch* dargestellt. Wird nun r so groß, daß das Argument kleiner als π wird, d. h.,

$$r \geq \frac{2\pi h_1 h_2}{\lambda}, \tag{2.17}$$

so kann sich kein Wert wiederholen. Die Funktion oszilliert nicht mehr, sondern nimmt nur noch monoton ab. In diesem Bereich, wenn r nach (2.15)

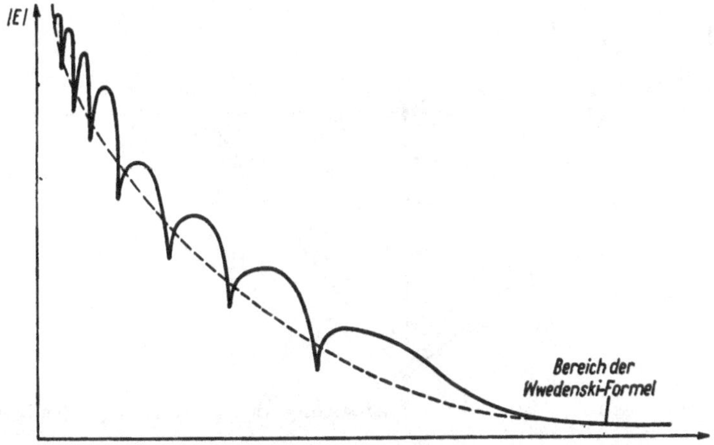

Bild *2.3.* Symbolische Darstellung der Feldstärke als Funktion der Entfernung mit Interferenzmaxima

noch 9mal größer als der Grenzwert in (2.17) ist, gilt erst die quadratische Formel (2.16).

Die hier abgeleiteten Formeln bilden die Grundlage für die UKW-Ausbreitung auf freie Sicht bei der (ziemlich unreellen) Annahme einer glatten und ebenen Erdoberfläche sowie einer brechungsfreien Atmosphäre.

2.2. Die Ausbreitung über gekrümmter Erde

Die Formeln des vorhergehenden Abschnitts kann man auf den Fall der kugelförmigen Erde verallgemeinern, indem man

1. die im Reflexionspunkt tangierende Ebene,
2. die Streuung der Energie an einer konvexen Oberfläche betrachtet.

Nach Bild *2.4* ist geometrisch die Situation der ebenen Erde äquivalent, wenn wir die tangierende Ebene *DCE* als flache Erde annehmen und statt der wirklichen Antennenhöhen h_1 und h_2 die effektiven Antennenhöhen h_1' und h_2' über dieser Ebene nehmen. (Da die Winkel φ_1 und φ_2 bei UKW-

Reichweiten auf optische Sicht sehr klein sind, haben natürlich in Wirklichkeit AD, bzw. BE, praktisch dieselbe Richtung wie AA', bzw. BB'.) Bis auf die Berücksichtigung der Streuung an einer konvexen Kugelfläche bleiben

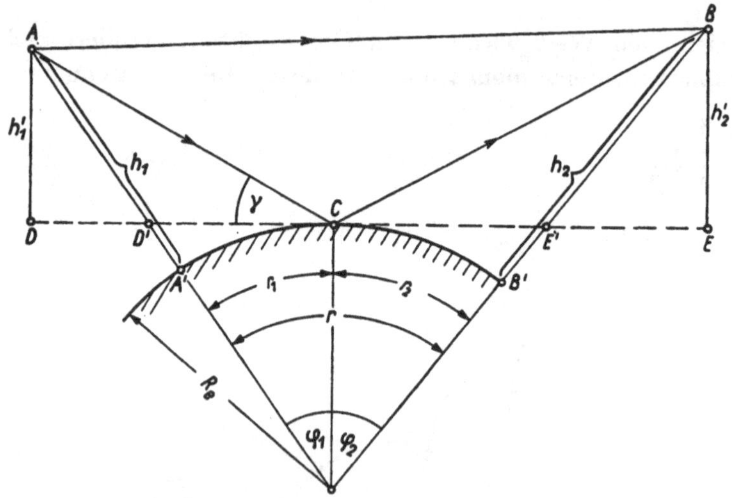

Bild 2.4. Geometrische Größen bei der Ausbreitung über glatter, kugelförmiger Erde

also nur die Größen h_1', h_2' und r_1 oder $r_2 = r - r_1$ zu berechnen. Die letzteren brauchen wir, um den Streifwinkel γ zu bestimmen:

$$\tan \gamma = \frac{h_1'}{r_1} = \frac{h_2'}{r_2}. \tag{2.18}$$

Wir berechnen zunächst

$$h_1' = h_1 - \Delta h_1, \tag{2.19}$$

wo $\Delta h_1 = D'A'$. Es ist

$$\cos \varphi_1 = \frac{R_e}{R_e + \Delta h} \tag{2.20}$$

mit $R_e = 6370$ km als Erdradius; folglich ist

$$\sin \varphi_1 = \frac{\sqrt{2\, R_e\, \Delta h_1 + (\Delta h_1)^2}}{R_e + \Delta h_1}. \tag{2.21}$$

Da nun bei UKW-Ausbreitung aller Art (mit Ausnahme der Satelliten- oder kosmischen Quellen) der Winkel γ immer sehr klein ist, ist $\sin \varphi_1 \approx \varphi_1$; durch Vernachlässigen von Größen zweiter Ordnung ist dann

$$\varphi_1 = \frac{\sqrt{2 R_e \Delta h_1}}{R_e} \tag{2.22}$$

und somit

$$r_1 = R_e \varphi = \sqrt{2 R_e \Delta h_1}, \tag{2.23}$$

so daß

$$\Delta h_1 = \frac{r_1^2}{2 R_e} \tag{2.24}$$

und nach Einsetzen in (2.19) schließlich

$$h_1' = h_1 - \frac{r_1^2}{2 R_e} \tag{2.25}$$

wird.

Ganz analog findet man

$$h_2' = h_2 - \frac{r_2^2}{2 R_e}. \tag{2.26}$$

Um r_1 zu finden, gehen wir von (2.18) aus:

$$\tan \gamma = \frac{h_1 - \frac{r_1^2}{2 R_e}}{r_1} = \frac{h_2 - \frac{r_2^2}{2 R_e}}{r_2}. \tag{2.27}$$

Die einfachen Sonderfälle sind die folgenden:

Wenn $h_1 = h_2$, ist aus Symmetriegründen

$$r_1 = r_2 = \frac{r}{2} \qquad (h_1 = h_2). \tag{2.28}$$

Weiter folgt aus (2.27) für $h \gg h'$

$$r_1 = \frac{h_1}{h_1 + h_2} r \qquad (h_1 \gg h_1') \tag{2.29}$$

und aus (2.23) für $\gamma = 0$

$$r_1 = \frac{\sqrt{h_1}}{\sqrt{h_1 + h_2}} r. \tag{2.30}$$

Im allgemeinen Falle führt (2.27) auf die kubische Gleichung in r_1

$$2 r_1^3 - 3 r r_1^2 + (r^2 - 2 R_e h_1 - 2 R_e h_2) r_1 + 2 R_e h_1 r = 0. \tag{2.31}$$

Da es immer unangenehm und zeitraubend ist, eine kubische Gleichung zu lösen, sind Nomogramme für r_1 sowie für andere geometrische Größen der Ausbreitung über kugelförmiger Erde ausgearbeitet worden [Kerr 1951, Doluchanow 1951, Kalinin 1955, Arenberg 1957, Beckmann und Spizzichino 1962]. Bild *2.5* zeigt ein solches Nomogramm nach Kalinin [1955] und Arenberg [1957]. Es werden die dimensionslosen Hilfsgrößen

$$A = \frac{2R_e h_1}{r^2}, \qquad B = \frac{2R_e h_2}{r^2} \tag{2.32}$$

und

$$K = \frac{r_1}{r} \qquad (0 \leqq K \leqq 1) \tag{2.33}$$

eingeführt. Man bestimmt A und B durch die gegebene Streckenlänge r, die Antennenhöhen h_1, h_2 und den Erdradius R_e (der wirkliche Erdradius beträgt

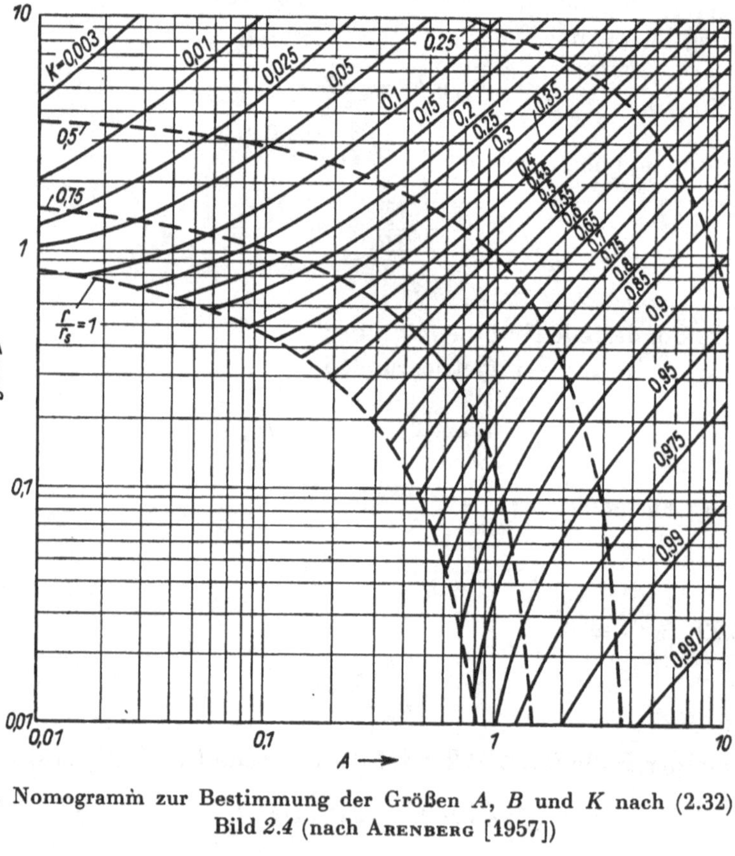

Bild *2.5*. Nomogramm zur Bestimmung der Größen A, B und K nach (2.32) (2.33) und Bild *2.4* (nach Arenberg [1957])

im Mittel 6370 km; wie im nächsten Kapitel gezeigt werden wird, setzt man jedoch einen größeren Wert ein, um die atmosphärische Brechung zu berücksichtigen). Aus dem Nomogramm auf Bild *2.5* bestimmt man dann K, und folglich nach (2.33) r_1.

Die gestrichelten Kurven auf Bild *2.5* geben das Verhältnis r/r_s an, wo r_s die Sichtweite zwischen zwei Punkten ist, deren Höhen h_1 und h_2 sind. Die Sichtweite der Höhe h_1 (Entfernung des Horizontes) folgt direkt aus (2.23), wenn wir Δh_1 nach (2.19) durch h_1 ersetzen:

$$r_s(h_1, 0) = \sqrt{2 R_e h_1}\,. \tag{2.34}$$

Die Sichtweite zwischen zwei Punkten, deren Höhen h_1 und h_2 sind, ist also

$$r_s = \sqrt{2 R_e}\left(\sqrt{h_1} + \sqrt{h_2}\right). \tag{2.35}$$

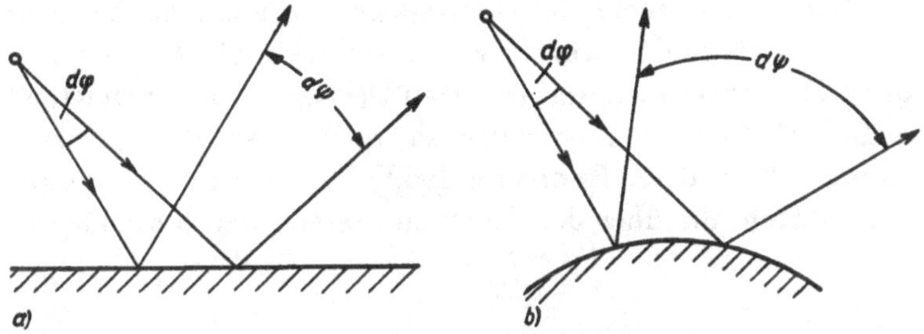

Bild *2.6*. Divergenz der reflektierten Strahlen. *a* bei ebener, *b* bei kugelförmiger Erde

Durch Kenntnis von r_1 aus Bild *2.5* und h_1', h_2' aus (2.25) und (2.26) können wir also die Aufgabe auf den Fall der Ausbreitung über ebener Erde überführen.

Dabei haben wir jedoch nicht berücksichtigt, daß sich bei Reflexion an einer Kugel das einfallende Strahlenbündel erweitert und daß dadurch im Empfangspunkt ein Energieverlust durch diese Streuung entsteht (Bild *2.6*). Bei Reflexion an einer Ebene gilt $d\varphi = d\psi$, während bei einer Kugel $d\chi = d\varphi + 2\,d\alpha$ ist. Deswegen führen wir den „Divergenzkoeffizienten“ G ein, der als Verhältnis der reflektierten Feldstärke an einer Kugel zur reflektierten Feldstärke an einer Ebene unter sonst gleichen Bedingungen definiert ist:

$$G = \frac{E_{\text{Kugel}}}{E_{\text{Ebene}}}\,. \tag{2.36}$$

Nach einfachen, aber etwas langwierigen geometrischen Betrachtungen kommt man zum Resultat

$$G^2 = \frac{1}{1 + \dfrac{2 h_1' h_2'}{\gamma^3 R_e r}}\,. \tag{2.37}$$

Zusammenfassend kann man also sagen, daß die Ausbreitung über glatter, kugelförmiger Erde auf die Formeln des Abschnittes 2.1 wie folgt überführt werden kann:

1. Man bestimmt r_1 durch Berechnung aus (2.14) oder direkt aus dem Nomogramm auf Bild *2.5*.
2. Man bestimmt h'_1 und h'_2 nach (2.8) und (2.9).
3. Man bestimmt G nach (2.37).
4. Man ersetzt h_1 und h_2 durch h'_1 und h'_2 und den Reflexionskoeffizienten R durch den Kugelreflexionskoeffizienten GR und verwendet die zutreffenden Formeln des Abschnitts 2.1.

Hierbei ist zu beachten, daß, wenn sich die Streckenlänge r der Sichtweite r_s nähert, die Reflexionsformeln ihre Gültigkeit verlieren, da bei $\gamma = \Delta r \doteq 0$ die Feldstärke verschwinden würde, was der Wirklichkeit widerspricht. Das Problem der Feldstärke im „Halbschatten" ($r \approx r_s$) und „Schatten" ($r > r_s$) läßt sich nicht mehr mit der geometrischen Optik lösen; die Lösung mit Hilfe der Wellenoptik [Fok 1946, Bremmer 1949] führt zu außerordentlich komplizierten Resultaten, die über den Rahmen dieses Buches hinausgehen.

2.3. Das Antennenrichtdiagramm über ebener Erde

Es sei das Richtdiagramm einer Antenne in der Vertikalebene durch

$$D(\varphi) \tag{2.38}$$

gegeben, wo D der Antennengewinn ist und der Winkel φ von der waagerechten Ebene (gleichgültig, wo $D_{\max}$ liegt) gemessen wird.

Da wir den direkten Strahl *1* und den von der Erde reflektierten Strahl *2* bei genügend entferntem Beobachtungspunkt als praktisch parallel auffassen können, wird die Feldstärke in dieser Richtung aus zwei Wellen bestehen: aus der direkten mit Fiktivleistung PD_1 und aus der reflektierten mit Fiktivleistung RPD_2, wo D_1 und D_2 die Antennengewinne in den aus Bild *2.7* ersichtlichen Richtungen sind. Die Feldstärke in Richtung φ wird also ganz analog zu (2.10) bzw. (2.11) Abschnitt 2.1,

$$E_{\text{eff}} = \frac{\sqrt{30P}}{r} \sqrt{D_1 + 2\sqrt{D_1 D_2}\,|R| \cos\left(\Theta_1 + \frac{4\pi h_1}{\lambda} \cdot \frac{h_2}{r}\right) + D_2\,|R|^2}. \tag{2.39}$$

Der unter der zweiten Wurzel stehende Ausdruck ist offensichtlich der neue Gewinn der Antenne, wobei

$$\frac{h_2}{r} = \sin\gamma \tag{2.40}$$

ist. Bezeichnen wir nun den neuen, durch Mitwirkung der Erdoberfläche bezeichneten Gewinn mit D_E, so ist

$$D_E = D_1 + 2\sqrt{D_1 D_2}\,|R| \cos\left(\Theta_1 + \frac{4\pi h_1}{\lambda} \sin\gamma\right) + D_2\,|R|^2 . \tag{2.41}$$

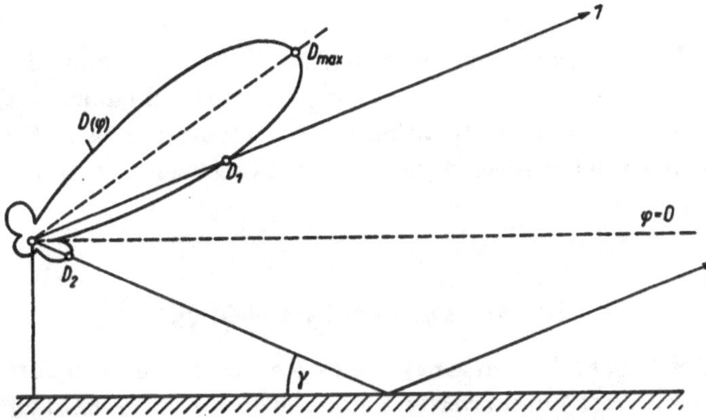

Bild 2.7. Zur Ableitung des Antennendiagramms über glatter Erde

Aus Bild 2.7 ist zu ersehen, daß

$$D_1 = D(\varphi), \quad D_2 = D(-\varphi), \quad \gamma = \varphi \tag{2.42}$$

sind. Es ist also

$$D_E(\varphi) = D(\varphi) + 2\sqrt{D(\varphi)\,D(-\varphi)}\,|R(\varphi)| \cos\left[\Theta(\varphi) + \frac{4\pi h_1}{\lambda}\sin\varphi\right] + D(-\varphi)\,|R(\varphi)|^2 \tag{2.43}$$

das gesuchte Resultat. Kann man $R = -1$ setzen, was bei kleinem φ, bei horizontaler Polarisation auch bei größerem φ der Fall sein wird, vereinfacht sich (2.43) auf

$$D_E(\varphi) = D(\varphi) - 2\sqrt{D(\varphi)\,D(-\varphi)} \cos\left(\frac{4\pi h_1}{\lambda}\sin\varphi\right) + D(-\varphi). \tag{2.44}$$

Schließlich ist für eine Antenne, die in der Vertikalebene isotrop strahlt (z. B. ein Horizontaldipol),

$$D(\varphi) = D(-\varphi) = 1, \tag{2.45}$$

so daß dann

$$D_E(\varphi) = 2\left[1 - \cos\left(\frac{4\pi h_1}{\lambda}\sin\varphi\right)\right] \tag{2.46}$$

ist. Wenn nun der Winkel φ alle Werte vom 0 bis $\pi/2$ durchläuft, nimmt das Argument des Kosinus alle Werte von 0 bis $4\pi h_1/\lambda$ an, so daß der Kosinus

$2h_1/\lambda$ volle Perioden durchläuft. Hieraus folgt, daß das vertikale Richtdiagramm eines isotropen Strahlers über der Erdoberfläche (das zu $\varphi = \pi/2$ symmetrisch ist), auf beiden Seiten

$$\frac{2\,h_1}{\lambda} \tag{2.47}$$

Keulen hat. Jedoch ist hierbei zu beachten, daß (2.44) und (2.46) nur für $R = -1$ gelten, was nur bei $\varphi \to 0$ genau gilt. In Wirklichkeit sind daher die durch Interferenz gebildeten Richtkeulen bei kleinem φ scharf ausgeprägt, während diejenigen bei großem φ (nahe der Senkrechten), besonders bei Vertikalpolarisation, verschmiert sind.

2.4. Die Funkortungsgleichung

Die Rückstreueigenschaften eines Zieles werden in der Funkortung durch den „Streuquerschnitt" F charakterisiert, der durch die Gleichung

$$P_0' = SF \tag{2.48}$$

definiert ist. Hier ist P'_0 die rückgestreute Leistung und S der Betrag des Poyntingschen Vektors der einfallenden Strahlung. Drücken wir S in Abhängigkeit von der ausgestrahlten Leistung P, des Senderantennengewinns D und der Entfernung r des Funkortungsgerätes vom Ziel aus, dann nimmt (2.48) die Form

$$P_0' = \frac{PD}{4\pi\, r^2} F \tag{2.49}$$

an. Dies ist die rückgestreute Leistung unmittelbar beim Ziel. Der Poyntingsche Vektor beim Empfänger ist also

$$S' = \frac{P_0'}{4\pi\, r^2} = \frac{PDF}{16\,\pi^2\, r^4}\,. \tag{2.50}$$

Da nun aus der Antennentheorie bekannt ist, daß die Eingangsleistung des Empfängers

$$P' = \frac{D'\lambda^2}{4\pi} S' \tag{2.51}$$

ist, mit D' als Empfangsantennengewinn, folgt aus (2.50) die „Funkortungsgleichung"

$$P' = \frac{PDD'\lambda^2}{(4\pi)^3\, r^4} F. \tag{2.52}$$

Meistens wird dieselbe Antenne für Sender und Empfänger benutzt; dann ist $D = D'$ und

$$P' = \frac{P D^2 \lambda^2 F}{(4\pi)^3 r^4}. \tag{2.53}$$

Ist die Empfindlichkeit des Empfängers $P'_{\min}$, kann man (2.53) auch in der Form

$$r_{\max} = \sqrt[4]{\frac{P D^2 \lambda^2 F}{64 \pi^3 P'_{\min}}} \tag{2.54}$$

schreiben. In beiden Formeln tritt die Wellenlänge λ in etwas irreführender Form auf. Man muß beachten, daß D und F bei gegebenen Ausmaßen der Antenne bzw. des Zieles rasch abnehmende Funktionen von λ sind.

Der Streuquerschnitt F läßt sich streng nur bei einigen Körpern berechnen, wenn nämlich in deren Koordinatensystem die Veränderlichen in der Wellengleichung getrennt werden können (Zylinder, Kugel, Ellipsoid, Paraboloid usw.), und auch dann oft nur bei unendlicher Leitfähigkeit des streuenden Körpers. Bei komplizierten Zielen, wie z. B. Flugzeugen und Schiffen, läßt sich der Streuquerschnitt nur experimentell ermitteln (bei einem Flugzeug ist er selbst von der Propellerumdrehungszahl abhängig [Kerr 1951]). Sind jedoch die Ausmaße und die Krümmungshalbmesser des Streukörpers groß gegen die Wellenlänge, kann man den Streuquerschnitt annähernd durch die Kirchhoffsche Methode wie folgt ermitteln:

Wir gehen aus vom Helmholtzschen Integral

$$E(P) = \frac{1}{4\pi} \int\int \left(E \frac{\partial \psi}{\partial n} - \psi \frac{\partial E}{\partial n} \right) \mathrm{d}S, \tag{2.55}$$

wo E eine Lösung der Wellengleichung ist (in unserem Falle die Feldstärke). S ist die Oberfläche eines Körpers, P ein Punkt (der Empfangspunkt) außerhalb dieses Körpers (Bild *2.8*) und ψ ist die Funktion

$$\psi = \frac{\mathrm{e}^{\mathrm{i}kr}}{r}; \tag{2.56}$$

hier ist $\mathfrak{r}$ der Radiusvektor von P zum Laufpunkt auf S; $\mathfrak{n}$ ist die Normale zu S,

$$k = \frac{2\pi}{\lambda}, \tag{2.57}$$

und es sei

$$\mathfrak{r}_0 = \frac{\mathfrak{r}}{r} \tag{2.58}$$

der Einheitsvektor in der Richtung von $\mathfrak{r}$. Es sei die einfallende Welle

$$E_1 = E_0 \, \mathrm{e}^{\mathrm{i}kr}. \tag{2.59}$$

Wenn die Krümmungshalbmesser des Zieles groß gegen die Wellenlänge sind und das Ziel als vollkommen leitfähig angenommen werden darf, dann gilt auf dem beleuchteten Teil S' der Oberfläche S annähernd

$$(E)_S = 0; \quad \left(\frac{\partial E}{\partial n}\right)_S = -2\left(\frac{\partial E_1}{\partial n}\right)_S = -2\,\mathrm{i}k\,\mathfrak{n}\cdot\mathfrak{r}_0\,\mathrm{e}^{\mathrm{i}kr}, \tag{2.60}$$

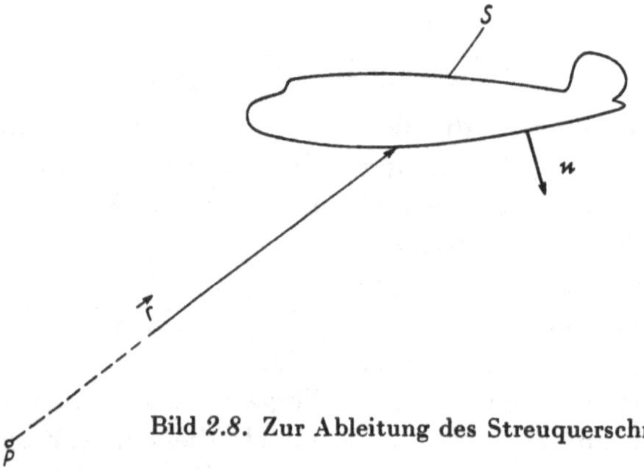

Bild 2.8. Zur Ableitung des Streuquerschnittes

so daß sich nach Einsetzen von (2.60) und (2.56) in (2.55) ergibt

$$E(P) = \frac{\mathrm{i}kE_0}{2\pi r}\iint_S \mathrm{e}^{2\mathrm{i}kr}\cos(\mathfrak{n},\mathfrak{r})\,\mathrm{d}S\,. \tag{2.61}$$

Da nach der Definition des Streuquerschnittes (2.48) gilt

$$F = \frac{P_0'}{S_0} = 4\pi r^2 \left|\frac{E(P)}{E_0}\right|^2, \tag{2.62}$$

erhalten wir aus (2.61) und (2.62) schließlich die Näherung

$$F = \frac{4\pi}{\lambda^2}\left|\iint_S \mathrm{e}^{2\mathrm{i}kr}\cos(\mathfrak{n},\mathfrak{r})\,\mathrm{d}S\right|^2. \tag{2.63}$$

So ist z. B. bei einem Körper, dessen beleuchteter Teil eine Ebene ist, die senkrecht zum Funkortungsgerät steht,

$$\cos(\mathfrak{n},\mathfrak{r}) = |\mathrm{e}^{2\mathrm{i}kr}| = 1\,, \tag{2.64}$$

so daß nach (2.63) der Streuquerschnitt eines solchen Körpers

$$F = \frac{4\pi}{\lambda^2}\left|\iint_S \mathrm{d}S\right|^2 = \frac{4\pi}{\lambda^2}A^2 \tag{2.65}$$

wird, wo A der geometrische Flächeninhalt der beleuchteten Oberfläche ist.

2.5. Polarisationseffekte

Die Art der Polarisation der UKW spielt oft eine wichtige, noch nicht immer voll anerkannte Rolle. Darüber sollen im folgenden einige qualitative Bemerkungen gemacht werden.

Zunächst über die Frage, ob vertikale oder horizontale Polarisation für UKW-Rundfunk, Fernsehen und andere Verbindungen zweckmäßiger ist. Was die empfangene Feldstärke betrifft, ist aus den Formeln des Abschnittes 2.1 bzw. 2.2 zu sehen, daß die Polarisation nur durch den Fresnelschen Reflexionskoeffizienten R eingeht, der ja von der Polarisation abhängt. In fast allen praktischen Fällen ist der Streifwinkel γ sehr klein, so daß der Reflexionskoeffizient seinem Grenzwert -1 zustrebt. Wie man jedoch aus den Fresnelschen Formeln leicht nachweisen kann, strebt der Reflexionskoeffizient bei horizontaler Polarisation diesem Grenzwert viel schneller zu als bei vertikaler, d. h., ein gegebener Wert, der nahe bei -1 liegt, wird bei horizontaler Polarisation schon bei größeren Winkeln γ, also bei kleinerem r erreicht als bei vertikaler Polarisation. Da nun der reflektierte Strahl etwa gleich stark wie der direkte, aber in Gegenphase ist, ist er im allgemeinen als schädlich zu betrachten, und auf den ersten Blick würde es daher scheinen, als ob vertikale Polarisation günstiger wäre, da sie — wenigstens bei kleinen Entfernungen, also bei größeren Streifwinkeln — eine größere Feldstärke liefert. Diese Behauptung bleibt im wesentlichen auch wahr, wenn das reflektierende Gelände nicht glatt, sondern rauh ist.

Dieser Vorteil der vertikalen Polarisation wird jedoch von einem anderen Nachteil aufgehoben. Reflexion findet nicht nur am Erdboden, sondern auch an Gegenständen wie Häusern, Masten, Bäumen usw. statt. Diese Reflexionen sind besonders für das Fernsehen nachteilig, da sie „Geisterbilder" verursachen. Sofern es sich um reflektierende Flächen handelt, stehen diese meist senkrecht (Häuser, Mauern usw.), so daß die vertikale Polarisation (in bezug auf den Erdboden) zur Horizontalpolarisation (in bezug auf diese reflektierenden Flächen) wird und folglich besser reflektiert wird. Von diesem Standpunkt aus ist also die vertikale Polarisation (in bezug auf den Erdboden) nachteilig. Sofern es sich um schmale Gebilde handelt (Maste, Türme, Kandelaber, Drähte, Baumstämme usw.), sind senkrechte Gegenstände häufiger anzutreffen als waagerechte (Drähte, Leitungen). Die vertikale Polarisation ist also auch von diesem Standpunkt aus nachteilig. Ein bedeutender Nachteil der Vertikalpolarisation beim Fernsehen und UKW-Empfang ist es, daß industrielle Störungen (Kraftfahrzeugzündung, elektromedizinische Geräte, elektrische Haushaltsgeräte usw.) vorwiegend vertikal polarisiert sind. Außerdem läßt sich bei Horizontalpolarisation eine günstige Richtcharakteristik der

Empfangsantenne einfacher erzielen. Deswegen wird in den meisten Ländern für das Fernsehen horizontale Polarisation benutzt, obwohl beide Polarisationsarten Vor- und Nachteile haben und daher die Wahl der Polarisationsart nicht allzu kritisch ist.

Hingegen kann man bei der heute beginnenden Überfüllung der Fernsehkanäle die Polarisation zur Trennung zweier Fernsehsender auf demselben Kanal benutzen. In England und anderen Ländern weitgehend durchgeführte Messungen haben gezeigt, daß im Bereich von 30 bis 300 MHz im Mittel ein Störabstand von 18 db erzielt werden kann; in $90^0/_0$ der untersuchten Orte überschritt der Störabstand 10 db. Ähnliche Ergebnisse wurden auch im Dezimeterwellenband festgestellt[1]).

Die Art der Polarisation macht sich auch in der Form des Richtdiagramms einer Antenne über dem Erdboden bemerkbar. Die Keulen des Richtdiagrammes werden bei horizontaler Polarisation scharf ausgeprägt, bei vertikaler Polarisation aber verschmiert, da die Minima zwischen den Keulen nach Abschnitt 2.3 durch Interferenz zweier Wellen entstehen, von denen die eine durch den Fresnelschen Reflexionskoeffizienten bestimmt ist.

Eine bedeutende Rolle kommt der Polarisation in der Funkortung zu, da man durch entsprechend gewählte Polarisation unerwünschte Echos von kugelförmigen Wassertröpfchen (Wolken, Regen usw.) unterdrücken kann. Der Grundgedanke hierbei ist, daß Kreispolarisation im Uhrzeigersinn als Kreispolarisation im entgegengesetzten Sinne von Wassertröpfchen zurückgestreut wird und also nicht in die Empfangsantenne eindringen kann [Kerr 1951; Bouix, Clément und Frémiot 1956; McFee und Maher 1959; Chytil 1961].

Eine wichtige und bisher noch ungenügend untersuchte Erscheinung ist die Depolarisation, d. h. die Änderung der Polarisation einer elektromagnetischen Welle im Verlauf der Ausbreitung, besonders im Verlauf der Reflexion. Die Depolarisation ist nicht nur in der Funkortung wichtig, wo sie zu einer bedeutenden Verminderung der Eingangsspannung des empfangenen Signales führen kann, sondern auch bei UKW-Funkverbindungen aller Art.

Als einfaches Beispiel der Depolarisation betrachte man Bild *2.9*, auf dem wir der einfallenden Welle entgegensehen; der elektrische Vektor $\mathfrak{E}_1$ ist horizontal polarisiert (in bezug auf die Erdoberfläche) und wird von einer vollkommen leitfähigen, um 45° geneigten Ebene reflektiert. Wir nehmen streifenden Einfall an, um die Geometrie dieses Falles nicht noch durch die Vorwärtsneigung des Vektors $\mathfrak{E}_1$ (aus der Bildebene heraus) zu komplizieren. Wir zerlegen $\mathfrak{E}_1$ in eine normale (n) und eine tangentiale (t) Komponente. Die Randbedingungen fordern $E_{1n} = E_{2n}$, $E_{1t} = E_{2t}$; nachdem man die reflek-

[1]) Bericht No. 122 des CCIR, IX. Vollversammlung, Los Angeles 1959; s. auch [Saxton und Harden 1956].

tierten Komponenten E_{2n} und E_{2t} addiert hat, findet man die reflektierte Welle $\mathfrak{E}_2$ vertikal polarisiert. Dieses einfache Beispiel, das in der Praxis der Reflexion von Fernsehsignalen durch leitfähige, schiefe Dächerflächen entspricht, zeigt, daß sogar eine Ebene eine horizontal-polarisierte Welle in eine vertikal polarisierte umwandeln kann. Wenn nun die Polarisation allgemein elliptisch, der

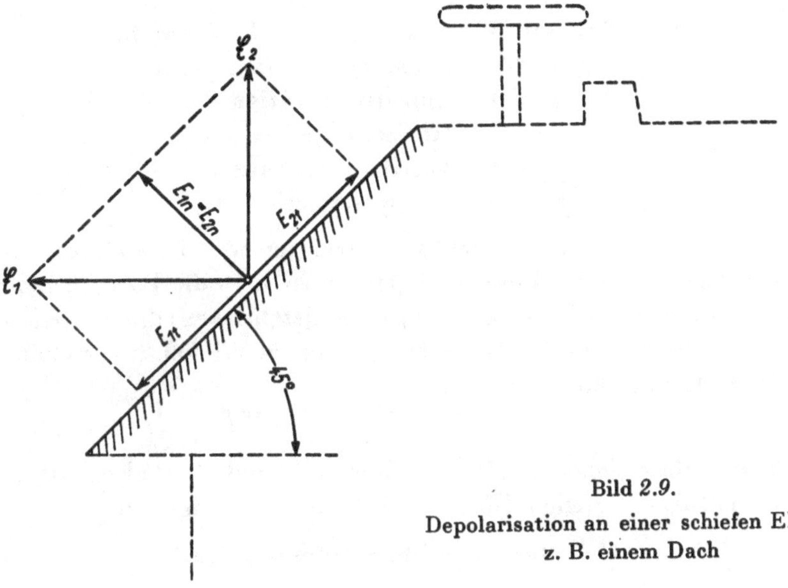

Bild *2.9*.
Depolarisation an einer schiefen Ebene, z. B. einem Dach

Streifwinkel nicht gleich Null und die Leitfähigkeit endlich sind, dann wird das Problem ziemlich kompliziert, besonders wegen der unübersichtlichen dreidimensionalen Geometrie. Fast alle Depolarisationsprobleme kann man jedoch leicht durch Anwendung eines Depolarisationsfaktors lösen [Beckmann 1961f].

Wir führen ein rechtwinkliges Koordinatensystem x, y, z mit Einheitsvektoren $\mathfrak{x}_0$, $\mathfrak{y}_0$, $\mathfrak{z}_0$ ein. Die einfallende Welle breitet sich in der Richtung des Vektors $\mathfrak{k}_1$ aus, der in der xz-Ebene liegt, so daß $\mathfrak{k}_1 \perp \mathfrak{y}_0$ (Bild *2.10*). Weiter führen wir die Einheitsvektoren $\mathfrak{e}_1^+$ und $\mathfrak{e}_1^-$ ein, wobei $\mathfrak{e}_1^- \perp \mathfrak{z}_0$ und $\mathfrak{e}_1^+ \perp \mathfrak{e}_1^-$, so daß $\mathfrak{k}_1$, $\mathfrak{e}_1^+$, $\mathfrak{e}_1^-$ zueinander senkrecht stehen. Die Vektoren $\mathfrak{e}_1^+$ und $\mathfrak{e}_1^-$ definieren zwei Grundpolarisationen. Wenn wir die xy-Ebene parallel zur Erdoberfläche wählen (was oft vorteilhaft, aber nicht unbedingt notwendig ist), dann definiert $\mathfrak{e}_1^+$ vertikale und $\mathfrak{e}_1^-$ horizontale Polarisation.

Wir nehmen an, daß die einfallende Welle zeitharmonisch ist; wenn wir den Faktor $\exp(-i\omega t)$ weglassen, können wir schreiben

$$\mathfrak{E}_1 = E_1^+ \mathfrak{e}_1^+ + E_1^- \mathfrak{e}_1^-, \tag{2.66}$$

wo E_1^+ und E_1^- die komplexen Skalarwerte des Vektors $\mathfrak{E}_1$ in den Richtungen $\mathfrak{e}_1^+$ und $\mathfrak{e}_1^-$ sind.

Es sei

$$p_1 = |p_1| \, e^{i \arg p_1} = \frac{E_1^+}{E_1^-} \tag{2.67}$$

der komplexe „Polarisationsfaktor" der Welle. Dieser Faktor bestimmt eindeutig die Polarisation der einfallenden Welle. So z. B. bedeuten

$\operatorname{Im} p > 0$	rechtsdrehende Polarisation
$\operatorname{Im} p < 0$	linksdrehende Polarisation
$\operatorname{Im} p = 0$	Linearpolarisation
$p = 0$	Horizontalpolarisation
$p = \infty$	Vertikalpolarisation
$p = \pm i$	Kreispolarisation.

Mit Hilfe des Polarisationsfaktors p erhalten wir alle anderen Größen, die mit der Polarisation zusammenhängen. So ist z. B. die Polarisationsellipse in ein Rechteck mit den Seiten E_1^- und pE_1^- eingeschrieben; die Achsen der Ellipse sind gegen die Achsen des Rechtecks um einen Winkel ψ verschoben, wobei man leicht findet, daß

$$\tan \psi = \frac{2\,|p|}{1 - |p|^2} \cos (\arg p) . \tag{2.68}$$

Den augenblicklichen Winkel α zwischen $\mathfrak{E}_1$ und $\mathfrak{e}_1^-$ erhalten wir, indem wir das Verhältnis der reellen Teile von E^+ und E^- bestimmen:

$$\tan \alpha(t) = \operatorname{Re} p + \operatorname{Im} p \tan \omega t . \tag{2.69}$$

Wenn man nun für die reflektierte Welle die Vektoren $\mathfrak{k}_2 \perp \mathfrak{e}_2^+ \perp \mathfrak{e}_2^-$ analog zur einfallenden Welle einführt (Bild *2.10*), dann bestimmt der komplexe Polarisationsfaktor

$$p_2 = \frac{E_2^+}{E_2^-} \tag{2.70}$$

eindeutig die Polarisation der reflektierten Welle.

Es befinde sich nun im Ursprung des Koordinatensystems x, y, z ein Körper oder eine Oberfläche, die die unter dem Winkel Θ_1 einfallende Strahlung in einer oder mehreren Richtungen reflektiert oder streut. Eine solche Richtung sei durch die Winkel Θ_2, Θ_3 (Bild *2.10*) gegeben. Dann ist das Problem der Depolarisation vollkommen gelöst, wenn wir p_2 als Funktion von p_1, von der Geometrie Θ_1, Θ_2, Θ_3 und von den elektrischen Eigenschaften des reflektierenden oder streuenden Körpers finden.

Wir betrachten nun den Fall einer Ebene, die so geneigt ist, daß sie die unter Θ_1 einfallende Strahlung nach Θ_2, Θ_3 reflektiert. Die geometrischen Verhältnisse zwischen Einfallsebene, Polarisationsebene, Wellenstirn und der reflektierenden Ebene sind in Bild *2.11* veranschaulicht.

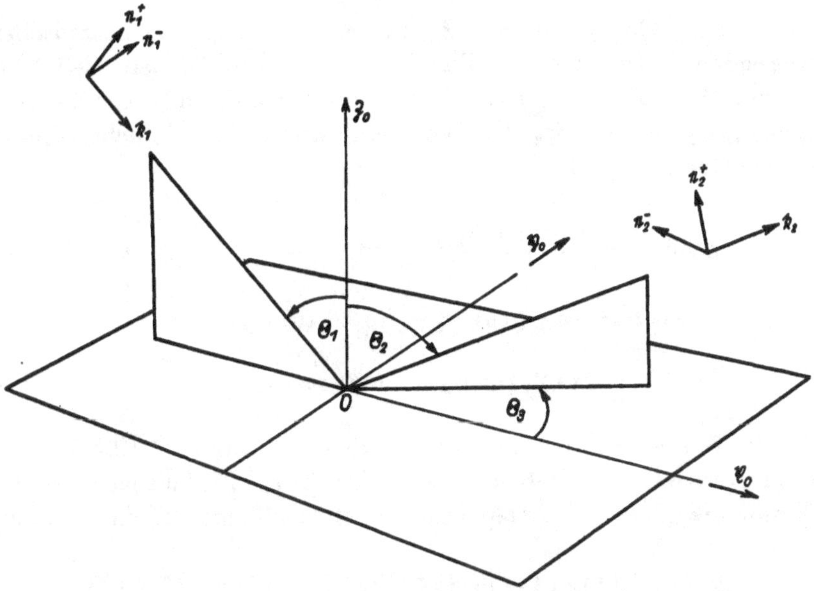

Bild *2.10.* Koordinatensystem bei Reflexion und Depolarisation

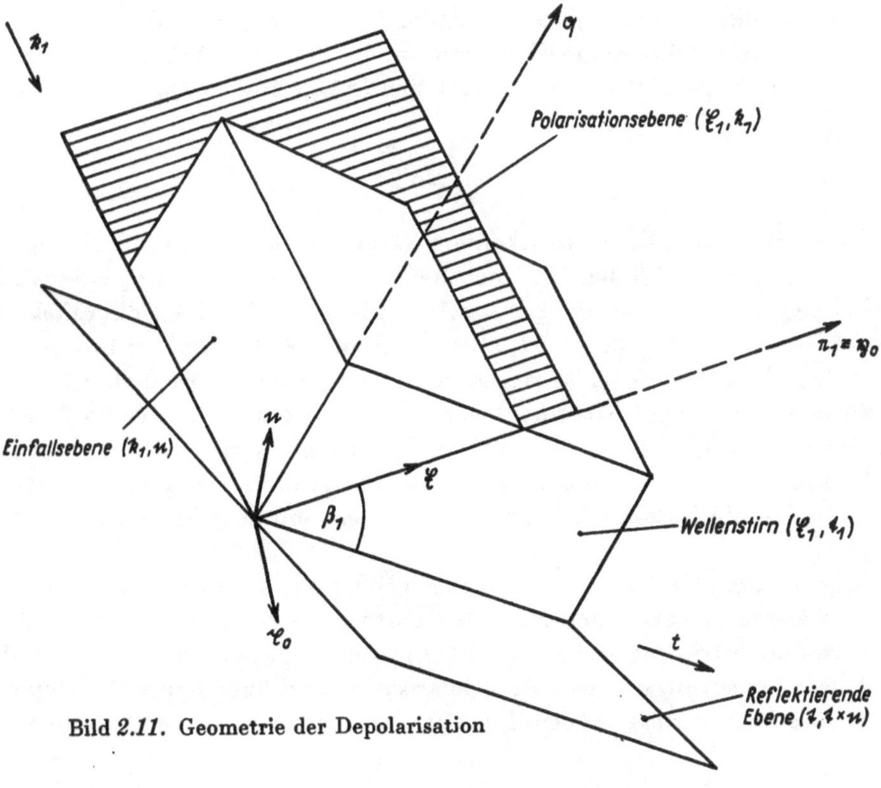

Bild *2.11.* Geometrie der Depolarisation

Es sei β_1 der Winkel zwischen $\mathfrak{E}_1$ und der Schnittgeraden t zwischen der reflektierenden Ebene und des Wellenstirn der einfallenden Welle; bei der reflektierten Welle sei analog β_2 der Winkel zwischen $\mathfrak{E}_2$ und t. Die Beziehungen zwischen β_1, β_2 und Θ_1, Θ_2, Θ_3 findet man durch eine einfache, aber etwas langwierige Geometrie [BECKMANN 1961f]:

$$\left.\begin{aligned} \sin\beta_1 &= \frac{\sin\Theta_3 \sin\Theta_2}{\sin\varepsilon}; \\ \cos\varepsilon &= \cos\Theta_1\cos\Theta_2 - \sin\Theta_1\sin\Theta_2\cos\Theta_3; \end{aligned}\right\} \tag{2.71}$$

$$\cos\beta_2 = \cos\beta_1\cos\Theta_3 - \sin\beta_1\cos\Theta_1\sin\Theta_3. \tag{2.72}$$

Wenn die Reflektionskoeffizienten der Ebene R^+ und R^- (für die Komponente von $\mathfrak{E}_1$ in der Einfallsebene bzw. senkrecht zur Einfallsebene) sind, dann erhält man die allgemeine Depolarisationsformel einer Ebene [BECKMANN 1961f]:

$$p_2 = \frac{p_1(R^- \tan\beta_1\tan\beta_2 + R^+) - R^-\tan\beta_2 + R^+\tan\beta_1}{R^- + R^+\tan\beta_1\tan\beta_2 - p_1(R^-\tan\beta_2 - R^+\tan\beta)_1}. \tag{2.73}$$

Bei unendlicher (bzw. guter) Leitfähigkeit ist $R^+ = 1$, $R^- = -1$; wenn außerdem die reflektierende Ebene nur um die x- bzw. y-Achse (aber nicht um beide zugleich) geneigt ist, vereinfacht sich (2.73), da $\beta_1 = \beta_2 = \beta$ ist, auf

$$p_2 = \frac{p_1 + \tan 2\beta}{p_1\tan 2\beta - 1}. \tag{2.74}$$

So erhalten wir z. B. bei Vertikalpolarisation der einfallenden Welle ($p_1 = \infty$) aus (2.74) $p_2 = \cot 2\beta$; bei Horizontalpolarisation ($p_1 = 0$) ist $p_2 = -\tan 2\beta$; bei Kreispolarisation ($p_1 = \pm i$) erhalten wir $p_2 = \mp i$, d. h., die reflektierte Welle ist wieder kreispolarisiert, aber der Sinn der Drehung wird umgekehrt. Es läßt sich leicht aus (2.74) zeigen, daß der Sinn jeder Drehpolarisation bei Reflexion an einer gut leitenden Oberfläche umgekehrt wird. Wenn $\beta = \pi/4$, dann ist $p_2 = 1/p_1$, d. h., Horizontalpolarisation ($p_1 = 0$) wird in Vertikalpolarisation ($p_2 = \infty$) umgewandelt und umgekehrt. Weitere Einzelheiten über die Depolarisation durch geneigte Ebenen sind in [BECKMANN 1961f] zu finden.

In gebirgigem Gelände kommt es durch Reflexion an entfernten, aber hohen Bergeshängen zu Verzerrungen in FM-Übertragungen und zu „Geisterbildern" in Fernsehübertragungen. Es läßt sich theoretisch zeigen [BECKMANN 1961e], daß diese Verzerrungen durch Kreispolarisation und Ausnutzung der Depolarisation beseitigt werden können. Der von der Erdoberfläche reflektierte Strahl läßt sich jedoch so nicht beseitigen, da bei kleinen Streifwinkeln und endlicher Leitfähigkeit der Erde keine Depolarisation eintritt.

Die Resultate der Depolarisation an geneigten Ebenen lassen sich auch auf dreidimensionale Körper verallgemeinern, sofern die Krümmungshalbmesser des Körpers groß gegen die Wellenlänge sind. Die Berechnung der Depolarisation bei Streuung an gut leitenden Körpern ist besonders für die Funkortung wichtig. Man kann hierbei die folgenden qualitativen Aussagen für die Rückstreuung machen:

1. Fällt die Polarisationsebene mit einer Symmetrieebene des streuenden Körpers zusammen, findet keine Depolarisation statt, da keine Richtung bevorzugt ist.

2. Steht die Polarisationsebene senkrecht zu einer Symmetrieebene des streuenden Körpers, findet ebenfalls keine Depolarisation statt, da sich nun der magnetische Vektor in der Symmetrieebene befindet.

3. Bei Körpern mit unendlicher Leitfähigkeit ist der Reflexionskoeffizient jedes Elementes gleich 1, unabhängig von der Polarisation; bei Körpern, deren Ausmaße und Krümmungshalbmesser groß gegen die Wellenlänge sind, sind dann auch die beiden Streuquerschnitte gleich, und es kann keine Depolarisation eintreten.

4. Da die Schatten des beleuchteten Körpers keinen beachtlichen Betrag der Rückstreuung liefern, folgt aus dem letzten Schluß, daß es die Halbschatten sind, die die Depolarisation bei einem unendlich leitenden Körper bewirken, da sie sich bei kleinen Ausmaßen gegen die Wellenlänge oder bei kleinen Krümmungshalbmessern entscheidend geltend machen.

5. Bei Körpern, die eine Symmetrieebene haben und bei denen keine Depolarisation bei Linearpolarisation eintritt, gilt

$$p_2 = \frac{F^+}{F^-} p_1, \tag{2.75}$$

wobei F^+ der Streuquerschnitt ist, wenn die Polarisationsebene mit der Symmetrieebene zusammenfällt („vertikal") und F^- der Streuquerschnitt bei Polarisation senkrecht zur ersten („horizontal") ist.

Wenn die Ausmaße bzw. Krümmungshalbmesser mit der Wellenlänge vergleichbar oder kleiner als diese sind, wird das Problem der Depolarisation recht kompliziert und muß mit Hilfe der allgemeinen Diffraktionstheorie gelöst werden. Eine grundlegende Arbeit über dieses Thema ist von Chytil [1961 a] verfaßt worden. Chytil berechnet die Depolarisation bei der Rückstreuung an Kreiszylindern, Ellipsoiden und anderen Körpern. Es wird die „Depolarisation"

$$D = \left| \frac{E_2^{\perp}}{E_2^{\parallel}} \right| \tag{2.76}$$

eingeführt, wo $E_2^{\parallel}$ die rückgestreute Komponente parallel zur einfallenden Feldstärke $\mathfrak{E}_1$ und $E_2^{\perp}$ die rückgestreute Komponente senkrecht zu $\mathfrak{E}_1$ ist. Chytil kommt dann zu dem Schluß, daß $D < 3(ka)^{-1}$ ist, wo $k = 2\pi/\lambda$ und a ein charakteristisches Ausmaß des Körpers (z. B. der Halbmesser eines Zylinders) sind.

3. Die atmosphärische Brechung

3.1. Ableitung der Brechungsindexformel

Der Brechungsindex n eines Gases ist, wie bei jedem Dielektrikum, mit der relativen Dielektrizitätskonstante ε' durch die Beziehung

$$n^2 = \varepsilon' \tag{3.1}$$

verknüpft. Die Dielektrizitätskonstante ist durch die Polarisierbarkeit des Dielektrikums gegeben. Diese Polarisierbarkeit entsteht nach unseren Vorstellungen wie folgt:

Die Moleküle einiger Stoffe haben ein permanentes Dipolmoment, das entweder durch ionische Bindung entsteht (z. B. NaCl, wo sich ein positives Na^+-Ion mit einem negativen Cl^--Ion verbindet) oder durch homeopolare Bindung (z. B. H_2O, wo die ursprünglich zu H-Atomen gehörenden Elektronen die freien Stellen im O-Atom einnehmen; die resultierende Asymmetrie des Umlaufes führt zu einem Dipolmoment). Ist kein äußeres elektrisches Feld vorhanden, sind die Orientierungen dieser molekularen Dipole wegen der thermischen Bewegung zufällig und gleichmäßig verteilt, und die gesamte makroskopische Polarisation ist Null. Wird jedoch ein äußeres Feld angelegt, dann haben diese Dipole das Bestreben, sich entsprechend dem Feld zu orientieren, wodurch die sogenannte Orientierungspolarisation entsteht.

Aber auch bei Molekülen, die kein permanentes Dipolmoment haben, entsteht dieses Moment im äußeren elektrischen Feld dadurch, daß sich die geladenen Elementarteilchen (Elektronen oder Ionen mit der Ladung q) aus ihrer Gleichgewichtslage um $d\mathfrak{l}$ verschieben, wodurch ein Dipolmoment von $\mathfrak{p} = q\, d\mathfrak{l}$ entsteht. Dies geschieht bei Molekülen mit Ionenbindung und auch bei einzelnen Atomen, da sich die Umlaufbahn der Elektronen entsprechend dem angelegten elektrischen Feld verschiebt. Diese Art der Polarisation heißt Atompolarisation und entsteht bei allen Dielektrika, während ein Orientierungsmoment nur bei den Molekülen möglich ist, die auch ohne angelegtes Feld ein Dipolmoment aufweisen.

Wir berechnen zunächst den Fall, in dem keine Orientierungsmomente, sondern nur sogenannte „quasielastische" Moleküle vorhanden sind. In diesem

Falle wirken die folgenden Kräfte auf ein geladenes Teilchen (z. B. ein Elektron):

1. Die Kraft des äußeren elektrischen Feldes

$$\mathfrak{F}_1 = q\mathfrak{E}, \tag{3.2}$$

wo q die Ladung und $\mathfrak{E}$ die äußere elektrische Feldstärke sind.

2. Die quasielastische Kraft (die bestrebt ist, das Teilchen gegen die Verschiebung $\mathrm{d}\mathfrak{l}$ in der Gleichgewichtslage zu halten)

$$\mathfrak{F}_2 = B\,\mathrm{d}\mathfrak{l} = \frac{b}{q}\,\mathfrak{p}; \tag{3.3}$$

hier sind b die Proportionalitätskonstante und

$$\mathfrak{p} = q\,\mathrm{d}\mathfrak{l} \tag{3.4}$$

das Dipolmoment.

3. Im Falle eines Wechselfeldes die Trägheitskraft

$$\mathfrak{F}_3 = m\,\frac{\mathrm{d}^2\mathfrak{l}}{\mathrm{d}t^2} = \frac{m}{q}\,\frac{\mathrm{d}^2\mathfrak{p}}{\mathrm{d}t^2} \tag{3.5}$$

oder, wenn wir harmonische Schwingungen in der Form $p = p_0 e^{i\omega t}$ annehmen,

$$\mathfrak{F}_3 = -\frac{m\omega^2}{q}\,\mathfrak{p}. \tag{3.6}$$

4. Die elektrostatische Kraft, die von den umliegenden polarisierten Molekülen ausgeübt wird

$$\mathfrak{F}_4 = q\,\mathfrak{E}_1. \tag{3.7}$$

Die von den benachbarten Molekülen herrührende Feldstärke $\mathfrak{E}_1$ läßt sich wie folgt berechnen: Wir nehmen an, daß das Teilchen im Mittelpunkt einer Kugel liegt, die eine Oberflächenladung σ trägt (wobei diese Oberflächenladung von den polarisierten umliegenden Molekülen herrührt), s. Bild *3.1*.

Dann entsteht im Mittelpunkt der Kugel durch die Ladungsdichte σ auf dem Flächenelement $\mathrm{d}A$ eine Feldstärke $\mathrm{d}\mathfrak{E}_1$, deren Komponente in der Richtung des äußeren Feldes $\mathfrak{E}$

$$\mathrm{d}E_1 = -\frac{1}{4\pi\,\varepsilon_0}\,\frac{\sigma\,\mathrm{d}A\cos\vartheta}{r^2} \tag{3.8}$$

ist, mit r als Halbmesser der Kugel. Nach elementarer elektrostatischer Theorie ist nun immer

$$\sigma = -P_n = P\cos\vartheta.$$

Hierin ist P_n die Normalkomponente der Polarisation $\mathfrak{P}$. Damit wird

$$\mathrm{d}E_1 = \frac{P\cos^2\vartheta}{4\,\pi\,\varepsilon_0\,r^2}\,\mathrm{d}A$$

und folglich

$$\mathfrak{E}_1 = \frac{\mathfrak{P}}{4\pi\,\varepsilon_0}\int\limits_0^{\pi}\int\limits_0^{2\pi}\frac{\cos^2\vartheta}{r^2}\,r\,\sin\vartheta\,\mathrm{d}\vartheta\,r\,\mathrm{d}\varphi = \frac{\mathfrak{P}}{3\varepsilon_0}, \tag{3.9}$$

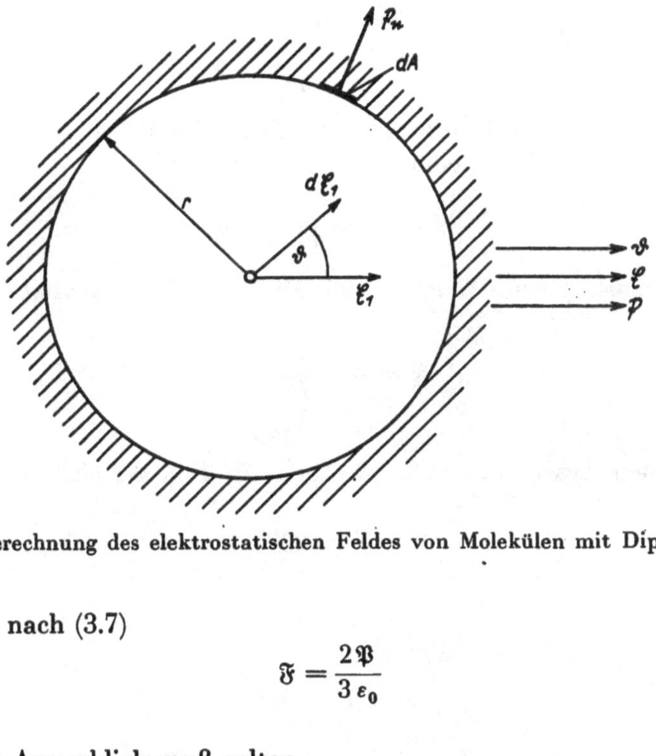

Bild *3.1.* Berechnung des elektrostatischen Feldes von Molekülen mit Dipolmomenten

so daß also nach (3.7)

$$\mathfrak{F} = \frac{2\,\mathfrak{P}}{3\,\varepsilon_0} \tag{3.10}$$

ist.

In jedem Augenblick muß gelten

$$\mathfrak{F}_1 + \mathfrak{F}_4 - \mathfrak{F}_2 - \mathfrak{F}_3 = 0 \tag{3.11}$$

oder nach Einsetzen der ebenberechneten Werte

$$\mathfrak{p}(b - m\,\omega^2) = q^2\left(\mathfrak{E} + \frac{\mathfrak{P}}{3\,\varepsilon_0}\right). \tag{3.12}$$

Es sei N die Zahl der Moleküle in der Volumeneinheit. Dann ist

$$\mathfrak{P} = N\mathfrak{p} \tag{3.13}$$

oder nach Einsetzen in (3.12)

$$\mathfrak{P} = \frac{Nq^2}{b - m\,\omega^2}\left(\mathfrak{E} + \frac{\mathfrak{P}}{3\,\varepsilon_0}\right). \tag{3.14}$$

Bezeichnen wir die auf das Teilchen einwirkende Feldstärke mit $\mathfrak{E}'$, so daß

$$\mathfrak{E}' = \mathfrak{E} + \mathfrak{E}_1 = \mathfrak{E} + \frac{\mathfrak{P}}{3\,\varepsilon_0},$$

und bezeichnen wir weiter

$$\frac{Nq^2}{b - m\omega^2} = u, \tag{3.15}$$

dann können wir (3.14) als

$$\mathfrak{P} = u\mathfrak{E}' \tag{3.16}$$

schreiben, woraus man erkennt, daß u die Polarisierbarkeit oder dielektrische Suszeptibilität der Volumeneinheit ist; folglich wird

$$\beta = \frac{u}{N} = \frac{q^2}{b - m\,\omega^2} \tag{3.17}$$

die Polarisierbarkeit eines Moleküls. Mit Hilfe von (3.17) schreiben wir (3.14) in der Form

$$\mathfrak{P} = \frac{N\beta}{1 - \dfrac{N\beta}{3\,\varepsilon_0}}\,\mathfrak{E} \tag{3.18}$$

und vergleichen diesen Ausdruck mit der Definition der elektrischen Polarisation

$$\mathfrak{P} = (\varepsilon - \varepsilon_0)\,\mathfrak{E}, \tag{3.19}$$

woraus folgt, daß

$$\frac{\varepsilon' - 1}{\varepsilon' + 2} = \frac{N\beta}{3} \tag{3.20}$$

oder gemäß (3.1)

$$\frac{n^2 - 1}{n^2 + 1} = \frac{N\beta}{3} \tag{3.21}$$

ist.

Die Gleichung (3.20) bzw. (3.21) ist als Lorenz-Lorentzsches Gesetz bekannt; es stimmt gut mit den experimentell gemessenen Werten überein.

Wenn wir nun auch den Fall der Orientierungsmomente in das Lorenz-Lorentzsche Gesetz miteinbeziehen wollen, dann verfahren wir wie folgt: Aus der kinetischen Theorie der Gase ist bekannt, daß die Polarisierbarkeit von Molekülen, die ein Orientierungsmoment haben,

$$\alpha = \frac{B}{T} \tag{3.22}$$

ist, worin T die absolute Temperatur und B eine Konstante bedeuten[1]). Die gesamte Polarisierbarkeit ist dann durch $a + \beta$ gegeben, so daß (3.21) die Form

$$\frac{n^2 - 1}{n^2 + 2} = \frac{N}{3}(\alpha + \beta) = \frac{N}{3}\left(\beta + \frac{B}{T}\right) \tag{3.23}$$

annimmt. Da sich der Brechungsindex von Gasen nur ganz wenig von eins unterscheidet, können wir die linke Seite dieser Gleichung als $2(n - 1)/3$ schreiben; weiter ist nach dem Avogadroschen Gesetz und nach der Gleichung eines idealen Gases $pv = RT$ die Zahl der Moleküle pro Volumeneinheit N direkt proportional zum Druck p und umgekehrt proportional zur absoluten Temperatur T, so daß bei einem homogenen Gas (3.23) die Form

$$n - 1 = \text{konst.}\,\frac{p}{T}\left(\beta + \frac{B}{T}\right) \tag{3.24}$$

annimmt. Für ein Gasgemisch gilt dann

$$n - 1 = \text{konst.}\,\sum_i \frac{p_i}{T}\left(\beta_i + \frac{B_i}{T}\right). \tag{3.25}$$

Im Falle der Luft setzen wir hier für β die mittlere Polarisierbarkeit der in der Luft enthaltenen Gasatome. Das einzige Gas, das in der Luft in größeren Mengen vorkommt und ein Orientierungsmoment aufweist, ist der Wasserdampf; deswegen bildet man die Summe in (3.25) nur über zwei Glieder: für Wasserdampf ($B \neq 0$) und die übrige Luft ($B = 0$) (das sogenannte feuchte und trockene Glied).

Wir bezeichnen den gesamten Luftdruck mit p und den Wasserdampfdruck mit e; dann können wir (3.25) in der Form

$$(n - 1)\,10^6 = \frac{C_1}{T}\left(p + \frac{C_2 e}{T}\right) \tag{3.26}$$

schreiben, wo C_1 und C_2 Konstanten sind, die nach den neuesten Messungen [Smith und Weintraub 1953] folgende Werte haben:

$$C_1 = 77{,}6\ {}^\circ\text{K/mb} \qquad C_2 = 4810\ {}^\circ\text{K} \tag{3.27}$$

Somit erhalten wir die Brechungsindexformel für feuchte Luft:

$$(n - 1)\,10^6 = \frac{77{,}6}{T}\left(p + 4810\,\frac{e}{T}\right), \tag{3.28}$$

[1]) $B = p_0/3k$, wo p_0 das permanente Dipolmoment der Moleküle und k die Boltzmannsche Konstante ist.

worin T die absolute Temperatur, p der Luftdruck und e der Wasserdampfdruck, beide in Millibar eingesetzt, bedeuten.

Aus (3.17) geht hervor, daß β und folglich auch n frequenzabhängig sind. Jedoch kann man $m\omega^2$ gegen b vernachlässigen, vorausgesetzt, daß die Frequenz sich nicht einer Eigenfrequenz der betreffenden Atome, also einer Spektrallinie nähert. In Luft ist der erste solche Fall bei $\lambda = 1{,}25$ cm (Wasserdampflinie) gegeben. Bis dahin kann man also, wie auch experimental bewiesen ist, die Brechungsindexformel (3.28) benutzen.

In der Praxis wird in meteorologischen Berichten meist nicht der Wasserdampfdruck e, sondern die relative Feuchtigkeit r oder der Taupunkt T_d angegeben. Diese beiden hängen mit dem Wasserdampfdruck wie folgt zusammen: der Taupunkt T_d ist die Temperatur, bei der die Luft mit dem wirklich vorhandenen Wasserdampf gerade gesättigt wäre, d. h. die Temperatur, bei der der Wasserdampf (vom Druck e) gerade zu kondensieren beginnen würde. Die relative Feuchtigkeit r ist das Verhältnis vom gegebenen Wasserdampfdruck zum Wasserdampfdruck, bei dem die Luft bei gleicher Temperatur gesättigt wäre. Bezeichnen wir den gesättigten Wasserdampfdruck mit e_s; dann folgt aus den obigen Definitionen

$$e(T) = e_s(T_d), \tag{3.29}$$

$$r = \frac{e(T)}{e_s(T)}. \tag{3.30}$$

Die Gleichung (3.28) läßt sich in der Form

$$(n - 1)\, 10^6 = a(T)\, p + b(T)\, r \tag{3.31}$$

oder auch

$$(n - 1)\, 10^6 = a(T)\, p + c(T)\, e_s(T_d) \tag{3.32}$$

schreiben.

Die Funktionen der Temperatur $a(T)$, $b(T)$, $c(T)$ und $e_s(T)$ sind in Tabelle 3.1 (s. Seite 40) zusammengestellt[1]). Die Temperatur ist dort in Grad Celsius angegeben. Die Spalten Δb, Δc und Δe_s ermöglichen lineare Interpolation auf ein Zehntel Grad der Temperatur oder des Taupunktes. Die Werte dieser Korrektion werden zum ganzzahligen Wert addiert (oder subtrahiert, wenn die Korrektion *kursiv* gedruckt ist), und zwar ohne Berücksichtigung des Dezimalpunktes; zur Bestimmung von e_s (21,8) finden wir z. B. $e_s(21) = 24{,}9$;

[1]) Die Tabellenwerte wurden nach den Formeln $a(T) = 77{,}6/(273 + T)$; $b(T) = c(T)\, e_s(T)$; $c(T) = 373256/(243 + T)^2$ berechnet. Die Werte von $e_s(T)$, d. i. der gesättigte Wasserdampfdruck über dem ebenen Wasserspiegel bei verschiedenen Temperaturen, wurden dem „Lehrbuch der Meteorologie" von P. N. Twerskoi (Leningrad 1951) entnommen.

in derselben Zeile gilt für 8 Zehntel Grad die Korrektion 12, folglich ist

$$
\begin{array}{r}
e_s(21{,}8) = 24{,}9 \\
12 \\
\hline
26{,}1
\end{array}
$$

Bei der Temperatur $T = 10{,}2$ °C, dem Taupunkt $T_d = 7{,}0$ °C und dem Luftdruck $p = 990$ mb ist

$$(n - 1)\,10^6 = a(10{,}2)\cdot 990 + c(10{,}2)\,e_s(7{,}0) = 0{,}274\cdot 990 + 4{,}663\cdot 10 = 317{,}3.$$

Nomogramme zur Bestimmung von $(n - 1)10^6$ sind von Swingle [1953], Kerr [1951], Beckmann [1955b] und anderen konstruiert worden. Spezielle Rechenschieber zur Ermittlung des Brechungsindex der Luft sind von Weintraub [1952] und Klinker [1955] konstruiert worden. Eine Analogrechenmaschine zu diesem Zweck wurde von Johnson [1953] gebaut.

3.2. Der modifizierte Brechungsindex

Da der Brechungsindex der Atmosphäre nicht konstant ist, die Atmosphäre also ein inhomogenes Medium darstellt, verlaufen die Strahlen nicht geradlinig, sondern im allgemeinen gekrümmt. Es wäre jedoch recht kompliziert, gekrümmte Strahlen über der gekrümmten Erdoberfläche zu behandeln, und deshalb ist man bemüht, ein äquivalentes Ausbreitungsbild zu schaffen, in dem entweder die Erde eben oder der Strahlenverlauf geradlinig ist.

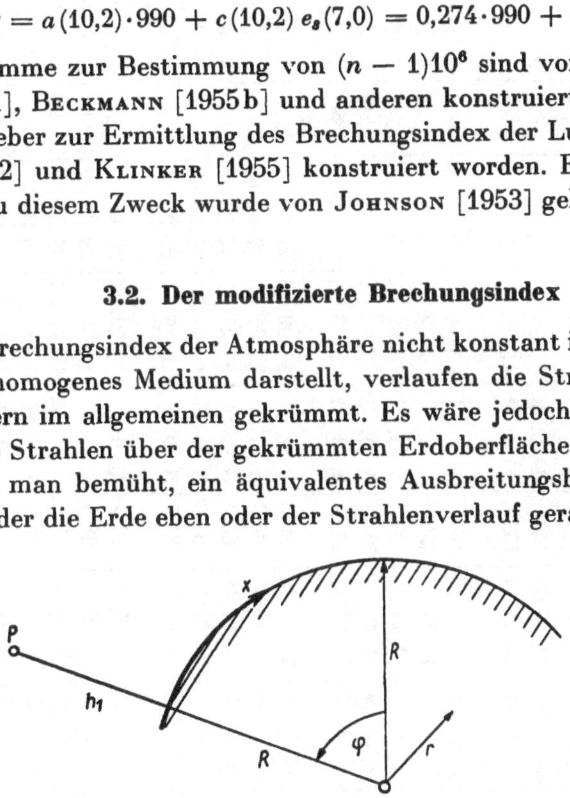

Bild 3.2. Transformation zur Ableitung des modifizierten Brechungsindex

Betrachten wir die Erdkugel in Kugelkoordinaten (θ, r, φ), in denen die Erdoberfläche durch $r = R$ gegeben ist (Bild 3.2). Im Punkte $P(r + h_1, 0, 0)$ befinde sich ein Strahler für elektromagnetische Wellen. Wir können annehmen, daß schon unweit dieses Strahlers die ausgestrahlten Kugelwellen durch ebene Wellen ersetzt werden können und daß die Wellenflächen im Gebiet, das uns bei der Ausbreitung interessiert (vom Sender bis einige hundert Kilometer hinter dem Horizont), senkrecht zur Erdoberfläche stehen.

Tabelle 3.1[1])

Die Funktionen $a(T)$, $b(T)$, $c(T)$ und $e_s(T)$

T [°C]	a	e_s	Δe_s (+)									b	Δb (+)									c	Δc (−)								
			1	2	3	4	5	6	7	8	9		1	2	3	4	5	6	7	8	9		1	2	3	4	5	6	7	8	9
+ 30	0,256	42,4	2	5	7	9	12	14	16	18	21	173	1	2	3	4	5	5	6	7	8	4,066	*3*	*5*	*8*	*11*	*14*	*16*	*19*	*22*	*24*
29	0,257	40,1	2	5	7	9	12	14	16	18	21	164	1	2	3	4	5	5	6	7	8	4,093	*3*	*5*	*8*	*11*	*14*	*16*	*19*	*22*	*24*
28	0,258	37,8	2	5	7	9	12	14	16	18	21	156	1	2	2	3	4	5	6	6	7	4,120	*3*	*5*	*8*	*11*	*14*	*16*	*19*	*22*	*24*
27	0,259	35,6	2	4	7	9	11	13	15	18	20	148	1	2	2	3	4	5	6	6	7	4,147	*3*	*5*	*8*	*11*	*14*	*16*	*19*	*22*	*24*
26	0,260	33,6	2	4	6	8	10	12	14	16	18	140	1	2	2	3	4	5	6	6	7	4,175	*3*	*6*	*8*	*11*	*14*	*17*	*20*	*22*	*25*
25	0,260	31,7	2	4	6	8	10	11	13	15	17	133	1	1	2	3	4	4	5	6	6	4,203	*3*	*6*	*8*	*11*	*14*	*17*	*20*	*22*	*25*
24	0,261	29,8	2	4	6	8	10	11	13	15	17	126	1	1	2	3	4	4	5	6	6	4,231	*3*	*6*	*8*	*11*	*14*	*17*	*20*	*22*	*25*
23	0,262	28,1	2	4	5	7	9	10	12	14	15	120	1	2	2	2	3	4	4	5	5	4,260	*3*	*6*	*9*	*12*	*15*	*17*	*20*	*23*	*26*
22	0,263	26,4	2	4	5	7	9	10	12	14	15	113	1	1	2	3	4	4	5	6	6	4,289	*3*	*6*	*9*	*12*	*15*	*17*	*20*	*23*	*26*
21	0,264	24,9	2	3	5	6	8	9	11	12	14	107	1	1	2	2	3	4	4	5	5	4,318	*3*	*6*	*9*	*12*	*15*	*17*	*20*	*23*	*26*
20	0,265	23,4	2	3	5	6	8	9	11	12	14	102	1	1	2	2	3	3	4	4	5	4,348	*3*	*6*	*9*	*12*	*15*	*18*	*21*	*24*	*27*
19	0,266	22,0	1	3	4	6	7	8	10	11	13	96,2	6	12	17	23	29	35	41	46	52	4,378	*3*	*6*	*9*	*12*	*15*	*18*	*21*	*24*	*27*
18	0,267	20,6	1	3	4	6	7	8	10	11	13	90,9	5	11	16	21	26	32	37	42	48	4,408	*3*	*6*	*9*	*12*	*15*	*18*	*21*	*24*	*27*
17	0,268	19,4	1	2	4	5	6	7	8	10	11	86,0	5	10	15	20	25	29	34	39	44	4,438	*3*	*6*	*9*	*12*	*15*	*18*	*21*	*24*	*27*
16	0,269	18,2	1	2	4	5	6	7	8	10	11	81,2	5	10	14	19	24	29	34	38	43	4,469	*3*	*6*	*9*	*12*	*16*	*19*	*22*	*25*	*28*
15	0,269	17,0	1	2	4	5	6	7	8	10	11	76,7	5	9	14	18	36	41	32	36	41	4,500	*3*	*6*	*9*	*12*	*16*	*19*	*22*	*25*	*28*
14	0,270	16,0	1	2	3	4	5	6	7	8	9	72,4	4	9	13	17	22	26	30	34	39	4,532	*3*	*6*	*9*	*12*	*16*	*19*	*22*	*25*	*28*
13	0,271	15,0	1	2	3	4	5	6	7	8	9	68,3	4	8	12	16	21	25	29	33	37	4,563	*3*	*6*	*10*	*13*	*16*	*19*	*22*	*26*	*29*
12	0,272	14,0	1	2	3	4	5	6	7	8	9	64,4	4	8	12	16	20	23	27	31	35	4,595	*3*	*6*	*10*	*13*	*16*	*19*	*22*	*26*	*29*
11	0,273	13,1	1	2	3	4	5	5	6	7	8	60,7	4	7	11	15	19	22	26	30	33	4,628	*3*	*7*	*10*	*13*	*17*	*20*	*23*	*26*	*30*
10	0,274	12,3	1	2	2	3	4	5	6	6	7	57,2	4	7	11	14	18	21	25	28	32	4,661	*3*	*7*	*10*	*13*	*17*	*20*	*23*	*26*	*30*
9	0,275	11,5	1	2	2	3	4	5	6	6	7	53,9	3	7	10	13	16	20	23	26	30	4,694	*3*	*7*	*10*	*13*	*17*	*20*	*23*	*26*	*30*
8	0,276	10,7	1	2	2	3	4	5	6	6	7	50,7	3	6	10	13	16	19	22	26	29	4,727	*3*	*7*	*10*	*13*	*17*	*20*	*23*	*26*	*30*
7	0,277	10,0	1	1	2	3	4	4	5	6	6	47,7	3	6	9	12	15	18	21	24	27	4,761	*3*	*7*	*10*	*14*	*17*	*20*	*24*	*27*	*31*
6	0,278	9,35	7	14	21	28	35	42	49	56	63	44,8	3	6	9	12	15	17	20	23	26	4,795	*3*	*7*	*10*	*14*	*17*	*20*	*24*	*27*	*31*
5	0,279	8,72	6	12	18	24	30	35	41	47	53	42,1	3	5	8	11	14	16	19	22	24	4,830	*4*	*7*	*11*	*14*	*18*	*21*	*25*	*28*	*32*

4	0,280	8,13	6	12	18	4	30	35	41	47	53	39,5	3	5	8	10	13	16	18	21	23	4,865	*4*	*7*	*11*	*14*	*18*	*21*	*25*	*28*	*32*
3	0,281	7,58	6	11	17	22	28	33	39	44	50	37,1	2	5	7	10	12	14	17	19	22	4,900	*4*	*7*	*11*	*14*	*18*	*21*	*25*	*28*	*32*
2	0,282	7,06	5	10	16	21	26	31	36	42	47	34,8	2	5	7	9	12	14	16	18	21	4,936	*4*	*7*	*11*	*14*	*18*	*22*	*25*	*29*	*32*
1	0,283	6,57	5	10	15	20	25	29	34	39	44	32,6	2	4	7	9	11	13	15	18	20	4,972	*4*	*7*	*11*	*14*	*18*	*22*	*25*	*29*	*32*
+ 0	0,284	6,11	5	9	14	18	23	28	32	37	41	30,6	2	4	6	8	10	12	14	16	18	5,008	*4*	*7*	*11*	*14*	*18*	*22*	*25*	*29*	*32*

[1]) [Beckmann 1955b]

Tabelle 3.1 (Fortsetzung)

T [°C]	a	e_s	Δe_s (−)									b	Δb (−)									c	Δc (+)								
			1	2	3	4	5	6	7	8	9		1	2	3	4	5	6	7	8	9		1	2	3	4	5	6	7	8	9
— 0	0,284	6,11	*4*	*9*	*13*	*17*	*22*	*26*	*30*	*34*	*39*	30,6	*2*	*4*	*6*	*8*	*10*	*12*	*14*	*16*	*18*	5,008	4	7	11	15	19	22	26	30	33
1	0,285	5,68	*4*	*8*	*12*	*16*	*20*	*24*	*28*	*32*	*36*	28,6	*2*	*4*	*5*	*7*	*9*	*11*	*13*	*14*	*16*	5,045	4	7	11	15	19	22	26	30	33
2	0,286	5,28	*4*	*8*	*11*	*15*	*19*	*23*	*27*	*30*	*34*	26,8	*2*	*3*	*5*	*7*	*9*	*10*	*12*	*14*	*15*	5,082	4	8	11	15	19	23	27	30	34
3	0,287	4,90	*4*	*7*	*11*	*14*	*18*	*21*	*25*	*28*	*32*	25,1	*2*	*3*	*5*	*7*	*9*	*10*	*12*	*14*	*15*	5,120	4	8	11	15	19	23	27	30	34
4	0,288	4,55	*3*	*7*	*10*	*13*	*17*	*20*	*23*	*26*	*30*	23,4	*2*	*3*	*5*	*6*	*8*	*9*	*11*	*12*	*14*	5,158	4	8	12	16	20	23	27	31	35
5	0,290	4,22	*3*	*6*	*9*	*12*	*16*	*19*	*22*	*25*	*28*	21,9	*1*	*3*	*4*	*6*	*7*	*8*	*10*	*11*	*13*	5,197	4	8	12	16	20	23	27	31	35
6	0,291	3,91	*3*	*6*	*9*	*12*	*15*	*17*	*20*	*23*	*26*	20,5	*1*	*3*	*4*	*6*	*7*	*8*	*10*	*11*	*13*	5,236	4	8	12	16	20	23	27	31	35
7	0,292	3,62	*3*	*5*	*8*	*11*	*14*	*16*	*19*	*22*	*24*	19,1	*1*	*3*	*4*	*5*	*7*	*8*	*9*	*10*	*12*	5,275	4	8	12	16	20	24	28	32	36
8	0,293	3,35	*3*	*5*	*8*	*10*	*13*	*15*	*18*	*20*	*23*	17,8	*1*	*2*	*4*	*5*	*6*	*7*	*8*	*10*	*11*	5,315	4	8	12	16	20	24	28	32	36
9	0,294	3,10	*2*	*5*	*7*	*10*	*12*	*14*	*17*	*19*	*22*	16,6	*1*	*2*	*4*	*5*	*6*	*7*	*8*	*10*	*11*	5,355	4	8	12	16	21	25	29	33	37
10	0,295	2,86	*2*	*4*	*7*	*9*	*11*	*13*	*15*	*18*	*20*	15,4	*1*	*2*	*3*	*4*	*5*	*6*	*7*	*8*	*9*	5,396	4	8	12	16	21	25	29	33	37
11	0,296	2,64	*2*	*4*	*6*	*8*	*10*	*12*	*14*	*16*	*18*	14,4	*1*	*2*	*3*	*4*	*5*	*6*	*7*	*8*	*9*	5,438	4	8	13	17	21	25	29	34	38
12	0,297	2,44	*2*	*4*	*6*	*8*	*10*	*11*	*13*	*15*	*17*	13,4	*1*	*2*	*3*	*4*	*5*	*6*	*7*	*8*	*9*	5,479	4	8	13	17	21	25	29	34	38
13	0,298	2,25	*2*	*3*	*5*	*7*	*9*	*10*	*12*	*14*	*15*	12,4	*1*	*2*	*2*	*3*	*4*	*5*	*6*	*6*	*7*	5,522	4	9	13	17	22	26	30	34	39
14	0,300	2,08	*2*	*3*	*5*	*7*	*9*	*10*	*12*	*14*	*15*	11,6	*1*	*2*	*3*	*4*	*5*	*5*	*6*	*7*	*8*	5,564	4	9	13	17	22	26	30	34	39
15	0,301	1,91	*2*	*3*	*5*	*6*	*8*	*9*	*11*	*2*	*14*	10,7	*8*	*15*	*23*	*30*	*38*	*45*	*53*	*60*	*68*	5,607	4	9	13	18	22	26	31	35	40
16	0,302	1,76	*1*	*3*	*4*	*6*	*7*	*8*	*10*	*11*	*13*	9,95	*7*	*15*	*22*	*29*	*37*	*44*	*51*	*58*	*66*	5,651	4	9	13	18	22	26	31	35	40
17	0,303	1,62	*1*	*3*	*4*	*5*	*7*	*8*	*9*	*10*	*12*	9,22	*7*	*14*	*20*	*27*	*34*	*41*	*48*	*54*	*61*	5,695	5	9	14	18	23	27	32	36	41
18	0,304	1,49	*1*	*2*	*4*	*5*	*6*	*7*	*8*	*10*	*11*	8,54	*6*	*13*	*19*	*26*	*32*	*38*	*45*	*51*	*58*	5,740	5	9	14	18	23	27	32	36	41
19	0,306	1,37	*1*	*2*	*4*	*5*	*6*	*7*	*8*	*10*	*11*	7,90	*6*	*12*	*18*	*24*	*30*	*35*	*41*	*47*	*53*	5,785	5	9	14	18	23	28	32	37	41

(Fortsetzung)

T [°C]	a	e_s	Δe_s (−) 1	2	3	4	5	6	7	8	9	b	Δb (−) 1	2	3	4	5	6	7	8	9	c	Δc (+) 1	2	3	4	5	6	7	8	9
− 20	0,307	1,25	1	2	3	4	5	6	7	8	9	7,31	6	11	17	22	28	33	39	44	50	5,831	5	9	14	19	24	28	33	38	42
21	0,308	1,15	1	2	3	4	5	6	7	8	9	6,76	5	10	15	20	26	31	36	41	46	5,878	5	9	14	19	24	28	33	38	42
22	0,309	1,050	9	17	26	34	43	51	60	68	77	6,25	5	10	15	20	25	29	34	39	44	5,925	5	9	14	19	24	28	33	38	42
23	0,310	0,965	8	16	25	33	41	49	57	66	74	5,76	4	9	13	18	22	26	31	35	40	5,972	5	10	14	19	24	29	34	38	43
24	0,312	0,883	8	15	23	30	38	46	53	61	68	5,32	4	8	13	17	21	25	29	34	38	6,020	5	10	15	20	25	29	34	39	44
25	0,313	0,807	7	14	21	28	35	42	49	56	63	4,90	4	8	12	16	20	23	27	31	35	6,069	5	10	15	20	25	29	34	39	44
26	0,314	0,737	6	13	19	26	32	38	45	51	58	4,51	4	7	11	14	18	22	25	29	32	6,118	5	10	15	20	25	30	35	40	45
27	0,315	0,673	6	12	18	24	30	36	42	48	54	4,15	3	7	10	14	17	20	24	27	31	6,168	5	10	15	20	25	30	35	40	45
28	0,317	0,613	5	11	16	22	27	32	38	43	49	3,81	3	6	9	12	16	19	22	25	28	6,218	5	10	15	20	26	31	36	41	46
29	0,318	0,559	5	10	15	20	25	30	35	40	45	3,50	3	6	8	11	14	17	20	22	25	6,269	5	10	16	21	26	31	36	42	47
30	0,319	0,509	5	9	14	18	23	28	32	37	41	3,22	3	5	8	11	14	16	19	22	24	6,321	5	10	16	21	26	31	36	42	47
31	0,321	0,463	4	8	13	17	21	25	29	34	38	2,95	2	5	7	10	12	14	17	19	22	6,373	5	11	16	21	27	32	37	42	48
32	0,322	0,421	4	8	12	16	20	23	27	31	35	2,71	2	5	7	9	12	14	16	18	21	6,426	5	11	16	22	27	32	38	43	49
33	0,323	0,382	4	7	11	14	18	22	25	29	32	2,48	2	4	7	9	11	13	15	18	20	6,480	5	11	16	22	27	32	38	43	49
34	0,325	0,346	3	6	10	13	16	19	22	26	29	2,26	2	4	6	8	10	11	13	15	17	6,534	6	11	17	22	28	33	39	44	50
35	0,326	0,314	3	6	9	12	15	18	21	24	27	2,07	2	4	5	7	9	11	13	14	16	6,590	6	11	17	22	28	34	39	45	50
36	0,327	0,284	3	5	8	11	14	16	19	22	24	1,89	2	3	5	7	9	10	12	14	15	6,645	6	11	17	23	29	34	40	46	51
37	0,329	0,257	5	5	8	10	13	15	18	20	23	1,72	2	3	5	6	8	9	11	12	14	6,702	6	11	17	23	29	34	40	46	51
38	0,330	0,232	2	4	7	9	11	13	15	18	20	1,57	1	3	4	6	7	8	10	11	13	6,759	6	12	17	23	29	35	41	46	52
39	0,332	0,210	2	4	6	8	11	13	15	17	19	1,43	1	3	4	5	7	8	9	10	12	6,817	6	12	17	23	29	35	41	46	52
40	0,333	0,190	2	4	6	8	10	18	14	16	18	1,31	1	2	4	5	6	7	9	10	11	6,875	6	12	17	23	29	35	41	46	52

Diese Annahmen können wir durch die folgenden Gleichungen ausdrücken:

$$\frac{\partial}{\partial \varphi} = \frac{\partial}{\partial r} \to 0, \tag{3.33}$$

$$H_r = H_\theta = E_\varphi = E_\theta \to 0. \tag{3.34}$$

Hierbei bedeutet das Symbol $\to 0$, daß die erwähnten Komponenten und Ableitungen gegen die übrigen Komponenten und Ableitungen klein sind. Gleichung (3.34) gilt für vertikale Polarisation. Bei horizontaler Polarisation genügt es, die Indizes φ und r von E und H zu vertauschen. Unter diesen Bedingungen lauten die ersten zwei Maxwellschen Gleichungen in Kugelkoordinaten:

$$-\frac{1}{r}\frac{\partial E_r}{\partial \theta} + \mu \frac{\partial H\varphi}{\partial t} = 0, \tag{3.35}$$

$$\frac{1}{r}\frac{\partial H\varphi}{\partial \theta} - \varepsilon \frac{\partial E_r}{\partial t} = 0. \tag{3.36}$$

Die übrigen Gleichungen

$$\operatorname{div} \mathfrak{E} = \operatorname{div} \mathfrak{H} = 0 \tag{3.37}$$

sind wegen (3.33) und (3.34) automatisch erfüllt.

Führen wir nun die folgende Transformation ein:

$$x = R\theta, \quad y = r - R, \quad z = R\varphi, \tag{3.38}$$

so daß also x die Entfernung längs der Erdoberfläche und y die Höhe über ihr bedeuten. Dann gilt

$$E_r = E_y; \quad H_\varphi = H_z; \quad \frac{\partial}{\partial \theta} = R\frac{\partial}{\partial x}. \tag{3.39}$$

Wir bezeichnen nun

$$\beta = \frac{y + R}{R} \tag{3.40}$$

und erhalten nach Einsetzen von (3.40) und (3.41) in (3.35) und (3.36)

$$\left.\begin{aligned} -\frac{\partial E_y}{\partial x} + \beta\mu \frac{\partial H_z}{\partial t} &= 0, \\ \frac{\partial H_z}{\partial x} - \beta\varepsilon \frac{\partial E_y}{\partial t} &= 0, \\ \operatorname{div}(\beta\mu\, \mathfrak{H}) &= 0, \\ \operatorname{div}(\beta\varepsilon\, \mathfrak{E}) &= 0. \end{aligned}\right\} \tag{3.41}$$

Dies sind aber nichts anderes als die Maxwellschen Gleichungen in rechtwinkligen Koordinaten, wo der Erdboden ($y = 0$) eben ist, und zwar für ein Medium, dessen Dielektrizitätskonstante $\beta\varepsilon$ und dessen Permeabilität $\beta\mu$ ist. Bezeichnen wir den Brechungsindex dieses neuen (fiktiven) Mediums mit N und den Brechungsindex des ursprünglichen Mediums mit n, dann ist

$$\frac{N}{n} = \sqrt{\frac{\varepsilon\mu\beta^2}{\varepsilon\mu}} = \beta$$

oder nach (3.40)

$$N = n\beta = n\left(1 + \frac{y}{R}\right). \tag{3.42}$$

Somit ist der folgende Satz bewiesen:

Wenn die Bedingungen (3.33) und (3.34) erfüllt sind, dann kann man die Ausbreitung in der wirklichen Atmosphäre mit dem Brechungsindex $n(y)$ über der kugelförmigen Erde durch die Ausbreitung in einer fiktiven Atmosphäre mit dem „modifizierten Brechungsindex“

$$N(y) = n(y)\left(1 + \frac{y}{R}\right) \tag{3.43}$$

über einer ebenen Erde ersetzen.

Dieser Satz ermöglicht es uns also, die Strahllaufbahn in rechtwinkligen Koordinaten zu berechnen. Außerdem ist die Benutzung des modifizierten Brechungsindex bei der Bildung von sogenannten „ducts“ von Vorteil, wie wir später sehen werden.

Die obige Ableitung [Beckmann 1953a] zeigt, daß (3.43) nicht nur aus geometrischen Betrachtungen folgt, sondern auch für die Wellenoptik gilt.

3.3. Der äquivalente Erdradius

Betrachten wir den Fall, in dem sich $N(y)$ linear mit der Höhe ändert:

$$N(y) = ay + N_0\,, \tag{3.44}$$

wo a und N_0 Konstanten sind. In nicht allzu dicken Schichten der Atmosphäre kann man den wirklichen Verlauf von N meist durch (3.44) approximieren.

Wenn (3.44) gilt, betrachten wir eine Kugel mit vorerst nicht bestimmtem Halbmesser R_e, die von einer homogenen Atmosphäre mit dem Brechungsindex $n = n_0 =$ konst. umgeben ist.

Dann folgt aus (3.44) und (3.43)

$$N(y) = ay + N_0 = n_0\left(1 + \frac{y}{R_e}\right) \tag{3.45}$$

und hieraus

$$a = \frac{\mathrm{d}N}{\mathrm{d}y} = \frac{n_0}{R_e}, \tag{3.46}$$

$$N_0 = n_0. \tag{3.47}$$

Ist also $N(y)$ eine lineare Funktion, dann kann man die Ausbreitung in einer nicht homogenen Atmosphäre über der wirklichen Erdkugel auch durch Ausbreitung in einer Atmosphäre mit konstantem Brechungsindex ($n = n_0 \approx 1$) ersetzen, vorausgesetzt, daß man den wirklichen Erdradius $R = 6370$ km durch einen äquivalenten Radius R_e ersetzt, dessen Wert nach (3.46)

$$R_e = \frac{1}{N'(y)} \tag{3.48}$$

ist. Die geometrische Bedeutung dieser Transformation ist aus Bild *3.3* zu ersehen: die relative Krümmung zwischen Erde und Strahllaufbahn bleibt erhalten.

3.4. Die Strahllaufbahn

Im folgenden soll die Strahllaufbahn mit Hilfe des Fermatschen Prinzips berechnet werden [Beckmann 1953a]. Wir werden den modifizierten Brechungsindex benutzen; die Erdoberfläche sei durch die Ebene $x = 0$ gegeben, y sei die Höhe über der Erdoberfläche. Der Sender habe die Koordinaten x_1, y_1, der beliebige Empfangspunkt sei (x_2, y_2) (Bild *3.4*). Wir wollen die Strahllaufbahn $y = y(x)$ finden.

Die Geschwindigkeit der Welle ist

$$v = \frac{c}{N}. \tag{3.49}$$

Wenn also die Länge der Laufbahn s ist, dann ist die Laufzeit

$$T = \frac{s}{v} = \frac{sN}{c} = \frac{1}{c} \int_{x_1}^{x_2} N(y) \sqrt{1 + y'^2}\, \mathrm{d}x. \tag{3.50}$$

Nach dem Fermatschen Prinzip muß sich der Strahl auf derjenigen Laufbahn $y(x)$ ausbreiten, auf der die durch das Integral (3.50) gegebene Laufzeit minimal ist. Bezeichnen wir den Integranden mit F, dann berechnen wir die Funktion $y(x)$ aus der Euler-Lagrangeschen Differentialgleichung der Variationsrechnung

$$\frac{\partial F}{\partial y} - \frac{\mathrm{d}}{\mathrm{d}x}\left(\frac{\partial F}{\partial y'}\right) = 0. \tag{3.51}$$

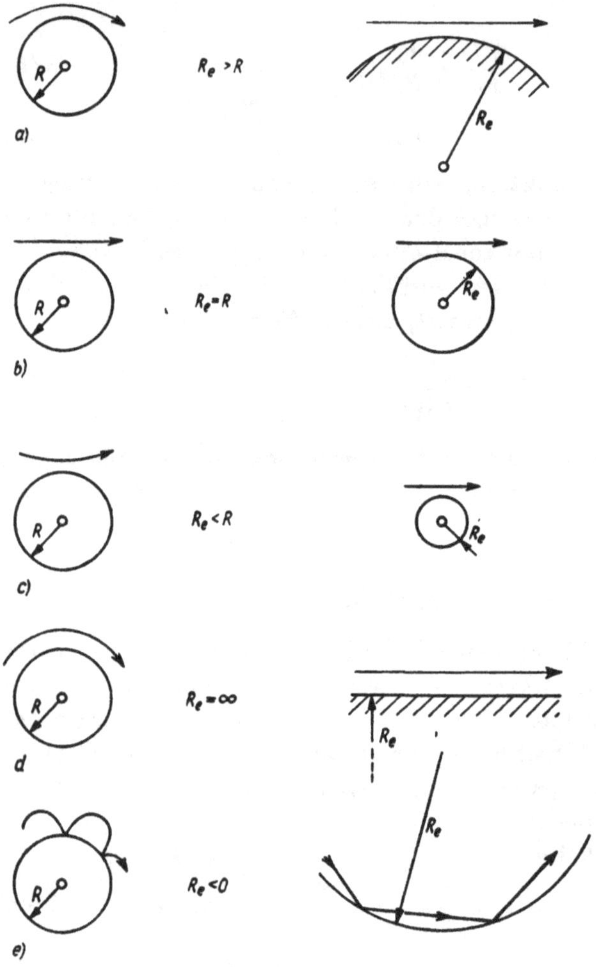

Bild 3.3.
Physikalische Bedeutung des äquivalenten Erdradius. Die relative Krümmung zwischen wirklichem Strahl und wirklicher Erde bleibt erhalten, wenn der Strahl auf eine Gerade ausgerichtet wird.

a positive Brechung;
b keine Brechung;
c negative Brechung;
d kritische Brechung;
e Wellenleiterkanal

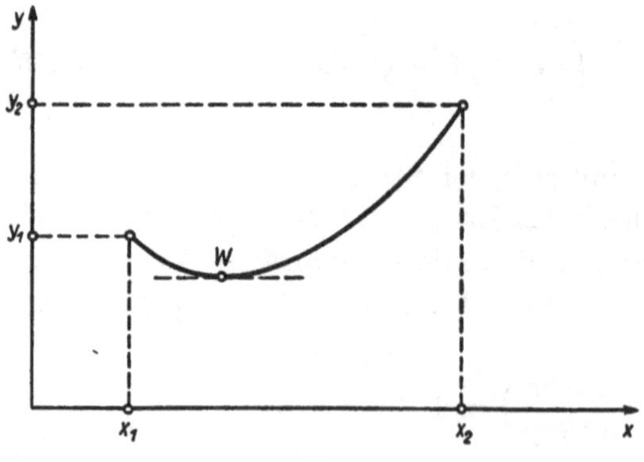

Bild 3.4.
Die Strahllaufbahn als Extremale

Durch Auflösung der Klammern entsteht

$$F_y - F_{xy'} - F_{yy'} - F_{y'y'}\, y'' = 0. \tag{3.52}$$

Da wir annehmen, daß sich der Brechungsindex nur mit der Höhe y, nicht mit der Entfernung x ändert, verschwindet das zweite Glied in (3.52); multiplizieren wir beide Seiten mit y', dann sieht man, daß (3.52) — wenn F nicht von x abhängig ist — in der Form

$$\frac{\mathrm{d}}{\mathrm{d}x}\left(F - y\, F_{y'}\right) = 0 \tag{3.53}$$

geschrieben werden kann. Durch Integration erhalten wir dann

$$F - y'\, F_{y'} = C_1, \tag{3.54}$$

wo C_1 die Integrationskonstante ist.

Als Beispiel nehmen wir einen linearen Verlauf von $N(y)$ an:

$$N(y) = ay + b. \tag{3.55}$$

Dann ist

$$F = (ay + b)\sqrt{1 + y'^2}. \tag{3.56}$$

Durch Einsetzen in (3.54) erhalten wir

$$(ay + b)\sqrt{1 + y'^2} - \frac{(ay + b)\, y'^2}{\sqrt{1 + y'^2}} = C_1 \tag{3.57}$$

oder nach einfachen Umformungen

$$ay + b = C_1\sqrt{1 + y'^2}. \tag{3.58}$$

Nach (3.55) ist a der Gradient des Brechungsindexes (g) und b der Wert an der Erdoberfläche $y = 0$, den wir mit N_0 bezeichnen werden. Weiter ist nach (3.58) C_1 der Wert von N, wenn $y' = 0$ ist, also im Wendepunkt W der Laufbahn (Bild *3.4*). Es ist also

$$gy + N_0 = \sqrt{1 + y'^2}. \tag{3.59}$$

Die Lösung dieser Gleichung ist

$$y = \frac{N_w}{g}\cosh\frac{g(x - C)}{N_w} - \frac{N_0}{g}. \tag{3.60}$$

Die Integrationskonstanten N_w und C werden aus der Bedingung gefunden, daß die Strahllaufbahn (3.60) durch die Punkte (x_1, y_1), (x_2, y_2) gehen muß, d. h. aus den Bedingungen

$$\left.\begin{aligned} y(x_1) &= y_1 \\ y(x_2) &= y_2 \end{aligned}\right\} \tag{3.61}$$

Nun ist (3.60) eine Kettenlinie, und man kann durch zwei gegebene Punkte zwei Kettenlinien der Art (3.60) legen; wie in [Beckmann 1953a] gezeigt wird, ist nur die Kettenlinie mit der kleineren Krümmung eine Extremale.

3.5. Die Arten der Brechung

Durch Ableitung von (3.43) erhalten wir

$$N'(y) = \frac{\mathrm{d}n}{\mathrm{d}y}\left(1 + \frac{y}{R}\right) + \frac{n}{R}. \tag{3.62}$$

Da $n \approx 1$ ist, können wir nach (3.48) diese Gleichung auf

$$\frac{1}{R_e} = \frac{\mathrm{d}n}{\mathrm{d}y} + \frac{1}{R} \tag{3.63}$$

umschreiben, wobei wir y/R gegen eins vernachlässigt haben.

Aus (3.63) folgt

$$\frac{R}{R_e} = 1 + R\frac{\mathrm{d}n}{\mathrm{d}y}. \tag{3.64}$$

Wir führen nun den Faktor k ein:

$$k = \frac{R_e}{R}. \tag{3.65}$$

Dann folgt aus (3.64)

$$k = \frac{1}{1 + R\frac{\mathrm{d}n}{\mathrm{d}y}}. \tag{3.66}$$

In der Atmosphäre kommen nun verschiedene Gradienten $\mathrm{d}n/\mathrm{d}y$ und auch dementsprechende Faktoren k vor.

Nehmen wir einen adiabatischen Gradienten der Troposphäre an, so erhalten wir

$$\frac{\mathrm{d}n}{\mathrm{d}y} = -4 \cdot 10^{-2}\,\mathrm{m}^{-1} \tag{3.67}$$

und nach (3.66) mit $R = 6370$ km

$$k \approx \frac{4}{3}. \tag{3.68}$$

Bei diesem Zustand der Atmosphäre, der meistens angenommen wird, spricht man von der „Standardatmosphäre" und der „Standardbrechung". Bei $k > \frac{4}{3}$ bzw. $k < \frac{4}{3}$ spricht man von „Überstandardbrechung" bzw.

„Unterstandardbrechung“. Solange $k > 1$ ist, wird die Strahllaufbahn von oben gesehen konvex, siehe Bild *3.3a*. Bei $k = 1$ ist $\frac{dn}{dy} = 0$; dies entspricht dem Fall einer homogenen Atmosphäre ohne Brechung, siehe Bild *3.3b*.

Wird $\frac{dn}{dy} > 0$, ist $k < 1$; die Strahllaufbahnen sind von oben gesehen konkav; dies ist die „negative Brechung“ nach Bild *3.3c*.

Der Faktor b wird unendlich, wenn nach (3.66)

$$\frac{dn}{dy} = -\frac{1}{R} \tag{3.69}$$

ist. Die Krümmung der Strahllaufbahn hat dann ihren Mittelpunkt im Erdmittelpunkt, der Strahl läuft parallel zur Erdoberfläche, siehe Bild *3.3d*. Dies ist die „kritische“ Brechung. Hierbei wird nach (3.62)

$$N'(y) = 0. \tag{3.70}$$

Wird schließlich der Gradient $\frac{dn}{dy}$ noch steiler als (3.69), d. h.,

$$\frac{dn}{dy} < -\frac{1}{R}, \tag{3.71}$$

dann wird die Krümmung der Strahllaufbahn größer als die der Erdoberfläche. Es entsteht ein Wellenleiterkanal nach Bild *3.3e*. In diesem Falle ist

$$N'(y) < 0. \tag{3.72}$$

Die Theorie des Wellenleiterkanales, engl. „duct“, muß mit Hilfe der Wellenoptik behandelt werden, da die Ausbreitung frequenzabhängig ist. Ausführlich ist diese Frage in [Kerr 1951] behandelt, jedoch ist auch aus der hier angegebenen geometrisch-optischen Behandlung der Mechanismus des Wellenleiterkanales zu erkennen. Je nachdem, ob der Gradient des modifizierten Brechungsindexes $\frac{dN}{dy}$ bei der Erdoberfläche (Bild *3.5 a*) oder in höheren Schichten (Bild *3.5b*) negativ wird, entsteht ein Oberflächenkanal (*surface duct*) oder ein erhobener Kanal (*elevated duct*).

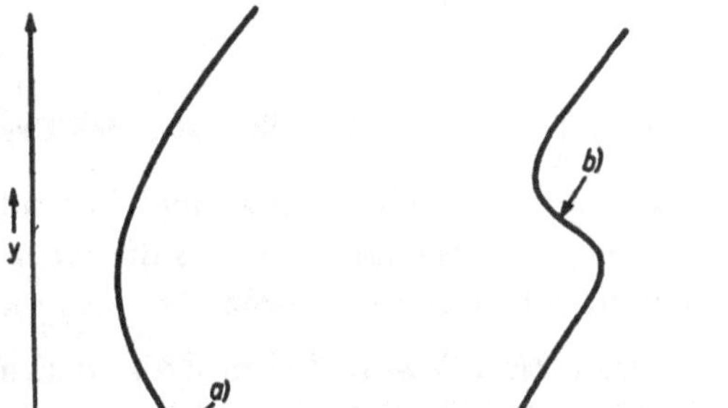

Bild *3.5*. Verlauf von $N(y)$ bei Vorhandensein eines Wellenleiterkanals

Man sieht, daß für die Unterscheidung der verschiedenen Arten der Brechung die Benutzung verschiedener Parameter, nämlich N', n' oder k vorteilhaft ist. Deshalb sind in der Tabelle 3.2 die verschiedenen Brechungsarten und die entsprechenden Parameter zusammengestellt worden.

Tabelle 3.2
Arten der Brechung

k	Brechungsart	$\frac{dn}{dy}$	Brechungsart	$\frac{dN}{dy}$	Brechungsart
< 0	Wellenleiterkanal			< 0	Wellenleiterkanal
∞	kritische Brechung		positive Brechung (konvex)	0	kritische Brechung
$> \frac{4}{3}$	Überstandard	< 0			
$\frac{4}{3}$	Standard			> 0	kein Wellenleiterkanal
$< \frac{4}{3}$	Unterstandard				
1	keine Brechung	0	keine Brechung (gerade)		
< 1	negative Brechung	> 0	negative Brechung (konkav)		

3.6. Statistik des Brechungsindexes

Wie aus den vorhergehenden Abschnitten zu ersehen ist, bestimmt der Gradient des Brechungsindexes die Krümmung der Strahllaufbahn und somit auch die folgenden Faktoren:

Den Einfallswinkel zum Erdboden und auch zu Schichten in der Troposphäre; den Radiohorizont, denn nach (2.34), Abschnitt 2.2, ist

$$r_s = \sqrt{2\,k\,R\,h}; \tag{3.69}$$

die Phasenverschiebung des reflektierten Strahles in bezug auf den direkten Strahl;

die effektiven Antennenhöhen;
den Divergenzfaktor;
alle anderen Größen, die vom Erdradius R (der bei Brechung durch kR zu ersetzen ist) mitbestimmt werden.

Deswegen ist der zeitliche und geographische Verlauf des Brechungsindexgradienten von großem Interesse für die sogenannte Radioklimatologie. Da der wirkliche Verlauf des Brechungsindexes der Atmosphäre mit der Höhe an individuellen Tagen zu kompliziert ist, als daß er statistisch verarbeitet werden könnte, begnügt man sich mit der „durchschnittlichen Refraktivität", die als

$$\Delta N = [n\,(y_0 + 1000) - n\,(y_0)]\,10^6\,\mathrm{NE/km} \tag{3.70}$$

definiert ist, wo y_0 die Höhe der Erdoberfläche (in Metern) über dem Meer ist, und NE „N-Einheiten" sind, deren Anzahl gleich $(n - 1)\,10^6$ ist[1]).

Die Größe (3.70) kann man aus Radiosonden durch die Beziehung (3.28) berechnen oder mit einem Radiorefraktometer messen, in dem die Frequenz eines Hohlraumresonators durch Luftproben verstimmt und mit einem Vakuumhohlraumresonator verglichen wird [Crain 1953, 1954, 1955; Bussey und Birnbaum 1953, 1955; Thompson und Vetter 1956; Steffen 1961].

Diese Messungen werden in Isogradienten-Karten verarbeitet. Auf diese Weise entstand eine neue Disziplin der Radiowissenschaft, die Radioklimatologie. Grundlegende Arbeiten auf diesem Gebiet wurden von Bean und von Misme verfaßt (s. Literaturverzeichnis).

Für das mitteleuropäische Klima kann man folgende allgemeine Tendenzen feststellen:

1. Je weiter man sich vom Meer entfernt, desto kleiner wird der Mittelwert von ΔN und desto größer wird seine Streuung.

2. Über See und nahe der Küste kommt es selten zu Wellenkanalbildungen, im Innenland fast überhaupt nicht.

3. Negative Brechung tritt nur ganz ausnahmsweise ein.

4. Die Mittel- und Streuwerte von ΔN liegen im Sommer höher als im Winter.

---

1) Der Name „N-Einheiten" (единицы N, N-*units*) ist in der technischen Literatur eingebürgert. Wir haben diesen Ausdruck früher nicht benutzt, um Verwechslungen mit dem (ebenfalls eingebürgerten) Symbol N für den modifizierten Brechungsindex zu vermeiden.

5. Die Mittelwerte liegen in der Nacht höher als am Tage. Die statistische Verteilung von ΔN ist in erster Näherung normal, d. h., seine Wahrscheinlichkeitsdichte ist

$$p(\Delta N) = \frac{1}{\sigma\sqrt{2\pi}} \exp\left[-\frac{(\Delta N - a)^2}{2\sigma^2}\right], \tag{3.71}$$

wo a den Mittelwert und σ die Standardabweichung von ΔN bedeuten.

Als Beispiel sind in Tabelle 3.3 die Werte angeführt, die nach den Angaben der Radiosonde Prag in den Jahren 1951 bis 1955 berechnet wurden [Beckmann 1957b].

Tabelle 3.3

Mittlere Refraktivität nach der Radiosonde Prag [NE/km]

Monat	0300 MEZ		1500 MEZ	
	a	σ	a	σ
Februar	— 34,9	4,7	— 33,5	5,3
Mai	— 36,3	7,3	— 35,2	8,1
August	— 40,1	9,6	— 36,0	9,6
November	— 34,3	6,0	— 35,5	6,5
Jahreswert	— 36,4	6,9	— 35,0	7,4

Durch Kenntnis der Statistik des Brechungsindexes kann man die Statistik der von ihm beeinflußten Größen berechnen; als Beispiel berechnen wir die Wahrscheinlichkeitsverteilung des Höhenfehlers bei der Funkortungsmessung [Beckmann 1958a].

Wir nehmen an, daß der modifizierte Brechungsindex sich linear mit der Höhe nach (3.44) ändert, so daß wir den äquivalenten Erdradius R_e nach (3.48) benutzen können. Es läßt sich leicht zeigen, daß N als Funktion der Höhe h die lineare Form

$$N(h) = a\,h + N_0 \tag{3.72}$$

nur dann haben wird, wenn der Brechungsindex $n(h)$ die Form

$$n(h) = \frac{ah + N_0}{1 + \frac{h}{R}} \tag{3.73}$$

hat. Jedoch selbst für $h = 10$ km unterscheidet sich der Nenner dieses Ausdruckes von eins nur um weniger als $1{,}6 \cdot 10^{-3}$, so daß wir die Methode des äquivalenten Erdradius ohne bedeutenden Fehler auch dann benutzen können, wenn $n(h)$ linear ist, also wenn

$$\frac{\mathrm{d}n}{\mathrm{d}h} = \text{konst.} \tag{3.74}$$

ist. In diesem Falle läßt sich die Berechnung des Höhenfehlers eines Funkortungsgerätes sehr vereinfachen. Es sei im Punkte O (Bild *3.6*) ein Funkortungsgerät, welches die Entfernung r und den Elevationswinkel θ eines Zieles Z mißt. OA ist die (glatte) Erdoberfläche und A der Fußpunkt des

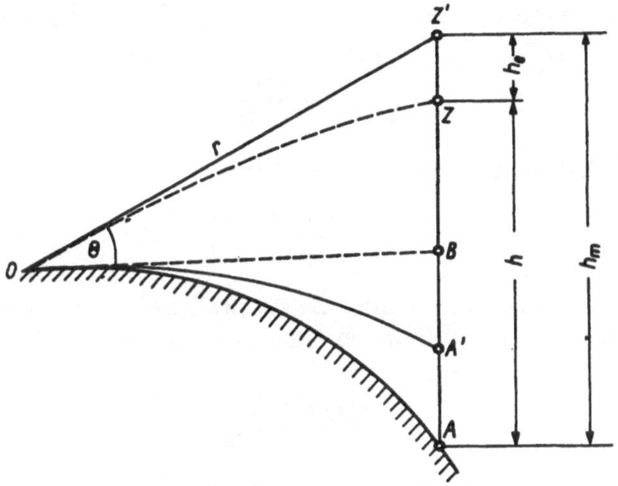

Bild *3.6*. Zur Bestimmung des Höhenfehlers bei der Funkortung

Zieles. Die wirkliche Höhe des Zieles über A ist $AZ = h$; wegen der Strahlenkrümmung OZ mißt jedoch das Funkortungsgerät die falsche Höhe $AZ' = h_m$. Wir können jedoch nach Abschnitt 3.3 die geradlinige Strahllaufbahn OZ' annehmen, vorausgesetzt, daß wir statt mit der wirklichen Erde OA mit der äquivalenten Erde OA' rechnen. Der Radius dieser äquivalenten Erde ist nach Abschnitt 3.3

$$R_e = kR = \frac{1}{N'(h)}. \tag{3.75}$$

Wie aus Bild *3.6* zu ersehen ist, ist die gemessene (unkorrigierte) Höhe des Zieles

$$h_m = r \sin\theta + \frac{r^2 \cos^2\theta}{2R}, \tag{3.76}$$

worin $R = 6370$ km der wirkliche Erdhalbmesser und das zweite Glied gleich AB ist. Die wirkliche Höhe $h = AZ$ ist gleich der Höhe des äquivalenten Zieles Z' über der äquivalenten Erde, also $h = A'Z'$. Der Höhenfehler ist also

$$h_e = Z'Z = A'A = BA - BA' \tag{3.77}$$

oder nach (3.76) und (3.75)

$$h_e = \frac{r^2 \cos^2 \theta}{2R} \left(1 - \frac{1}{k}\right). \tag{3.78}$$

Von (3.75) und der Definition des modifizierten Brechungsindexes (3.42), Abschnitt 3.2., bekommen wir nach Vernachlässigung der Größen zweiter Ordnung

$$\frac{1}{k} = 1 + R\frac{\mathrm{d}n}{\mathrm{d}h}, \tag{3.79}$$

so daß nach Substitution von (3.79) in (3.78)

$$h_e = -\frac{r^2 \cos^2 \theta}{2} \frac{\mathrm{d}n}{\mathrm{d}h}. \tag{3.80}$$

Da im mitteleuropäischen Klima $\mathrm{d}n/\mathrm{d}h$ praktisch immer negativ ist, erhalten wir schließlich die Formel für den Höhenfehler bei linearem Verlauf von $n(h)$:

$$h_e = \frac{r^2 \cos^2 \theta}{2} \left|\frac{\mathrm{d}n}{\mathrm{d}h}\right|. \tag{3.81}$$

Bei nicht linearem Verlauf von $n(h)$ läßt sich der Höhenfehler entweder durch eine Integralgleichung oder durch Aufspaltung des Profils in mehrere lineare Abschnitte berechnen [Beckmann 1958a].

Wenn wir statt mit dem wirklichen Erdhalbmesser ($k = 1$) die äquivalente Erdkugel der Standardbrechung ($k = k_0 = 4/3$) benutzen, erhalten wir einen kleineren Fehler, nämlich

$$h_e' = \frac{r^2 \cos^2 \theta}{R} \left(\frac{1}{k_0} - \frac{1}{k}\right) \tag{3.82}$$

oder

$$h_e' = \frac{r^2 \cos^2 \theta}{R} \left[\left(\frac{\mathrm{d}n}{\mathrm{d}h}\right)_0 - \frac{\mathrm{d}n}{\mathrm{d}h}\right], \tag{3.83}$$

wo $(\mathrm{d}n/\mathrm{d}h)_0 = -4 \cdot 10^{-5}\,\mathrm{km}^{-1}$ der Standardgradient ist. Wenn wir n in „N-Einheiten" (NE) messen, deren Anzahl gleich $(n - 1)\,10^6$ ist, erhalten wir dann die Formel

$$h_e' = r^2 \cos^2 \theta \left(\frac{1}{2}\left|\frac{\mathrm{d}n}{\mathrm{d}h}\right| - 20\right) 10^{-3} \qquad [\mathrm{km};\ \mathrm{km},\ \mathrm{NE/km}]. \tag{3.84}$$

In der Praxis ist es nicht möglich, den Wert von $\mathrm{d}n/\mathrm{d}h$ überall und zu jeder Zeit zu messen. Auch ist die Standardbrechung nicht typisch für Mitteleuropa (s. Tab. 3.3). Es ist deshalb besser, eine Statistik des Brechungsindexgradienten von der Art der Tabelle 3.3 zu benutzen. Wenn man eine

Standardatmosphäre annimmt, um die wirkliche Höhe mit Hilfe von (3.84) zu berechnen, ergibt sich ein Fehler, dessen Größe von der Wahrscheinlichkeitsverteilung von dn/dh abhängt. Die „durchschnittliche Refraktivität“ ΔN nach (3.70) ist in erster Näherung normalverteilt [Gaußsche Verteilung, s. Gl. (3.71)], so daß die Wahrscheinlichkeit

$$P\left\{\frac{\Delta n}{\Delta h} < x\right\} = \frac{1}{\sigma\sqrt{2\pi}} \int_{-\infty}^{x} \exp\left[-\frac{(\xi - a)^2}{2\sigma^2}\right] d\xi \tag{3.85}$$

ist.

Hier ist a der Mittelwert der zufälligen Größe $\Delta n/\Delta h$ und σ^2 ihre Streuung. Setzen wir nun gemäß (3.84)

$$y = r^2 \cos^2\theta \left(\frac{x}{2} - 20\right) 10^{-3}, \tag{3.86}$$

dann ist nach (3.85)

$$P\{h_e' < \pm y\} = \Phi\left(40 \pm \frac{2\cdot 10^3\, y}{r^2 \cos^2\theta}\right) \tag{3.87}$$

und folglich

$$P\{|h_e'| < y\} = P\{-y < h_e' < y\} = P\{h_e' < y\} - P\{h_e' < -y\} =$$

$$= \Phi\left(40 + \frac{2\cdot 10^3\, y}{r^2\cos^2\theta}\right) - \Phi\left(40 - \frac{2\cdot 10^3\, y}{r^2\cos^2\theta}\right). \tag{3.88}$$

Diese Wahrscheinlichkeiten kann man mit Hilfe der tabellierten Laplace-Funktion

$$L(x) = \frac{1}{\sqrt{2\pi}} \int_0^x e^{-\xi^2/2}\, d\xi \tag{3.89}$$

bzw. des Fehlerintegrals berechnen, es ist jedoch leichter, die Kurven auf Wahrscheinlichkeitspapier aufzutragen, auf denen die Funktionen $\Phi(x)$ als Geraden abgebildet werden. Die Bilder *3.7* und *3.8* zeigen die nach (3.88) und (3.85) berechneten Werte, wobei $r = 100$ km, $\theta = 0°$ angesetzt wurde und die Werte für a und σ aus der Tabelle 3.3 entnommen wurden. Die Ordinate gibt die Wahrscheinlichkeit an, daß der Fehler (bei Annahme von $k = 4/3$) kleiner als der auf der Abszisse angegebene Wert ist. Berechnen wir z. B. die Höhe des Zieles nach (3.76) mit $4/3\,R$ statt R bei $r = 100$ km und $\theta = 0°$, dann ist die Wahrscheinlichkeit, daß der Höhenfehler um 15.00 Uhr im November (in der mittelböhmischen Atmosphäre) kleiner als 60 m ist, gleich 75%. Die Kurven gelten direkt für $r = 100$ km und $\theta = 0°$; für andere

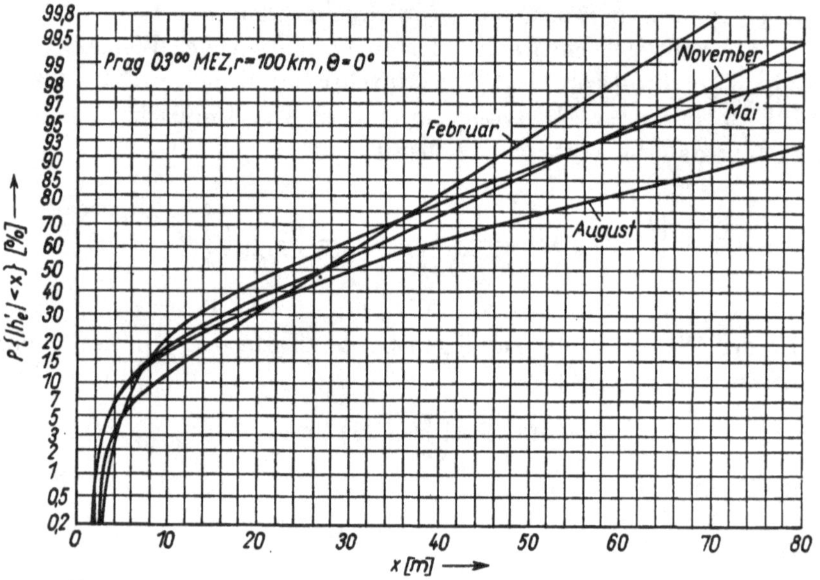

Bild *3.7.* Wahrscheinlichkeit des Höhenfehlers bei Annahme von Standardbrechung zu verschiedenen Jahreszeiten. Prag 3.00 Uhr MEZ, $r = 150$ km, $\theta = 0°$. Für andere Werte von r und θ multipliziere man den Abszissenwert mit $(r \cos \theta/100)^2$. [Beckmann 1958a]

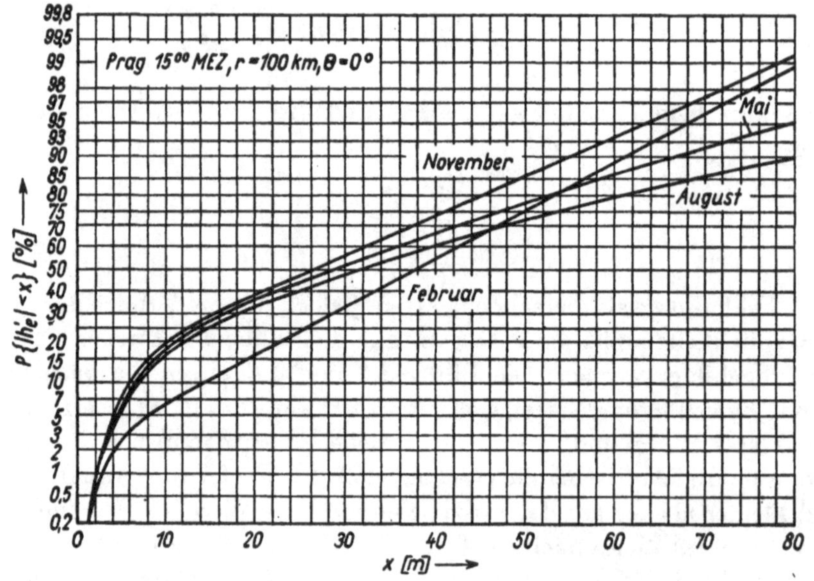

Bild *3.8.* Wahrscheinlichkeit des Höhenfehlers bei Annahme von Standardbrechung zu verschiedenen Jahreszeiten. Prag 15.00 Uhr MEZ, $r = 150$ km, $\theta = 0°$. Für andere Werte von r und θ multipliziere man den Abszissenwert mit $(r \cos \theta/100)^2$. [Beckmann 1958a]

Werte von r und θ genügt es, die Abszissenkoordinate mit

$$\left(\frac{r \cos \theta}{100}\right)^2 \tag{3.90}$$

zu multiplizieren.

Die Bilder *3.7* und *3.8* gelten für die mittelböhmische Atmosphäre nach Tabelle 3.3; für ein anderes Klima muß man die betreffenden Mittelwerte a und die Abweichungen σ zu verschiedenen Tages- und Jahreszeiten kennen. Andere Einzelheiten sind in [Beckmann 1958a] enthalten.

Die Statistik des Brechungsindexgradienten kann in ähnlicher Weise auch für andere Größen, die von ihm mitbestimmt werden, benutzt werden. Für den Mittelwert a von $\Delta n/\Delta h$ sind Weltkarten von Isogradienten herausgegeben worden[1]). Ein Beispiel ist in Bild *3.9* dargestellt. Die Abweichungen σ sind allerdings hierin nicht verarbeitet. Mittelwerte der Refraktivität, die typisch für deutsche Verhältnisse sind, wurden in Tabelle 3.4 zusammengefaßt.

Tabelle 3.4

Mittelwerte der Refraktivität (1951—55) in NE/km (Absolutwerte)

Station	03.00 MEZ				15.00 MEZ			
	Februar	Mai	August	November	Februar	Mai	August	November
Emden	38	43	48	41	38	37	40	42
Hannover	37	42	44	37	35	34	37	39
München	37	42	46	40	36	35	39	40

[1]) CCIR Bericht No. 147, Los Angeles 1959 (ITU Genf 1959, Bd. III, S. 299—337).

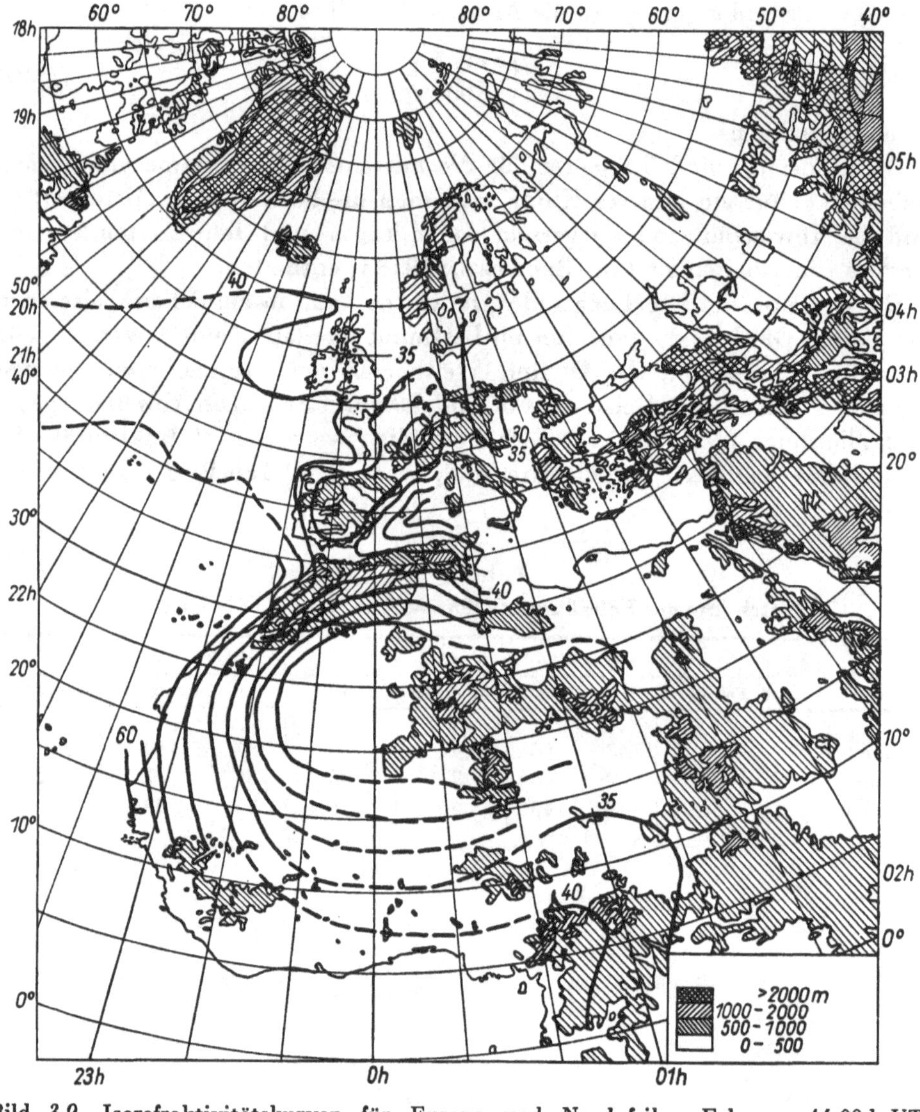

Bild *3.9.* Isorefraktivitätskurven für Europa und Nordafrika, Februar, 14 00 h UT (15.00 Uhr MEZ). Refraktivität Δn in N-Einheiten zwischen Boden und 1000 m Höhe über dem Boden [CCIR]

4. Der Einfluß des Geländes

Der Einfluß des Geländes auf die Ausbreitung der Ultrakurzwellen macht sich besonders in zwei Erscheinungen bemerkbar: in der Beugung der Ultrakurzwellen an Bergeskämmen und anderen Hindernissen und in der Reflexion

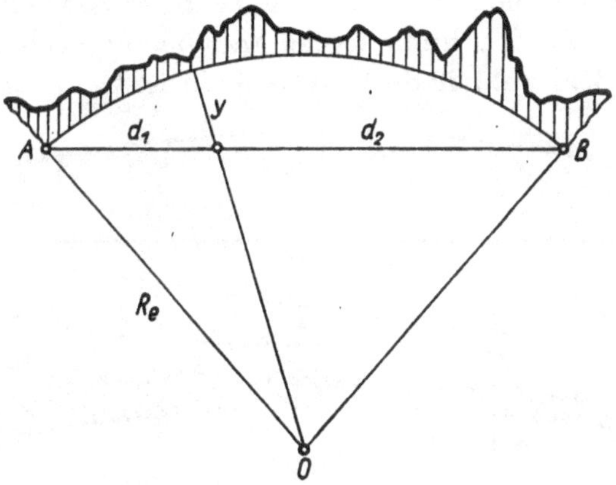

Bild *4.1*. Höhe y der Erdkugelkappe über der Sehne AB (Fußpunkte der Funkstrecke) in der Entfernung d_4

an unregelmäßigem Gelände. In beiden Fällen genügt es nicht mehr, mit der geometrischen Optik von Kapitel 2 zu arbeiten, da es jetzt zur Beugung bzw. Streuung der elektromagnetischen Wellen kommt, und die theoretischen Probleme des Einflusses des Geländes müssen durch Wellenoptik (Diffraktionstheorie) gelöst werden.

4.1. Geländeschnitte und Fresnel-Zonen

Beim Zeichnen des Geländeschnittes zwischen Sender und Empfänger muß man zu den auf der Landkarte angegebenen Höhen noch die Höhe y des Erdkugelsegments über der Sehne AB addieren (Bild *4.1*).

Nach der elementaren Kreisgeometrie gilt

$$d_1 d_2 = y\,(2R_e - y) \approx 2R_e y, \tag{4.1}$$

so daß die Höhe y der Erdkugelkappe in einer Entfernung d_1 von einem der beiden Endpunkte der Funkstrecke

$$y = \frac{d_1(d - d_1)}{2R_e} \tag{4.2}$$

ist, wo $d = d_1 + d_2$ die Länge der Funkstrecke bedeutet. Es empfiehlt sich, die Erdkugel bei Meereshöhe nach (4.2) in beliebigem Maßstab in rechtwinkligen Koordinaten der Höhen (y) und der Entfernungen (d_1) zu zeichnen und die von der Landkarte abgelesenen Höhen über dieser Kurve aufzutragen. Die Koordinaten der Parabel (4.2) sind für verschiedene Streckenlängen d in Tabelle 4.1 gegeben, wobei für den äquivalenten Erdradius R_e Standardbrechung ($k = 4/3$) angenommen wurde, d. h., $R_e = 8333$ km.

Wir betrachten nun eine Funkstrecke SE über unregelmäßigem Gelände (Bild 4.2). Es sei P der Punkt, in dem das Gelände der Geraden SE am nächsten

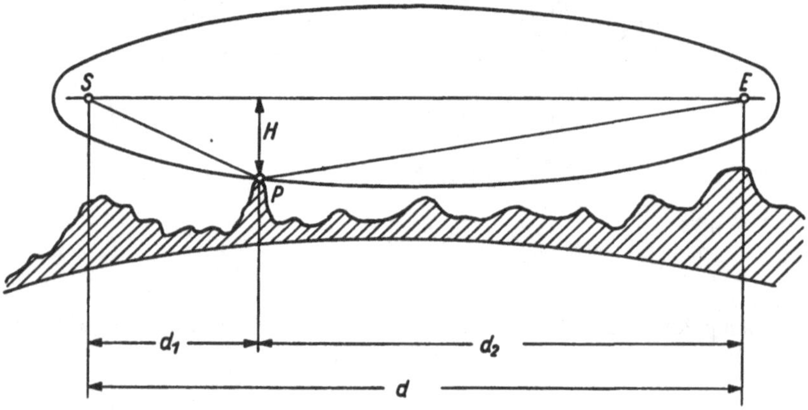

Bild 4.2. Lichtweite H und erstes Fresnel-Ellipsoid

kommt. In der Umgebung von P werden vom Sender S Ströme induziert, die unter anderem auch zum Empfänger E strahlen. (Wenn die Umgebung des Punktes P eben ist, strahlt diese Ebene bei entsprechender Neigung nur nach E, d. h., es kommt zur Reflexion.) Der Laufbahnunterschied zwischen SE und SPE ist

$$\Delta r = \sqrt{d_1 + H^2} + \sqrt{d_2^2 + H^2} - d_1 - d_2 \approx H^2 \frac{d_1 + d_2}{2 d_1 d_2}. \tag{4.3}$$

Der Phasenunterschied zwischen dem direkten und dem reflektierten Strahl ist

$$\Delta \varphi = \frac{2\pi}{\lambda} \Delta r + \pi, \tag{4.4}$$

Tabelle 4.1

Höhe y (in Metern) des Erdkugelsegmentes über der Sehne zwischen den Fußpunkten der Funkstrecke bei Standardbrechung

Streckenlänge d [km]	Abstand vom Sender oder Empfänger [km]										
	10	20	30	40	50	60	70	80	90	100	$\frac{d}{2}$
10	0										1,5
20	6	0									
30	12	12	0								13,5
40	18	24	18	0							
50	24	36	36	24	0						37,5
60	30	48	54	48	30	0					
70	36	60	72	72	60	36	0				73,5
80	42	72	90	96	90	72	42	0			
90	48	84	108	120	120	108	84	48	0		121,5
100	54	96	126	144	150	144	126	96	54	0	
110	60	108	144	168	180	180	168	144	108	60	181,5
120	66	120	162	192	210	216	210	192	162	120	
130	72	132	180	216	240	252	252	240	216	180	253,5
140	78	144	198	240	270	288	294	288	270	240	
150	84	156	216	264	300	324	336	336	324	300	337,5
160	90	168	234	288	330	360	378	384	378	360	
170	96	180	252	312	360	396	420	432	432	420	433,5
180	102	192	270	336	390	432	462	480	486	480	
190	108	204	288	360	420	468	504	528	540	540	545,5
200	114	216	306	384	450	504	546	576	594	600	

wobei das zweite Glied (π) von der Phasenverschiebung bei streifender Reflexion herrührt.

Damit der reflektierte Strahl (bei gleicher Amplitude) den direkten Strahl unterstützt, muß er mit diesem in Phase sein; folglich muß nach (4.4) $\Delta r = \lambda/2$ sein, und somit ist nach (4.3) die hierzu notwendige „Lichtweite"[1])

$$H = \sqrt{\frac{d_1 d_2 \lambda}{d_1 + d_2}}. \qquad (4.5)$$

[1]) Engl. *clearance*, russ. просвет., franz. *dégagement*.

Wir konstruieren nun eine Ellipse mit den Brennpunkten S und E, die durch P geht; es folgt aus den Eigenschaften der Ellipse, daß sich an diesen Verhältnissen nichts ändert, wenn der Punkt P in einem beliebigen anderen Punkt der Ellipse liegt, da der Laufbahnunterschied konstant bleibt. Das durch (4.5) definierte Rotationsellipsoid (bei veränderlichen d_1 und h; $d_1 + d_2 = d =$ konst.) ist identisch mit dem ersten Fresnelschen Ellipsoid, das aus später angeführten Gründen durch die Beziehung $\Delta r = \lambda/2$ definiert ist (s. Abschn. 4.3; im allgemeinen ist das n-te Fresnelsche Ellipsoid durch die Beziehung $\Delta r = n\,\lambda/2$ definiert).

Bei $\Delta r = n\lambda$, wo n ganzzahlig ist, wird der direkte Strahl nach (4.4) vom Bodenstrahl geschwächt, während bei $\Delta r = (2n + 1)/2\,\lambda$ die beiden Strahlen in Phase sind.

Man unterscheidet nun (etwas willkürlich) zwei Fälle: „optische Strecken", in denen das erste Fresnel-Ellipsoid frei von Geländehindernissen ist (Bild *4.2*), und „nichtoptische Strecken", in denen Geländehindernisse in das erste Fresnel-Ellipsoid hineinragen bzw. den direkten Strahl SE vollkommen abschirmen. Um zu entscheiden, ob die Strecke optisch oder nichtoptisch ist, braucht man nicht die Fresnelsche Ellipse in den Geländeschnitt einzuzeichnen, sondern es genügt, die „Lichtweite" H zu kontrollieren; nach (4.5) und der obigen Definition ist die Strecke optisch, wenn

$$H^2 > \frac{d_1 d_2 \lambda}{d_1 + d_2} \tag{4.6}$$

ist.

4.2. Nichtoptische Strecken. Beugung an Bergkämmen und anderen Hindernissen

Die Ausbreitung auf nichtoptischen Strecken ist im allgemeinem Falle ein äußerst schwieriges theoretisches Problem, das nur durch Lösung der Wellengleichung angegriffen werden kann. Die Beugung an der glatten Erdkugel ist von Fok [1948] und Bremmer [1949] gelöst werden. Für Hindernisse, die sich längs der Ausbreitungsrichtung hinziehen, kann man das Problem dadurch behandeln, daß man die Diffraktion an einem ähnlichen Gebilde, z. B. einem parabolischen Zylinder, berechnet [Neugebauer und Bachynski 1958, Bachynski 1960]. Wenn das Hindernis nicht lang in der Ausbreitungsrichtung ist, kann man das Problem leicht durch die Kirchhoffsche Näherung lösen. Dies ist besonders der Fall bei Bergkämmen und anderen Hindernissen, die quer zur Ausbreitungsrichtung lang, aber in der Ausbreitungsrichtung kurz sind, so daß sie mit einem Schirm verglichen werden können.

Es befinde sich im Punkt S (Bild *4.3*) ein Sender und im Punkt P der Empfangsort, und es sei die Verbindungslinie SP von einem Hindernis unterbrochen. Wir führen ein Koordinatensystem ein, das den Ursprung auf dem Bergkamm oder an der Oberkante des Hindernisses hat; die x-Achse liegt parallel zur Linie SP im Abstand h. Die Überschattungshöhe h ist positiv,

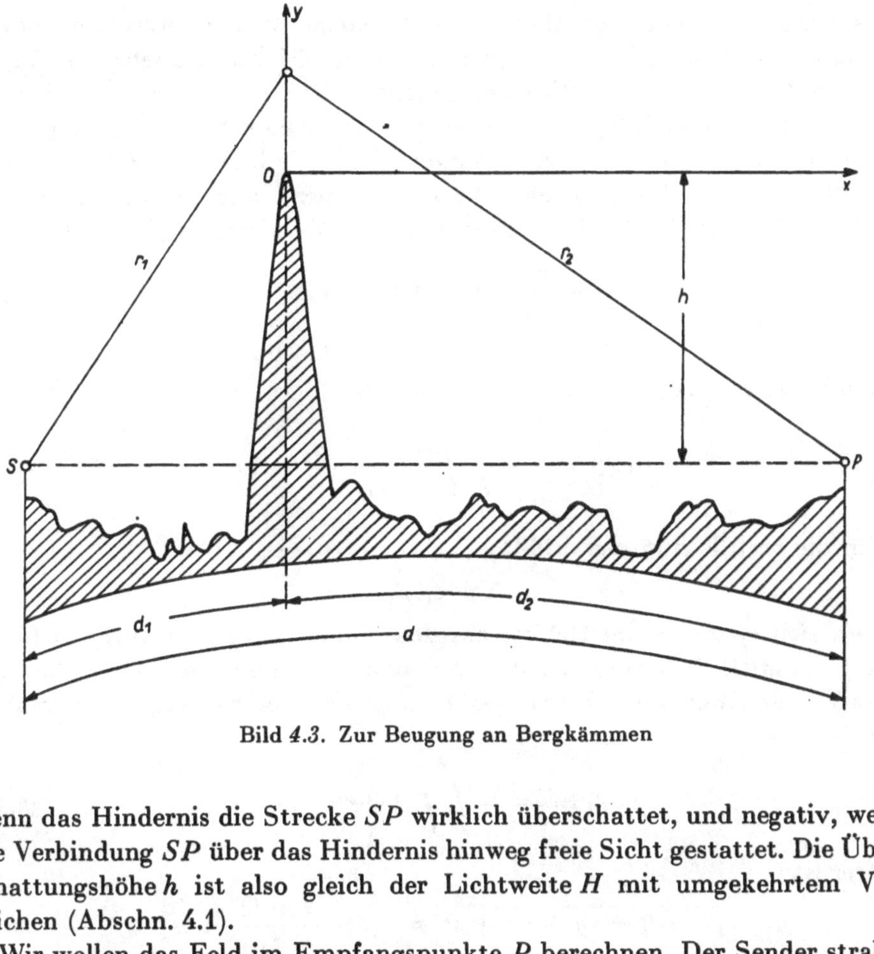

Bild *4.3*. Zur Beugung an Bergkämmen

wenn das Hindernis die Strecke SP wirklich überschattet, und negativ, wenn die Verbindung SP über das Hindernis hinweg freie Sicht gestattet. Die Überschattungshöhe h ist also gleich der Lichtweite H mit umgekehrtem Vorzeichen (Abschn. 4.1).

Wir wollen das Feld im Empfangspunkte P berechnen. Der Sender strahle eine Kugelwelle

$$E = \frac{e^{ikr}}{r} \tag{4.7}$$

aus. Hierbei setzen wir die Leistung und den Antennenrichtfaktor mit $\sqrt{60\,PD} = 1$ an, um diese beiden Größen nicht unnötig durch die weiteren

Formeln mitzuschleppen. Die Amplitude werden wir erst im Schlußresultat einsetzen.

Wir gehen von der Gleichung (2.64), Abschnitt 2.4, aus:

$$E(P) = \frac{i}{\lambda} \iint_S E \frac{e^{i k r_2}}{r_2} \cos(\mathfrak{n}, \mathfrak{r})\, dS, \tag{4.8}$$

wo wir als Fläche S die yz-Ebene gewählt haben. Weiter setzen wir voraus, daß das Hindernis (z. B. ein Bergkamm) in der Richtung z sehr lang ist, so daß sich die Höhe h in der Richtung z nicht ändert. Den genauen Verlauf des Feldes auf S (besonders in der Nähe des Ursprungs beim Übergang Erde — Luft) kennen wir nicht, deshalb benutzen wir die Kirchhoffsche Näherung: Das Feld über dem Hindernis ist dasselbe wie im freien Raum in Abwesenheit des Hindernisses, und das Feld im Inneren des Hindernisses ist gleich Null:

$$\left.\begin{aligned} E &= \frac{e^{i k r_1}}{r_1} \quad \text{für} \quad x = 0,\ y \geqq 0, \\ E &= 0 \qquad \text{für} \quad x = 0,\ y < 0. \end{aligned}\right\} \tag{4.9}$$

Durch Einsetzen von (4.9) in (4.8) erhalten wir

$$E(P) = -\frac{i}{\lambda} \int_{-\infty}^{\infty} \int_{0}^{\infty} \frac{e^{i k (r_1 + r_2)}}{r_1 r_2} \cdot \frac{d_2}{r_2}\, dz\, dy. \tag{4.10}$$

Für die praktisch immer erfüllten Voraussetzungen

$$h \gg d_1, d_2$$

ändern sich r_1 und r_2 im Gebiet, das den Hauptbetrag zum Integral (4.10) liefert, nämlich dem Gebiet nahe über dem Hindernis, so wenig, daß wir r_1 und r_2 als Konstanten betrachten können und vor das Integral schreiben können:

$$E(P) = \frac{i\, d_2}{\lambda\, r_1 r_2^2} \int_{-\infty}^{\infty} \int_{0}^{\infty} e^{i k (r_1 + r_2)}\, dz\, dy. \tag{4.11}$$

Weiter ist

$$r_1 = \sqrt{d_1^2 + (y + h)^2 + z^2} \approx d_1 + \frac{(y + h)^2}{2 d_1} + \frac{z^2}{2 d_1}$$

und

$$r_2 \approx d_2 + \frac{(y + h)^2}{2 d_2} + \frac{z^2}{2 d_2},$$

so daß

$$r_1 + r_2 = d_1 + d_2 + \frac{(y + h)^2}{2} \left(\frac{1}{d_1} + \frac{1}{d_2} \right) + \frac{z^2}{2} \left(\frac{1}{d_1} + \frac{1}{d_2} \right). \tag{4.12}$$

Durch Einsetzen von (4.12) in (4.11), wobei wir die Integrationsgrenze $-\infty$ auf 0 ändern, da der Integrand eine gerade Funktion von z ist, bekommen wir

$$E(P) = \frac{2\,\mathrm{i}\, d_2\, \mathrm{e}^{\mathrm{i}k(d_1+d_2)}}{\lambda\, r_1\, r_2^2} \times$$
$$\times \int_0^\infty \mathrm{e}^{\mathrm{i}\frac{k}{2}z^2\left(\frac{1}{d_1}+\frac{1}{d_2}\right)}\,\mathrm{d}z \int_0^\infty \mathrm{e}^{\mathrm{i}\frac{k}{2}(y+h)^2\left(\frac{1}{d_1}+\frac{1}{d_2}\right)}\,\mathrm{d}y. \tag{4.13}$$

Durch die Substition

$$t^2 = \frac{2}{\lambda} z^2 \left(\frac{1}{d_1} + \frac{1}{d_2}\right)$$

erhalten wir

$$\int_0^\infty \mathrm{e}^{\mathrm{i}\frac{k}{2}z^2\left(\frac{1}{d_1}+\frac{1}{d_2}\right)}\,\mathrm{d}z = \sqrt{\frac{\lambda}{2}\,\frac{d_1 d_2}{d_1+d_2}}\,\frac{1}{\sqrt{2}}\,\mathrm{e}^{\mathrm{i}\frac{\pi}{2}}. \tag{4.14}$$

Ähnlich erhalten wir durch die Substitution

$$u^2 = \frac{2}{\lambda}(y+h)^2\left(\frac{1}{d_1} + \frac{1}{d_2}\right)$$

das Integral

$$\int_0^\infty \mathrm{e}^{\mathrm{i}\frac{k}{2}(y+h)^2\left(\frac{1}{d_1}+\frac{1}{d_2}\right)}\,\mathrm{d}y = \sqrt{\frac{\lambda}{2}\,\frac{d_1 d_2}{d_1+d_2}} \int_v^\infty \mathrm{e}^{\mathrm{i}\frac{\pi}{2}u^2}\,\mathrm{d}u, \tag{4.15}$$

worin

$$v = h\sqrt{\frac{2}{\lambda}\left(\frac{1}{d_1} + \frac{1}{d_2}\right)}. \tag{4.16}$$

Durch Einsetzen von (4.14) in (4.13) erhalten wir

$$E(P) = \frac{d_2^2\, d_1\, \mathrm{e}^{\mathrm{i}k(d_1+d_2)}}{r_1 r_2^2 (d_1+d_2)}\,\frac{\mathrm{e}^{-\mathrm{i}\frac{\pi}{4}}}{\sqrt{2}} \int_v^\infty \mathrm{e}^{\mathrm{i}\frac{\pi}{2}u^2}\,\mathrm{d}u. \tag{4.17}$$

Da nun praktisch immer $d_1 \approx r_1$ und $d_2 \approx r_2$ und $d_1 + d_2 = d$ die Entfernung zwischen S und P ist, sehen wir, daß der erste Bruch nichts anderes ist als die Feldstärke im freien Raum, d. h. die Feldstärke, die in einer Entfernung d vom Sender entstehen würde, wenn kein Hindernis vorhanden wäre. Wir bezeichnen diesen Wert mit E_0, so daß wir (4.17) in der Form

$$E(P) = E_0 \frac{e^{i\frac{\pi}{4}}}{\sqrt{2}} F(v) \tag{4.18}$$

schreiben können, wo

$$F(v) = \int_v^\infty e^{i\frac{\pi}{4}u^2} du \tag{4.19}$$

ist. Diese Funktion kann man durch die Fresnelschen Integrale[1])

$$C(v) = \int_0^v \cos\left(\frac{\pi}{2}u^2\right) du; \quad S(v) = \int_0^v \sin\left(\frac{\pi}{2}u^2\right) du$$

ausdrücken, denn es ist

$$\int_v^\infty e^{i\frac{\pi}{2}u^2} du = \int_0^\infty e^{i\frac{\pi}{2}u^2} du - \int_0^v e^{i\frac{\pi}{2}u^2} du =$$

$$= C(\infty) + i\,S(\infty) - C(v) - i\,S(v) =$$

$$= \frac{1}{2} + i\frac{1}{2} - C(v) - i\,S(v),$$

so daß also

$$E(P) = E_0 \frac{e^{-i\frac{\pi}{4}}}{\sqrt{2}} \left\{\frac{1}{2} - C(v) + i\left[\frac{1}{2} - S(v)\right]\right\} \tag{4.20}$$

mit

$$v = h\sqrt{\frac{2}{\lambda}\left(\frac{1}{d_1} + \frac{1}{d_2}\right)} \quad \text{ist.} \tag{4.21}$$

Diese Formeln sind auch für negative Werte von h gültig. Für den praktischen Gebrauch kann man (4.20) als

$$\frac{E}{E_0} = f(v) = |f(v)|\, e^{i \arg f(v)} \tag{4.22}$$

schreiben; der Betrag und die Phase der Funktion $f(v)$ sind in Tabelle 4.2 angeführt. Auch läßt sich (4.22) graphisch durch Gebrauch der Cornuschen Spirale bestimmen[2]).

[1]) Tabelliert z. B. in Jahnke-Emde: Tafeln höherer Funktionen, Leipzig 1952.

[2]) Ebenda.

Tabelle 4.2a[1])

Die Funktionen $F(v)$ und E/E_0 (Licht)

v	$\|F(v)\|$	arg $F(v)$	$\left\|\frac{E}{E_0}\right\|$	arg $\frac{E}{E_0}$	v	$\|F(v)\|$	arg $F(v)$	$\left\|\frac{E}{E_0}\right\|$	arg $\frac{E}{E_0}$
$-\infty$	1,4142	45°00	1,0000	0°00′	−2,5	1,4728	49°27′	1,0414	+ 4°27′
−5,0	1,4593	43°14′	1,0319	− 1°46′	−2,4	1,5384	46°42′	1,0878	+ 1°42′
−4,9	1,3692	43°01′	0,9682	− 1°59′	−2,3	1,5423	43°04′	1,0906	− 1°56′
−4,8	1,3657	47°54′	0,9657	+ 2°54′	−2,2	1,4846	40°04′	1,0498	− 4°56′
−4,7	1,4564	47°55′	1,0299	+ 2°55′	−2,1	1,3906	38°57′	0,9833	− 6°03′
−4,6	1,4736	43°36′	1,0420	+ 1°36′	−2,0	1,2993	40°29′	0,9187	− 4°31′
−4,5	1,3876	42°19′	0,9812	− 2°41′	−1,9	1,2502	44°19′	0,8840	− 0°31′
−4,4	1,3440	45°43′	0,9504	+ 0°43′	−1,8	1,2646	48°45′	0,8942	+ 3°45′
−4,3	1,4185	47°59′	1,0031	+ 2°59′	−1,7	1,3340	51°39′	0,9432	+ 6°39′
−4,2	1,4885	45°35′	1,0525	+ 0°35′	−1,6	1,4304	52°46′	1,0115	+ 7°46′
−4,1	1,4509	42°16′	1,0259	− 2°44′	−1,5	1,5275	51°13′	1,0788	+ 6°43′
−4,0	1,3580	42°40′	0,9602	− 2°20′	−1,4	1,6002	49°19′	1,1315	+ 4°19′
−3,9	1,3423	47°52′	0,9491	+ 2°52′	−1,3	1,6443	46°10′	1,1627	+ 1°10′
−3,8	1,4263	48°20′	1,0085	+ 3°20′	−1,2	1,6551	42°45′	1,1703	− 2°15′
−3,7	1,4971	45°45′	1,0586	+ 0°45′	−1,1	1,6345	39°21′	1,1557	− 5°39′
−3,6	1,4726	42°22′	1,0413	− 2°38′	−1,0	1,5870	36°45′	1,1221	− 8°45′
−3,5	1,3799	41°33′	0,9757	− 3°27′	−0,9	1,5182	33°35′	1,0735	− 11°25′
−3,4	1,3210	44°44′	0,9341	− 0°16′	−0,8	1,4341	31°30′	1,0141	− 13°30′
−3,3	1,3583	48°11′	4,9605	+ 3°11′	−0,7	1,3404	30°06′	0,9478	− 14°54′
−3,2	1,4591	48°32′	1,0381	+ 3°32′	−0,6	1,2416	29°27′	0,8779	− 15°33′
−3,1	1,5157	45°33′	1,0717	+ 0°33′	−0,5	1,1417	29°39′	0,8073	− 15°21′
−3,0	1,4917	42°01′	1,0600	− 2°59′	−0,4	1,0440	30°43′	0,7383	− 14°17′
−2,9	1,3990	40°35′	0,9892	− 4°25′	−0,3	0,9504	32°45′	0,6720	− 12°15′
−2,8	1,3158	42°39′	0,9304	− 2°21′	−0,2	0,8626	35°46′	0,6100	− 9°14′
−2,7	1,3057	46°52′	0,9233	+ 1°52′	−0,1	0,7814	39°50′	0,5525	− 5°10′
−2,6	1,3757	49°45′	0,9728	+ 4°45′					

[1]) [Beckmann 1954]

Tabelle 4.2b[1])

Die Funktionen $F(v)$ und E/E_0 (Schatten)

v	$\|F(v)\|$	arg $F(v)$	$\left\|\frac{E}{E_0}\right\|$	arg $\frac{E}{E_0}$	v	$\|F(v)\|$	arg $F(v)$	$\left\|\frac{E}{E_0}\right\|$	arg $\frac{E}{E_0}$
0,0	0,7071	45°00′	0,5000	0°00′	3,0	0,1058	+ 178°00′	0,0748	+ 133°00′
0,1	0,6399	51°19′	0,4525	+ 6°19′	3,1	0,1024	− 126°59′	0,0724	− 171°59′
0,2	0,5796	58°49′	0,4098	+ 13°49′	3,2	0,0992	− 70°08′	0,0701	− 115°08′
0,3	0,5257	67°34′	0,3717	+ 22°34′	3,3	0,0963	− 11°34′	0,0681	− 55°34′
0,4	0,4777	77°37′	0,3378	+ 32°37′	3,4	0,0934	+ 48°49′	0,0660	+ 3°49′
0,5	0,4354	88°59′	0,3079	+ 43°59	3,5	0,0908	+ 113°03′	0,0642	+ 66°03′
0,6	0,3978	101°46′	0,2813	+ 56°46′	3,6	0,0883	+ 175°00′	0,0625	+ 130°00′
0,7	0,3647	115°58′	0,2579	+ 70°58′	3,7	0,0859	− 119°11′	0,0607	− 164°11′
0,8	0,3354	131°38′	0,2372	+ 86°38′	3,8	0,0836	− 51°39′	0,0591	− 96°39′
0,9	0,3095	148°50′	0,2188	+ 103°50′	3,9	0,0816	+ 17°42′	0,0577	− 27°18′
1,0	0,2866	+ 167°34′	0,2027	+ 122°34′	4,0	0,0795	+ 88°51′	0,0562	+ 43°51′
1,1	0,2663	− 172°07′	0,1883	+ 142°53′	4,1	0,0776	+ 161°49′	0,0549	+ 116°49′
1,2	0,2482	− 150°12′	0,1755	+ 164°48′	4,2	0,0757	− 123°25′	0,0535	− 168°25′
1,3	0,2322	− 126°39′	0,1642	− 171°39′	4,3	0,0740	− 46°52′	0,0523	− 91°52′
1,4	0,2178	− 101°25′	0,1540	− 146°25′	4,4	0,0723	+ 31°26′	0,0511	− 13°34′
1,5	0,2094	− 74°31′	0,1449	− 119°31′	4,5	0,0708	+ 111°34′	0,0500	+ 66°34′
1,6	0,1934	− 45°55′	0,1367	− 90°50′	4,6	0,0691	− 166°27′	0,0489	+ 148°33′
1,7	0,1829	− 15°36′	0,1294	− 60°36′	4,7	0,0675	− 82°40′	0,0477	− 127°40′
1,8	0,1734	+ 16°27′	0,1226	− 28°33′	4,8	0,0663	+ 2°46′	0,0469	− 42°14′
1,9	0,1648	+ 50°12′	0,1165	+ 5°12′	4,9	0,0649	+ 90°11′	0,0459	+ 45°11′
2,0	0,1570	+ 85°44′	0,1110	+ 40°44′	5,0	0,0636	+ 179°17′	0,0450	+ 134°17′
2,1	0,1498	+ 122°56′	0,1059	+ 70°59′	5,1	0,0624	− 89°49′	0,0441	− 134°49′
2,2	0,1433	+ 161°57′	0,1013	+ 116°57′	5,2	0,0612	+ 2°54′	0,0433	− 42°06′
2,3	0,1375	− 151°17′	0,0972	+ 163°43′	5,3	0,0601	+ 97°27′	0,0425	+ 42°27′
2,4	0,1317	− 114°42′	0,0931	− 159°42′	5,4	0,0590	− 166°16′	0,0417	+ 121°16′

1) [Beckmann 1954]

Tabelle 4.2 b (Fortsetzung)

v	$\|F(v)\|$	$\arg F(v)$	$\left\|\frac{E}{E_0}\right\|$	$\arg \frac{E}{E_0}$	v	$\|F(v)\|$	$\arg F(v)$	$\left\|\frac{E}{E_0}\right\|$	$\arg \frac{E}{E_0}$
2,5	0,1266	– 70°20′	0,0895	– 115°20′	5,5	0,0579	– 68°05′	0,0409	– 83°05′
2,6	0,1218	– 24°14′	0,0861	– 69°14′	5,6	0,0569	+ 31°51′	0,0402	– 13°09′
2,7	0,1173	+ 23°41′	0,0829	– 21°19′	5,7	0,0559	+ 133°33′	0,0395	+ 88°13′
2,8	0,1133	+ 76°17′	0,0801	+ 31°17′	5,8	0,0549	– 122°53′	0,0388	– 167°53′
2,9	0,1094	+ 124°48′	0,0773	+ 79°48′	5,9	0,0541	– 17°32′	0,0383	– 62°32′
6,0	0,0531	+ 89°28′	0,0375	+ 44°28′	7,5	0,0424	+ 121°09′	0,0300	+ 76°90″
6,1	0,0522	– 161°34′	0,0369	+ 153°26′	7,6	0,0419	– 111°51′	0,0296	– 156°51′
6,2	0,0513	– 50°51′	0,0363	– 95°51′	7,7	0,0413	+ 25°49′	0,0292	– 19°11′
6,3	0,0506	+ 61°40′	0,0358	+ 26°40′	7,8	0,0408	+ 165°15′	0,0289	+ 120°15′
6,4	0,0497	+ 175°58′	0,0352	+ 130°58′	7,9	0,0402	– 53°23′	0,0285	– 98°23′
6,5	0,0490	– 67°56′	0,0346	– 112°56′	8,0	0,0398	+ 89°43′	0,0282	+ 44°43′
6,6	0,0482	+ 49°58′	0,0341	+ 4°58′	8,1	0,0393	– 125°28′	0,0278	– 170°28′
6,7	0,0475	+ 169°41′	0,0336	+ 124°41′	8,2	0,0388	+ 21°17′	0,0275	– 23°43′
6,8	0,0468	– 68°49′	0,0331	– 113°49′	8,3	0,0384	+ 169°48′	0,0272	+ 124°48′
6,9	0,0462	+ 54°31′	0,0327	+ 9°31′	8,4	0,0379	– 39°52′	0,0268	– 84°52′
7,0	0,0455	+ 179°38′	0,0322	+ 134°38′	8,5	0,0375	+ 112°15′	0,0265	+ 67°15′
7,1	0,0448	– 53°26′	0,0317	– 98°26′					
7,2	0,0443	+ 75°13′	0,0313	+ 30°13′	∞	0,0000	–	0,0000	–
7,3	0,0436	– 154°19′	0,0308	+ 160°14′					
7,4	0,0430	– 21°58′	0,0304	– 66°58′					

Wenn das Gelände vor und hinter dem Hindernis eben ist, kommt es in beiden Gebieten zur Reflexion. Es sind dann vier Strahlen zu berücksichtigen, nämlich die Strahlen *AC*, *AD*, *BC* und *BD* auf Bild *4.4a*. In diesem Falle sind vier Felder zu berechnen, da man vier verschiedene Höhen h nach Bild *4.4b* erhält. Die Amplituden sind natürlich mit E_0, $R_1 E_0$, $R_2 E_0$ und

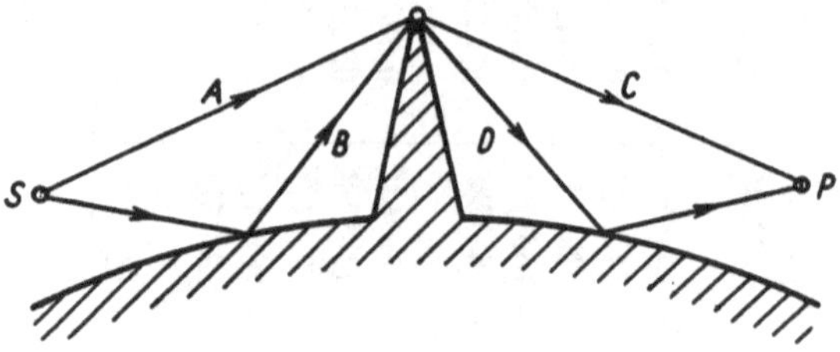

Bild *4.4a*. Vierstrahlen-Diffraktion

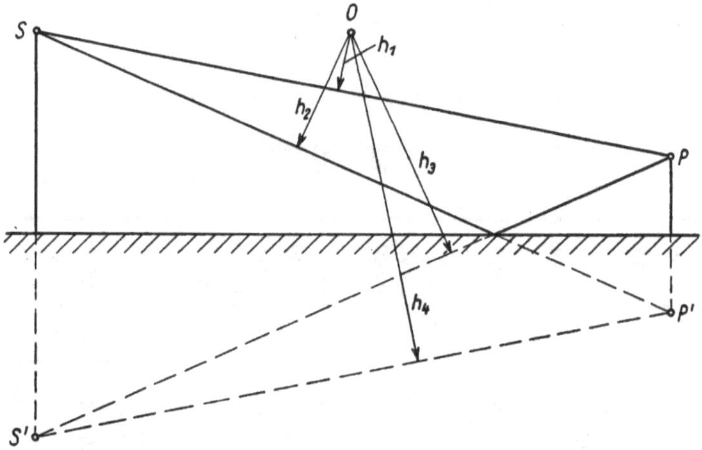

Bild *4.4b*. Die vier Überschattungshöhen bei der Vierstrahlen-Diffraktion

$R_1 R_2 E_0$ anzusetzen, wo R_1 der Fresnelsche Koeffizient für die Reflexion vor und R_2 hinter dem Hindernis ist. Die vier so erhaltenen Felder sind phasenmäßig zusammenzuzählen, so daß man bei der numerischen Berechnung besser (4.20) anwendet; kann die Reflexion vernachlässigt werden (z. B. wegen Rauheit des Geländes), dann ist (4.22) vorteilhafter.

Eine vereinfachte Methode der Berechnung der Fresnelschen Beugung an scharfkantigen Hindernissen wurde von Anderson und Trolese [1958, 1959] entwickelt.

Bei längeren Strecken muß man die Kugelförmigkeit der Erde bei der Bestimmung der Überschattungshöhe in Rechnung stellen. Es sei h_1 die Höhe ü. M. der Sendeantenne S, h_2 die Höhe ü. M. des Empfangspunktes P

und h' die Höhe des Hindernisses. Dann folgt aus einer elementaren Berechnung nach Bild *4.5* die Überschattungshöhe

$$h = h' - h_1 + \frac{d_1 d_2}{2 R_e} - \frac{d_1}{d_2}(h_2 - h_1). \qquad (4.23)$$

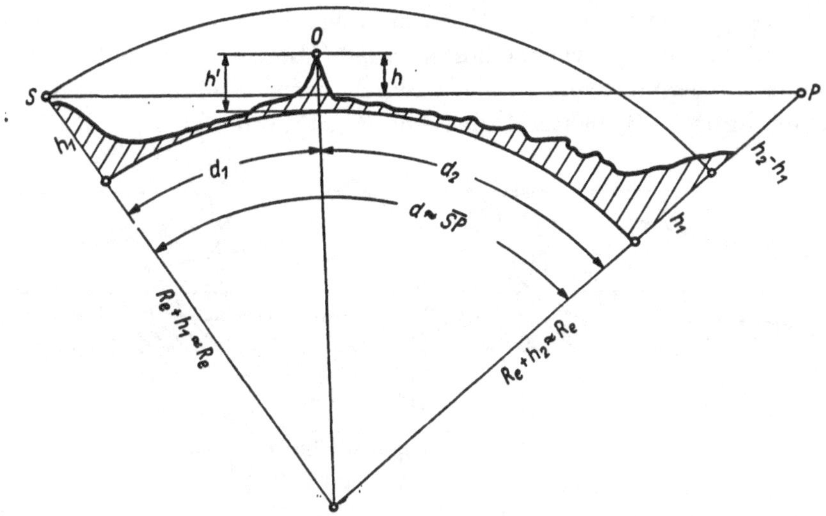

Bild *4.5*. Berechnung der Überschattungshöhe h mit Rücksicht auf die Erdkrümmung

Die Überschattungshöhe und somit die empfangene Feldstärke ist also vom äquivalenten Erdhalbmesser R_e, d. h. vom Brechungsindexgradienten abhängig. Dies ist physikalisch leicht verständlich, da der Gradient des Brechungsindexes eine verschiedene Krümmung der Strahlen bewirkt, so daß der direkte (durch das Hindernis unterbrochene) Strahl auf das Hindernis näher oder weiter von seinem Gipfel entfernt auftrifft.

Die Welle, die von einem scharfkantigen Hindernis gebeugt wird, ist viel stärker als die Welle, die in gleicher Entfernung *hinter dem Horizont* empfangen wird; diese Erscheinung ist als „Hindernisgewinn"[1]) bekannt, eine nicht sehr glückliche Benennung, denn die durch ein scharfkantiges Hindernis gebeugte Welle ist natürlich im Schatten des Hindernisses schwächer als die Welle, die *vor dem Horizont* ohne Hindernis auf freie Sicht empfangen würde.

Die Funktion $|f(v)| = |E/E_0|$ ist eine monoton abnehmende Funktion von v. Führen wir gemäß Bild *4.6* den Einfalls- bzw. Beugungswinkel

$$\alpha_1 = \operatorname{arc\,tan} \frac{h}{d_1}, \quad \alpha_2 = \operatorname{arc\,tan} \frac{h}{d_2} \qquad (4.24)$$

---

[1]) Russ. выигрин препятствия, engl. *obstacle gain.*

ein, dann können wir (4.21) in der Form

$$v = \sqrt{\frac{2h}{\lambda}(\tan \alpha_1 + \tan \alpha_2)} \approx \sqrt{\frac{2h}{\lambda}(\alpha_1 + \alpha_2)} \qquad (4.25)$$

schreiben. Hieraus ist zu ersehen, daß mit zunehmendem Beugungswinkel α_2 der Parameter v zunimmt und folglich die Feldstärke (s. Tab. 4.2) abnimmt. Dies ist die Erklärung, warum hinter einem Hindernis die Feldstärke mit wachsender Entfernung vom Sender bzw. Hindernis zunimmt. Aus der Fernsehversorgung ist z. B. bekannt, daß von den Punkten A, B, C auf Bild *4.6*

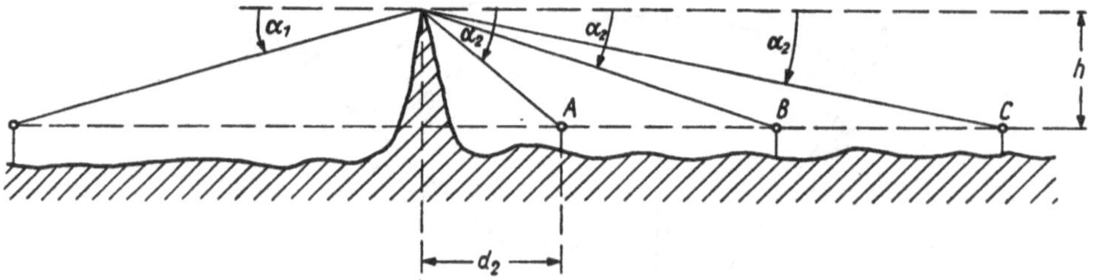

Bild *4.6*. Die Rolle des Beugungswinkels im Gelände

der Punkt C die größte Feldstärke hat, obwohl er vom Sender am weitesten entfernt ist. Die Größe der Winkel α_1 und α_2 spielt also bei der Beugung eine wichtige Rolle und kann gut zu Vergleichsabschätzungen benutzt werden.

Aus (4.21) und (4.25) ist zu ersehen, daß lange Wellen besser gebeugt werden als kurze.

Die Beugung an Bergkämmen und anderen Geländehindernissen ist von vielen Autoren gemessen worden, z. B. [McPetrie und Ford 1946, Dufour 1953, Rider 1953, Beckmann 1954, Crysdale 1955].

Fast alle Arbeiten zeigen eine ziemlich gute Übereinstimmung zwischen dem theoretischen Kurvenverlauf und den experimentell gemessenen Werten; die Werte, die durch die obige (Fresnelsche) Theorie berechnet werden, liegen allerdings im Mittel etwa 6 db zu hoch.

Bevor wir zu Geländeeffekten auf optischen Strecken übergehen, ist noch zu bemerken, daß sich ein scharfkantiges Hindernis auch auf optischen Strecken bemerkbar macht, selbst dann, wenn es nicht in die erste Fresnel-Zone eindringt. Bild *4.7* zeigt den Verlauf von $|E/E_0|$ als Funktion von v. Wir nehmen λ, d_1 und d_2 als konstant an und ändern die Überschattungshöhe h. Wenn $h = v = 0$ ist, also der direkte Strahl gerade die Kante des Hindernisses berührt, gleicht die gebeugte Feldstärke gerade der Hälfte der Feldstärke E_0, die in Abwesenheit des Hindernisses im freien Raum in derselben

Entfernung d beobachtet würde. Wenn nun h und somit v negativ wird, also der direkte Strahl über dem Hindernis durchgeht, kommt es zu Interferenzerscheinungen, und bei bestimmten Werten von v (−1,22; −2,35; −3,08; −3,67 usw.) wird die Feldstärke im Empfangspunkt sogar größer, als sie im freien Raum wäre. Diese Werte entsprechen den Fällen, in denen das Hindernis gerade an die Grenze eines Fresnelschen Ellipsoids von ungerader Ordnung herankommt; natürlich wird dieser Effekt schon beim 3. und 5. Ellipsoid ziemlich klein. Man sieht also, daß die Beurteilung der optischen Strecken nach der Frage, ob die erste Fresnel-Zone frei von Hindernissen ist, etwas willkürlich wirkt; eine Funkstrecke ist eigentlich erst dann wirklich optisch,

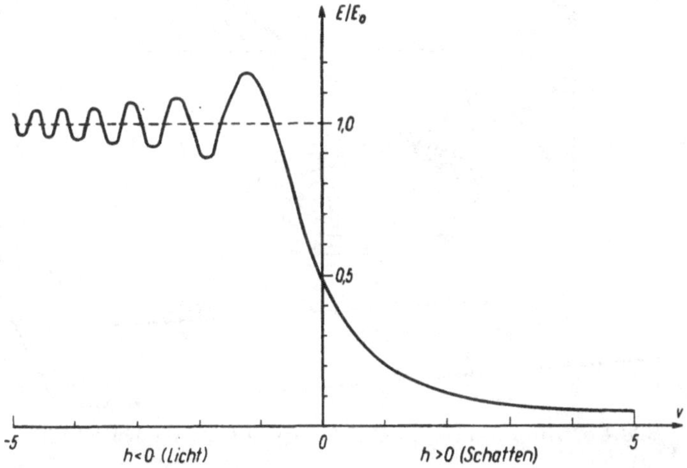

Bild 4.7. Verlauf der Beugungsfunktion $|f(v)|$.

d. h., der direkte Strahl wird vom Gelände dann nicht mehr beeinflußt, wenn nicht nur die erste Fresnel-Zone, sondern eine größere Anzahl von Fresnel-Zonen frei von Geländehindernissen ist. Dies setzen wir im nächsten Abschnitt voraus.

4.3. Optische Strecken. Die Streuung an rauhen Oberflächen

Bei einer „optischen Funkstrecke“, also einer solchen, bei welcher der direkte Strahl vom Gelände nicht beeinflußt wird, wirkt sich das Gelände nur auf den reflektierten Strahl aus. Wenn der Erdboden glatt ist, kommt es zur spiegelartigen Reflexion, wie im Kapitel 2 beschrieben. Wenn jedoch der Boden rauh ist, tritt unregelmäßige Streuung ein; dies ist ein viel komplizierteres Problem als die spiegelartige Reflexion.

Der Verfasser hat zusammen mit A. Spizzichino über das Problem der Streuung an rauhen Oberflächen ein ganzes Buch geschrieben [Beckmann und Spizzichino 1963] und findet es äußerst schwierig, diese Problematik in einem kurzen Abschnitt zusammenzufassen. Der folgende Abschnitt soll sich daher nur auf einige qualitative Aspekte beschränken.

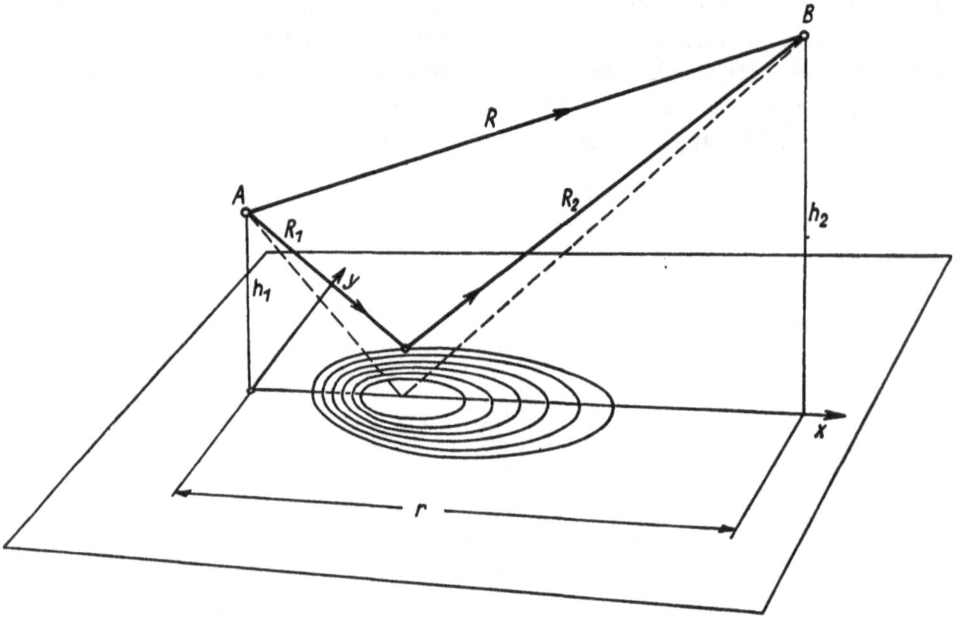

Bild *4.8*. Die Fresnel-Zonen auf einer reflektierenden Ebene

Zunächst stellen wir die Frage, welche Gebiete der streuenden Oberfläche den wichtigsten Beitrag zum Gesamtfeld im Empfangspunkt liefern, damit wir z. B. entscheiden können, welcher Teil des Geländes auf der Funkstrecke das Empfangsfeld entscheidend beeinflußt.

Betrachten wir eine glatte Ebene xy (Bild *4.8*), die von einer Quelle im Punkt A $(0, 0, h_1)$ bestrahlt wird. Die auf der Ebene induzierten Ströme strahlen ein sekundäres oder reflektiertes Feld aus. Es werde dieses reflektierte Feld im Punkt B $(r, 0, h_2)$ empfangen. Der geometrische Ort aller Punkte in der xy-Ebene, deren Sekundärstrahlung im Punkt B mit konstanter Phasendifferenz (in bezug auf den direkten Strahl entlang R) ankommt, ist durch die Beziehung

$$R_1 + R_2 - R = \delta \tag{4.26}$$

gegeben. Da R konstant ist, können wir (4.26) als

$$R_1 + R_2 = \text{konst.} = R + \delta \tag{4.27}$$

schreiben. Dies ist die Gleichung eines Rotationsellipsoides mit den Brennpunkten A, B und der Rotationsachse AB. Der gesuchte geometrische Ort aller Punkte in der xy-Ebene, deren Sekundärstrahlung gleichphasig (δ) in B ankommt, ist also die Ellipse, welche die Schnittlinie zwischen dem Ellipsoid (4.27) und der xy-Ebene ist.

Wenn man nun δ in Schritten von $\lambda/2$ vergrößert, bekommt man eine Schar von Ellipsen in der xy-Ebene; die mittlere Phase der Strahlung von jeder durch zwei benachbarte Ellipsen begrenzten Zone wird sich um π von der mittleren Phase der nächstliegenden Zone unterscheiden, so daß die Sekundärstrahlungen von zwei aufeinanderfolgenden Zonen im Empfangspunkte B in Gegenphase sind. Die Zonen gerader Ordnung ($R_1 + R_2 = n\,\lambda/2$, wo n eine gerade Zahl ist) unterstützen sich also gegenseitig im Empfangspunkt ebenso wie die Zonen ungerader Ordnung (n ungerade), während Zonen von gerader und ungerader Ordnung gegenphasig interferieren.

Die Lage und Form der Fresnelschen Ellipsen kann durch einfache, wenn auch etwas langwierige Überlegungen aus der analytischen Geometrie bestimmt werden und ist von verschiedenen Autoren in verschiedenen Formen ausgedrückt worden [Wwedenski und Arenberg 1948, Kerr 1951, Alpert, Ginsburg und Feinberg 1953].

Wir nehmen an, daß

$$h_1, h_2, \delta \ll r \tag{4.28}$$

ist; dann ist der Phasenunterschied des Strahles, der über den Reflexionspunkt geht,

$$\delta_0 = \frac{2\,h_1\,h_2}{r}, \tag{4.29}$$

und die n-te Ellipse ist durch den Phasenunterschied

$$\delta_n = \delta_0 + n\,\frac{\lambda}{2} \tag{4.30}$$

definiert. Mit Rücksicht auf (4.28) findet man dann den Mittelpunkt der n-ten Ellipse durch

$$x_{0n} = \frac{r}{2M}\left[1 + \frac{2\,h_1(h_1 + h_2)}{n\,\lambda\,r}\right]; \quad y_{0n} = 0, \tag{4.31}$$

wo

$$M = 1 + \frac{(h_1 + h_2)^2}{n\,\lambda\,r}. \tag{4.32}$$

Die große Halbachse der n-ten Ellipse ist

$$x_{1n} = \frac{r}{2M}\sqrt{1 + \frac{2\,\delta_0}{n\,\lambda}} \tag{4.33}$$

und die kleine Halbachse

$$y_{1n} = \frac{1}{2}\sqrt{\frac{n\lambda r}{M}}\sqrt{1+\frac{2\delta_0}{n\lambda}}. \tag{4.34}$$

Es ist zu bemerken, daß bei $h_1 \neq h_2$ die Mittelpunkte der Ellipsen nicht zusammenfallen, und daß bei kleinen Streifwinkeln die Ellipsen sehr langgezogen sind, z. B. ist bei $h_1 = 100$ m, $h_2 = 2{,}5$ m, $r = 10$ km, $\lambda = 10$ cm die erste Fresnelsche Ellipse durch die Achsen 615 m und 6,6 m gegeben; der Mittelpunkt liegt in einer Entfernung von 650 m vom Endpunkt mit der niedrigeren Antennenhöhe.

Es wird nun meist wie folgt argumentiert. Der Beitrag jeder Zone wird durch Integration der Erregungsamplitude über die gesamte Zone bestimmt. Da aufeinanderfolgende Zonen in Gegenphase sind, haben die Beiträge dieser Zonen das Bestreben, sich gegenseitig aufzuheben, aber nicht ganz, da die Absolutwerte der Beiträge von Zone zu Zone langsam abnehmen, so daß als Endresultat der Beitrag der Hälfte der ersten Fresnelschen Zone bleibt.

Es ist jedoch zu bemerken, daß dieses Argument bei schrägem Einfall auf eine Ebene nicht ganz „sauber" ist. Die Erregungsamplitude ändert sich bei schrägem Einfall sehr beträchtlich im Bereich einer Zone, und es ist nicht, wie im Falle der ursprünglichen, kreisförmigen Fresnel-Zonen in der Optik, selbstverständlich, daß der Beitrag der ersten Zone vorherrscht. Eine nähere Untersuchung [Beckmann 1953b] zeigt als wahrscheinlich, daß außer der ersten Fresnel-Zone auch die Bereiche in der Nähe der Sende- und Empfangsantenne von wichtiger Bedeutung sind. Der Mittelpunkt dieser Bereiche liegt in einer Entfernung von $r/2 - \sqrt{(r/2)^2 - h^2}$, also nach (4.28) etwa h^2/r von der Antenne auf der x-Achse.

Eine weitere qualitative Frage ist, ob das Gelände als rauh oder als glatt betrachtet werden soll, d. h., ob es zur Streuung oder Reflexion kommt. Hierzu wird meist das Rayleighsche Kriterium benutzt.

Es sei h die Höhe der Unregelmäßigkeiten (Bild *4.9*). Dann ist der Wegunterschied zwischen den Strahlen *1* und *2* $\Delta r = 2h \sin\gamma$, wo γ der Streifwinkel ist und folglich der Phasenunterschied

$$\Delta\varphi = \frac{2\pi}{\lambda}\Delta r = \frac{4\pi h \sin\gamma}{\lambda}. \tag{4.35}$$

Bei einer glatten Oberfläche ist $h = 0$, $\Delta\varphi = 0$, und alle Strahlen sind in Phase. Ist auf der anderen Seite $\Delta\varphi = \pi$, sind die Strahlen in Gegenphase und heben sich gegenseitig auf. Es ist also bei $\Delta\varphi = 0$ die Oberfläche glatt und bei $\Delta\varphi = \pi$ rauh. Zwischen diesen zwei Extremen wählen wir einen Grenzwert $\Delta\varphi'$; für $\Delta\varphi \leq \Delta\varphi'$ werden wir die Oberfläche als glatt und für $\Delta\varphi > \Delta\varphi'$ als rauh betrachten. Als Grenzwert nahm man früher $\pi/2$ oder $\pi/4$. Durch Einsetzen des letzteren Wertes in (4.35) erhalten wir das Rayleigh-Kriterium: Für

$$h \leqq \frac{\lambda}{32 \sin \gamma} \tag{4.36}$$

reflektiert die Oberfläche spiegelartig und ist also glatt, während für

$$h > \frac{\lambda}{32 \sin \gamma} \tag{4.37}$$

die Oberfläche rauh ist und also streut.

Das Rayleighsche Kriterium (4.36) ist das Resultat einer sehr vereinfachten Betrachtung und ist nur qualitativ, d. h., es ermöglicht festzustellen, ob

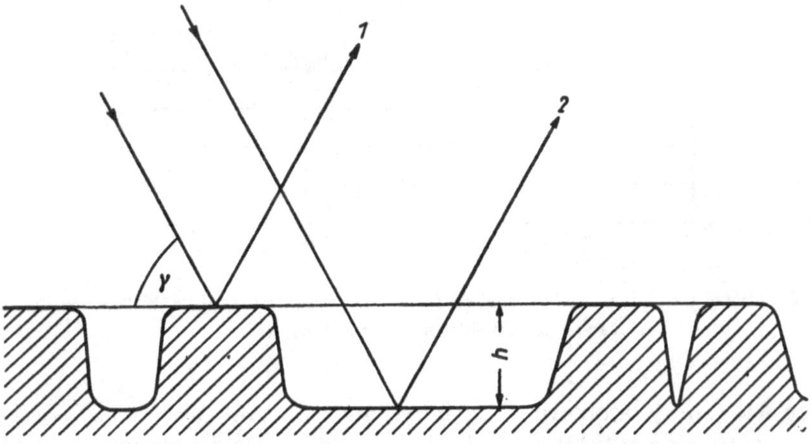

Bild *4.9*. Zur Ableitung des Rayleighschen Kriteriums

Reflexion oder Streuung eintritt, nicht aber, wie groß die Streuung in einer gegebenen Richtung ist.

Außerdem ist der Fall, in dem die Unregelmäßigkeiten nur durch eine einzige Höhe h gegeben sind (Bild *4.9*), in der Praxis sehr selten. Das Gelände und andere rauhe Oberflächen kann man am besten als statistische Größen betrachten, z. B. als stochastischen Prozeß, der durch seine Wahrscheinlichkeitsverteilung und Korrelationsfunktion gegeben ist. Es sei z. B. die Höhe des Geländes um einen Mittelwert (Null) normal verteilt; die maßgebende Abweichung (Effektivwert der Höhe, d. h. Wurzel aus der mittleren quadratischen Abweichung vom Mittelwert) sei h_{eff}. Wir nehmen weiter an, daß die rauhe Oberfläche vollkommen leitfähig ist, denn es ist eine bekannte Tatsache, daß der Charakter der Streuung von einer rauhen Oberfläche wenig von den elektrischen Konstanten, aber sehr vom Rauhigkeitsgrad der Oberfläche abhängt. Dann läßt sich zeigen [Beckmann und Spizzichino 1962, Kap. 5.3], daß der Mittelwert des Reflexionskoeffizienten in der Richtung der spiegelartigen Reflexion durch die Formel

$$<R> = \exp\left[-8\pi^2\left(\frac{h_{\text{eff}}\sin\gamma}{\lambda}\right)^2\right] \tag{4.38}$$

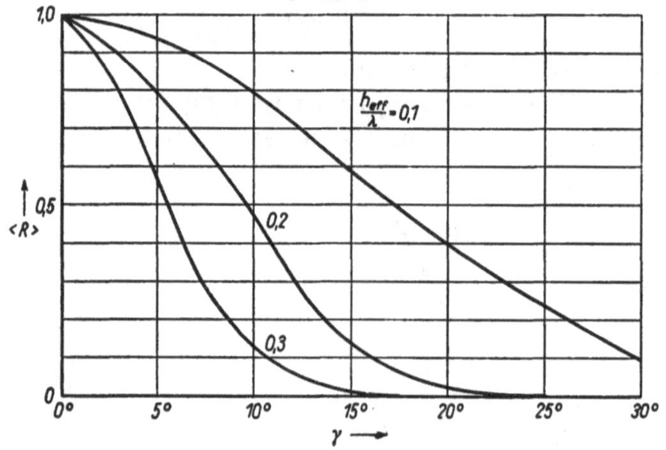

Bild *4.10.* Mittelwert des Reflexionskoeffizienten einer normalverteilten, rauhen Oberfläche als Funktion des Streifwinkels

gegeben ist. (Die Klammern < > bezeichnen den Mittelwert.) Diese Formel ist quantitativ und enthält auch die Information, die das Rayleighsche Kriterium gibt, nämlich daß bei $h_{\text{eff}}/\lambda \to 0$ (glatte Oberfläche) und bei $\gamma \to 0$ (streifender Einfall) die Oberfläche vollkommen und spiegelartig reflektiert.

Die Formel (4.38) kann man auch in der Form

$$<R^2> = -685{,}8\left(\frac{h_{\text{eff}}\sin\gamma}{\lambda}\right)^2 \quad [\text{db}] \tag{4.39}$$

schreiben, wo $<R^2>$ der mittlere Leistungsreflexionskoeffizient ist. Da diese Formel in Dezibel ausgedrückt ist, gilt sie auch für den Effektivwert

$$R_{\text{eff}} = \sqrt{<R^2>}. \tag{4.40}$$

Die Formeln (4.38) und (4.39) sind in den Bildern *4.10* und *4.11* graphisch dargestellt.

Es seien noch einige qualitative Resultate angeführt, deren Ableitung in [Beckmann und Spizzichino 1962] zu finden ist.

Das von einer normalverteilten, rauhen Oberfläche gestreute Feld besteht aus zwei Komponenten: dem in der Richtung der spiegelartigen Reflexion reflektierten, kohärenten Feld und dem in anderen Richtungen gestreuten, diffusen Feld. Die relative Größe der beiden Komponenten hängt von dem Rauhigkeitsparameter g ab, wo

$$\sqrt{g} = \frac{2\pi h_{\text{eff}}}{\lambda} (\cos\theta_1 + \cos_2\theta) \tag{4.41}$$

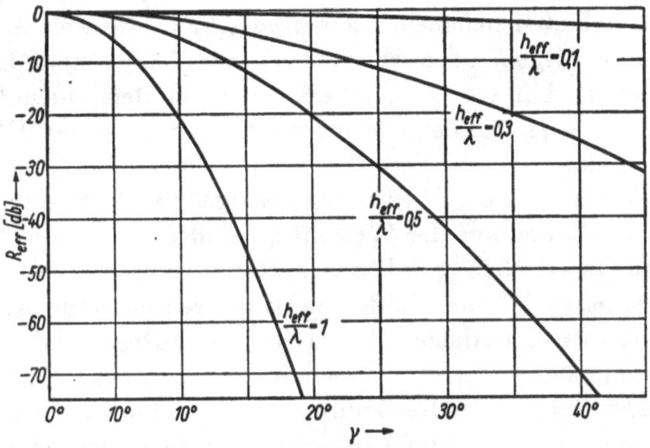

Bild *4.11.* Effektivwert des Reflexionskoeffizienten einer normal verteilten, rauhen Oberfläche als Funktion des Streifwinkels

ist; die Bedeutung der Winkel θ_1 und θ_2 ist aus Bild *4.12* zu ersehen, auf dem auch die Abhängigkeit des Streudiagrammes vom Parameter g symbolisch dargestellt ist.

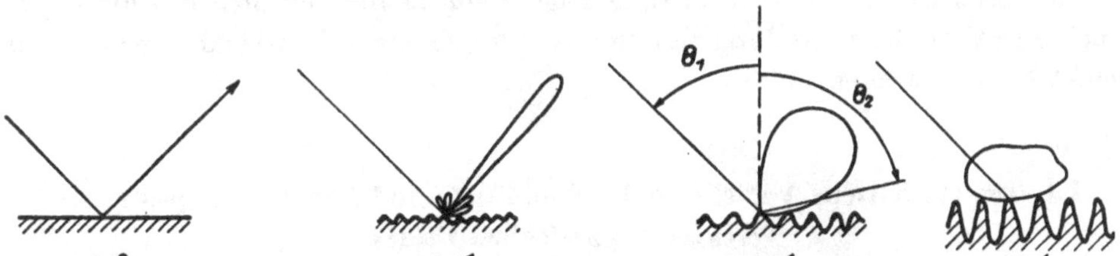

Bild *4.12.* Reflexion und Streuung an verschieden rauhen Oberflächen

Bei kleinen Werten von g dominiert die spiegelartig reflektierte Komponente, während bei großen Werten von g die diffus gestreute Komponente vorherrscht. Kleine Werte von g entsprechen einer nahezu glatten Oberfläche ($h_{\text{eff}}/\lambda \to 0$), große Werte von g entsprechen einer sehr rauhen Oberfläche ($g \gg 1$). Hier und im weiteren wird vorausgesetzt, daß die Krümmungshalbmesser der Unregelmäßigkeiten groß gegen die Wellenlänge der einfallenden Strahlung sind, daß also die rauhe Oberfläche keine Spitzen oder Kanten enthält.

Die rauhe Oberfläche wird nicht nur durch die Wahrscheinlichkeitsverteilung der Abweichungen von ihrem Mittelwert, sondern auch durch ihre Korrelationsfunktion charakterisiert. Diese bestimmt die Korrelation zwischen den Höhen zweier Punkte als Funktion der Entfernung zwischen ihnen. Sie bestimmt also (bei gegebener statistischer Verteilung der Höhen), wie dicht die Unregelmäßigkeiten nebeneinander liegen, bzw. wie weit die Berge und Täler auseinander liegen, oder wie steil die Berghänge sind. Eine Analyse dieser Frage zeigt, daß von zwei Oberflächen mit demselben Rauhigkeitsparameter g nach (4.41) diejenige weniger diffus streut, deren Hügel weniger steile Hänge haben.

Die Abhängigkeit von der Wellenlänge ist nicht einfach, da sich die Ausmaße der Fresnel-Zonen mit der Wellenlänge ändern. In erster Näherung ist bei fast glatten Oberflächen ($g \ll 1$) die Leistung der spiegelartig reflektierten Welle proportional zu λ^{-2} und die der diffus gestreuten Welle proportional zu λ^{-4}; bei sehr rauhen Oberflächen ($g \gg 1$) ist die gestreute Leistung in allen Richtungen unabhängig von der Wellenlänge. Eine genauere Analyse ist in dem Buch von Beckmann und Spizzichino [1963] zu finden, ebenso wie andere Fragen der Streuung an rauhen Oberflächen, von denen hier nur einige qualitative Bemerkungen über normal verteilte Oberflächen gemacht wurden.

Wir werden jedoch im nächsten Abschnitt die statistische Verteilung der Amplitude des gestreuten Feldes ableiten, da diese Verteilung nicht nur für die Streuung an rauhen Oberflächen wichtig ist, sondern auch bei den Schwunderscheinungen der troposphärischen Ausbreitung (Abschn. 5.4) sowie bei anderen Erscheinungen zu finden ist; denn es handelt sich um die allgemeine statistische Verteilung eines unter fast beliebigen Umständen gestreuten elektromagnetischen Feldes.

4.4. Die statistische Verteilung der Amplitude und Phase eines gestreuten elektromagnetischen Feldes

Das elektromagnetische Feld, das als Resultat der Streuung oder Reflexion an zufällig im Raum verteilten Körpern oder an einer rauhen Oberfläche entsteht, besteht notwendigerweise immer aus den einzelnen gestreuten Wellen, die gegenseitig interferieren und so das Gesamtfeld ergeben. Es gilt also

$$E = r\,\mathrm{e}^{\mathrm{i}\theta} = \sum_{j=1}^{n} A_j \exp \varphi_j, \qquad (4.42)$$

wo r die Amplitude und θ die Phase des Gesamtfeldes sind, $A_j \exp \mathrm{i}\varphi_j$ sind die Elementarwellen. Die Amplituden A_j und die Phasen φ_j und folglich auch r und θ sind Zufallsgrößen. Die Summation (4.42) ist auf Bild *4.13* in der komplexen Ebene dargestellt. Wie man sieht, ist die Problematik identisch mit

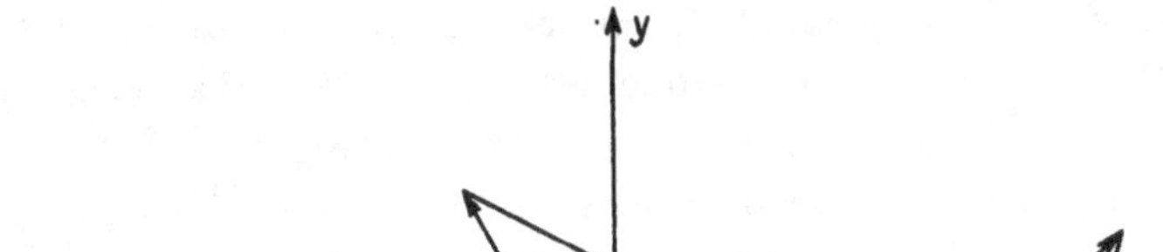

Bild *4.13*. Darstellung einer zufälligen Vektorensumme

dem aus der mathematischen Statistik bekannten Problem des zweidimensionalen „zufälligen Spaziergangs" (*random walk*). Unsere Aufgabe besteht darin, die Wahrscheinlichkeitsverteilung von r und θ zu bestimmen, wenn die Verteilungen der Amplituden A_j und Phasen φ_j bekannt sind.

Das Problem in seiner elementarsten Form, nämlich wenn alle A_j konstant und alle φ_j gleichmäßig in einem Intervall von 0 bis 2π verteilt sind, wurde von Rayleigh [1896, Sec. 42a] gelöst und führt zu der bekannten Rayleighschen Wahrscheinlichkeitsdichte

$$p(r) = \frac{2r}{n} \mathrm{e}^{-r^2/n}. \tag{4.43}$$

Andere Einzelfälle der Verteilung von E wurden von Rice [1944, 1945] und Hoyt [1947] abgeleitet.

Eine allgemeinere Lösung, nämlich für alle A_j konstant und beliebige symmetrische Verteilung der Phasen φ_j, wurde von Beckmann [1959a] abgeleitet. Diese Lösung enthält die Verteilungen von Rayleigh, Rice und Hoyt als Sonderfälle.

Im folgenden soll nun die Verteilung von r und θ im allgemeinen Falle abgeleitet werden, wenn sowohl A_j als auch φ_j zufällig sind und beliebig verteilt sind. Die Verteilungen der einzelnen A_j oder φ_j müssen nicht dieselben, und A_j und φ_j können miteinander korreliert sein, auch brauchen die Verteilungen der φ_j nicht symmetrisch zu sein. Die einzige Bedingung ist, daß die Verteilungen der Größen $A_j \sin\varphi_j$ bzw. $A_j \cos\varphi_j$ den Bedingungen des Zentralgrenzwertsatzes genügen[1]). In der physikalischen Praxis sind diese Bedingungen in der Regel erfüllt, wenn n, die Zahl der interferierenden Wellen, groß ist und diese Elementarwellen voneinander statistisch unabhängig sind.

Wir suchen also die Wahrscheinlichkeitsverteilung $p(r)$ und die — seltener benötigte — Verteilung $p(\theta)$, wenn die zweidimensionalen Verteilungen $w_j(A,\varphi)$ gegeben sind[2]). Wir führen die Größen

$$x = r\cos\theta; \qquad y = r\sin\theta \tag{4.44}$$

ein und bezeichnen den Mittelwert mit Winkelklammern < > und die Varianz (Streuung) mit dem Symbol D. Dann ist

$$< x > = \alpha = \sum_{j=1}^{n} \int_{-\infty}^{\infty} \int_{-\infty}^{\infty} w_j(A, \varphi)\, A \cos\varphi \, \mathrm{d}A \, \mathrm{d}\varphi, \tag{4.45}$$

$$< y > = \beta = \sum_{j=1}^{n} \int_{-\infty}^{\infty} \int_{-\infty}^{\infty} w_j(A, \varphi)\, A \sin\varphi \, \mathrm{d}A \, \mathrm{d}\varphi. \tag{4.46}$$

Bezeichnen wir ein einzelnes Glied der Summe (4.45) bzw. (4.46) mit

$$\alpha_j = \int_{-\infty}^{\infty} \int_{-\infty}^{\infty} w_j(A,\varphi)\, A \cos\varphi \, \mathrm{d}A \, \mathrm{d}\varphi, \tag{4.47}$$

$$\beta_j = \int_{-\infty}^{\infty} \int_{-\infty}^{\infty} w_j(A,\varphi)\, A \sin\varphi \, \mathrm{d}A \, \mathrm{d}\varphi, \tag{4.48}$$

---

[1]) Gnedenko, B. W., und A. N. Kolmogorow: Grenzverteilungen von Summen unabhängiger Zufallsgrößen, Berlin 1959.

[2]) Im weiteren wird eine Kenntnis der Grundlagen der Wahrscheinlichkeitsrechnung vorausgesetzt; siehe z. B. Richter, H.: Wahrscheinlichkeitstheorie, Berlin—Göttingen—Heidelberg 1956; Fisz, M.: Wahrscheinlichkeitsrechnung und mathematische Statistik, Berlin 1958.

dann ist

$$\mathrm{D}\{x\} = s_1 = \sum_{j=1}^{n}\left[\int_{-\infty}^{\infty}\int_{-\infty}^{\infty} w_j(A,\varphi)\, A^2 \cos^2\varphi \, \mathrm{d}A\, \mathrm{d}\varphi - \alpha_j^2\right], \tag{4.49}$$

$$\mathrm{D}\{y\} = s_2 = \sum_{j=1}^{n}\left[\int_{-\infty}^{\infty}\int_{-\infty}^{\infty} w_j(A,\varphi)\, A^2 \sin^2\varphi \, \mathrm{d}A\, \mathrm{d}\varphi - \beta_j^2\right]. \tag{4.50}$$

Die Kovarianz $\operatorname{cov}(x,y)$ zwischen x und y ist nach elementaren Vereinfachungen

$$\begin{aligned}\operatorname{cov}(x,y) = \frac{1}{2}\sum_{j=1}^{n} \int_{-\infty}^{\infty} w_j(A,\varphi)\, A \sin 2\varphi \, \mathrm{d}A\, \mathrm{d}\varphi \; + \\ + \sum_{i=1}^{n}\sum_{j=1}^{n}{}' \int_{-\infty}^{\infty}\int_{-\infty}^{\infty} w_j(A,\varphi)\, A\cos\varphi \, \mathrm{d}A\, \mathrm{d}\varphi \int_{-\infty}^{\infty}\int_{-\infty}^{\infty} w_j(A,\varphi)\, A \sin\varphi\, \mathrm{d}A\, \mathrm{d}\varphi,\end{aligned} \tag{4.51}$$

wobei der Apostroph am zweiten Summenzeichen bedeutet, daß die Glieder mit $i = j$ ausgelassen werden.

Wir wollen nun vorerst annehmen, daß die Verteilungen von φ symmetrisch zu ihrem Mittelwert Null sind, und kommen später auf den Fall zurück, in dem dies nicht zutrifft.

Dann verschwinden die Integrale in (4.46), (4.48) und (4.51) wegen des Faktors $\sin\varphi$ bzw. $\sin 2\varphi$, so daß

$$\beta_j = \beta = \operatorname{cov}(x, y) = 0. \tag{4.52}$$

Entsprechend dem zentralen Grenzwertsatz strebt nun die Verteilung der Summe der unabhängigen Veränderlichen mit wachsender Anzahl n der Summenglieder unter gewissen, in der Praxis fast immer erfüllten Bedingungen[1]) der Gaußschen (Normal-) Verteilung zu.

Da nach (4.50) x und y unkorreliert (und folglich als Gaußsche Zufallsgrößen auch unabhängig) sind, ist also die zweidimensionale Wahrscheinlichkeitsdichte von x, y

$$W(x,y) = \frac{1}{2\pi\sqrt{s_1 s_2}} \exp\left[-\frac{(x-\alpha)^2}{2s_1} - \frac{y^2}{2s_2}\right]. \tag{4.53}$$

---

[1]) Eine genauere Definition des zentralen Grenzwertsatzes und die schwächsten Bedingungen seiner Gültigkeit sind in den oben angeführten Büchern von Gnedenko und Kolmogorow (Kap. 4,5) oder Richter (Kap. VII, § 4) zu finden. Eine unnötig starke Bedingung der Gültigkeit des zentralen Grenzwertsatzes ist z. B., daß die Verteilungsfunktionen der Summenglieder übereinstimmen und die Varianz existiert (Bernoulli).

Nach Transformation auf Polarkoordinaten gemäß (4.44) erhalten wir die gesuchte Verteilung von r in der Form

$$p(r) = \frac{r}{2\pi\sqrt{s_1 s_2}} \int_0^{2\pi} \exp\left[-\frac{(r\cos\theta - \alpha)^2}{2s_1} - \frac{r^2\sin^2\theta}{2s_2}\right] d\theta, \tag{4.54}$$

die wir nach elementaren Umwandlungen in der Form

$$p(r) = S\,e^{-T} \int_0^{2\pi} e^{-P\cos^2\theta + Q\cos\theta}\, d\theta \tag{4.55}$$

schreiben können, wo S, T, P und Q Funktionen nur von r, s_1 und s_2 sind. Das Integral in (4.55) läßt sich durch modifizierte Bessel-Funktionen erster Art (I_m) wie folgt ausdrücken [Beckmann und Schmelovsky 1958]:

$$\int_0^{2\pi} e^{-P\cos^2\theta + Q\cos^2\theta}\, d\theta = 2\pi \exp\left(-\frac{P}{2}\right) \sum_{m=0}^{\infty} (-1)^m \varepsilon_m I_m\left(\frac{P}{2}\right) I_{2m}(Q),$$

worin (4.56)

$$\varepsilon_m = \begin{Bmatrix} 1 \text{ für } m = 0 \\ 2 \text{ für } m \neq 0 \end{Bmatrix},$$

so daß (4.54) wie folgt ausgedrückt werden kann:

$$p(r) = \frac{r}{\sqrt{s_1 s_2}} \exp\left[-\frac{\alpha^2}{2s_1} - \frac{s_1 + s_2}{4 s_1 s_2} r^2\right] \times$$
$$\times \sum_{m=0}^{\infty} (-1)^m \varepsilon_m I_m\left(\frac{s_2 - s_1}{4 s_1 s_2} r^2\right) I_{2m}\left(\frac{\alpha}{s_1} r\right). \tag{4.57}$$

Bevor wir die Verteilung (4.57) normieren, berechnen wir das mittlere Quadrat von r (die mittlere Leistung des gestreuten Feldes). Aus (4.44) und der Formel für die Varianz einer Zufallsgröße

$$D\{r\} = \langle r^2 \rangle - \langle r \rangle^2 \tag{4.58}$$

sowie aus der Unabhängigkeit von x und y folgt

$$\langle r^2 \rangle = s_1 + s_2 + \alpha. \tag{4.59}$$

Der Effektivwert des gestreuten Feldes ist gleich der Quadratwurzel aus diesem Ausdruck. Aus (4.53) läßt sich leicht zeigen, daß der resultierende Vektor $r \exp i\theta$ die Summe eines konstanten Vektors $\vec{\alpha}$, der entlang der x-Achse gerichtet ist, und eines zufälligen Vektors $\boldsymbol{H}$ ist (Bild *4.14*). Die x- und y-Komponenten dieses zufälligen Vektors sind normal verteilt mit gleichem Mittelwert Null, aber ungleicher Varianz s_1 und s_2.

Wir normieren nun gemäß (4.59) nach dem Verhältnis der Effektivwerte der konstanten und zufälligen Komponente:

$$B = \frac{\alpha}{\sqrt{s_1 + s_2}}. \tag{4.60}$$

Weiter führen wir die „normierte Amplitude"

$$\varrho = \frac{r}{\sqrt{s_1 + s_2}} \tag{4.61}$$

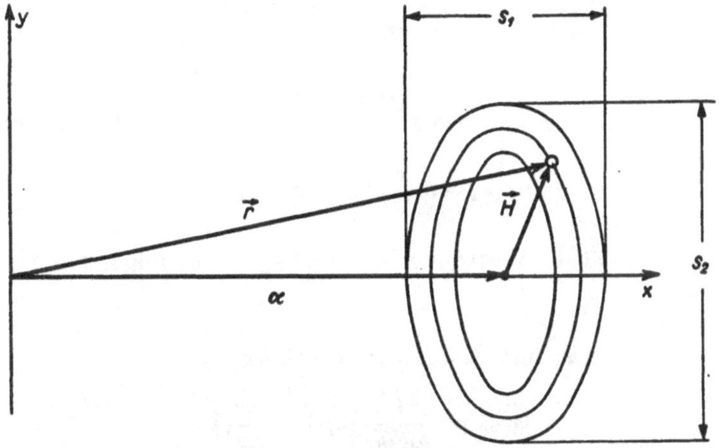

Bild *4.14.* Der resultierende Vektor $\boldsymbol{r} = r \exp i\theta$ als Summe eines konstanten Vektors $\vec{\alpha}$ und eines zufälligen Vektors $\boldsymbol{H}$. Die Ellipsen sind Ortskurven der gleichen Wahrscheinlichkeit des Vektors $\boldsymbol{r}$

und den „Asymmetriefaktor"

$$K = \sqrt{\frac{s_2}{s_1}} \tag{4.62}$$

ein.

In dieser Normierung erhalten wir die gesuchte Verteilung durch Einsetzen von (4.60) und (4.61) in (4.57) in der allgemeinen Form

$$p(\varrho) = \frac{K^2+1}{K}\,\varrho \exp\left[-\frac{1+K^2}{2}\left(B^2 + \frac{1+K^2}{2K^2}\,\varrho^2\right)\right] \times$$
$$\times \sum_{m=0}^{\infty} (-1)^m \varepsilon_m I_m\left(\frac{K^4-1}{4K^2}\,\varrho^2\right) I_{2m}\,[B\,(1+K^2)\,\varrho]. \tag{4.63}$$

Die Verteilung (4.63) ist durch die Parameter B und K nach (4.60) bis (4.62) bestimmt, die wiederum durch α, s_1, s_2 nach (4.45), (4.49) und (4.50) bestimmt sind.

Wir betrachten nun einige Sonderfälle der Verteilung (4.63). Der Ausdruck (4.63) bleibt dabei formal immer derselbe, aber die Werte von α, s_1 und s_2 ändern sich.

Es seien die Elementarwellen alle von der gleichen Art. Wir nehmen zunächst die Amplituden als konstant und gleich eins an. Die Phasenwahrscheinlichtkeitsdichte jeder elementaren Welle sei symmetrisch um Null und gleich $w(\varphi)$. Dann ist nach (4.45), (4.49) und (4.50)

$$\alpha = n \int_{-\infty}^{\infty} w(\varphi) \cos \varphi \, d\varphi, \tag{4.64}$$

$$s_1 = n \int_{-\infty}^{\infty} w(\varphi) \cos^2 \varphi \, d\varphi - \frac{\alpha^2}{n}, \tag{4.65}$$

$$s_2 = n \int_{-\infty}^{\infty} w(\varphi) \sin^2 \varphi \, d\varphi. \tag{4.66}$$

Tabelle 4.3 enthält die Werte von α, s_1 und s_2 für die folgenden Verteilungen $w(\varphi)$.

a) Normalverteilung mit Standardabweichung σ:

$$w(\varphi) = \frac{1}{\sigma\sqrt{2\pi}} \exp\left(-\frac{\varphi^2}{2\sigma^2}\right). \tag{4.67}$$

b) Gleichmäßige Verteilung von $-a$ bis $+a$:

$$w(\varphi) = \begin{cases} \dfrac{1}{2a} & \text{für} \quad -a \leqq \varphi \leqq a \\ 0 & \text{für} \quad |\varphi| > a. \end{cases} \tag{4.68}$$

c) Simpson-Verteilung von $-2a$ bis $+2a$:

$$w(\varphi) = \begin{cases} \dfrac{1}{2a}\left(1 + \dfrac{\varphi}{2a}\right) & \text{für} \quad -2a \leqq \varphi \leqq 0 \\ \dfrac{1}{2a}\left(1 - \dfrac{\varphi}{2a}\right) & \text{für} \quad 0 \leqq \varphi \leqq 2a \\ 0 & \text{für} \quad |\varphi| > 2a. \end{cases} \tag{4.69}$$

In der Tabelle 4.3 ist das Symbol

$$\operatorname{sinc} a = \frac{\sin a}{a}$$

benutzt.

Tabelle 4.3

Die Parameter α, s_1 und s_2 bei verschiedenen Phasenverteilungen $w(\varphi)$

$w(\varphi)$	α	s_1	s_2
(26)	$ne^{-\frac{1}{2}\sigma^2}$	$\frac{n}{2}(1-e^{-\sigma^2})^2$	$\frac{n}{2}(1-e^{-2\sigma^2})$
(27)	$n \operatorname{sinc} a$	$\frac{n}{2}(1+\operatorname{sinc} 2a-2\operatorname{sinc}^2 a)$	$\frac{n}{2}(1-\operatorname{sinc} 2a)$
(28)	$n \operatorname{sinc}^2 a$	$\frac{n}{2}(1+\operatorname{sinc}^2 2a-2\operatorname{sinc}^4 a)$	$\frac{n}{2}(1-\operatorname{sinc}^2 2a)$

Wenn die Phasen der Elementarwellen gleichmäßig über dem Intervall $(-\pi, \pi)$ verteilt sind, erhalten wir aus (4.68) für $a = \pi$ und Tabelle 4.3 $\alpha = 0$, $s_1 = s_2 = n/2$. Aus (4.60) bis (4.62) folgt $B = 0$, $\varrho = r/\sqrt{n}$, $K = 1$. Nach Einsetzen in (4.63) unter Beachtung der Beziehung

$$I_m(0) = \begin{cases} 1 & \text{für} \quad m = 0 \\ 0 & \text{für} \quad m \neq 0 \end{cases} \tag{4.70}$$

erhalten wir erwartungsgemäß die normierte Rayleigh-Verteilung.

$$p(\varrho) = 2\,\varrho\, e^{-\varrho^2}. \tag{4.71}$$

Dieselbe Verteilung erhält man auch, wenn φ in einem beliebigen Intervall von der Länge $2k\pi$ $(k = 1, 2, \ldots)$ gleichmäßig verteilt ist oder wenn die Varianz von φ viel größer als π^2 ist, wobei die Verteilung von φ fast beliebig sein kann.[1]) Wir werden einen Vektor $\boldsymbol{r}$, dessen Elementarkomponenten im Intervall $(-\pi, \pi)$ gleichmäßig verteilte Phasen haben, einen „Rayleigh-Vektor" nennen.

Die Verteilung der Amplitude der Summe eines konstanten Vektors und eines Rayleigh-Vektors wurde von Rice [1944] gefunden und von Norton, Vogler u. a. [1955] und Zuhrt [1957] ausführlich behandelt. Wir legen den konstanten Vektor $\boldsymbol{V}$ in Richtung der x-Achse und haben dann sofort $\alpha = V$, $s_1 = s_2 = n/2$, so daß nach (4.60) bis (4.62) $B = \alpha/\sqrt{n}$; $\varrho = r/\sqrt{n}$, $K = 1$; nach Einsetzen dieser Werte in (4.63) erhalten wir die normierte Rice-Verteilung

$$p(\varrho) = 2\,\varrho\, e^{-(B^2+\varrho^2)}\, I_0(2B\varrho). \tag{4.72}$$

[1]) Die Ausnahmen, z. B. wenn die Funktion $w(\varphi)$ eine Komponente mit Periode 2π hat, sind für die physikalische Praxis uninteressant.

Die Verteilung eines Vektors, dessen x- und y-Komponenten normal verteilt mit Mittelwerten Null und ungleichen Varianzen s_1 und s_2 sind, wurde von HOYT [1947] gefunden. Hier haben wir $\alpha = B = 0$; nach Einsetzen in (4.63) erhalten wir die normierte Hoyt-Verteilung

$$p(\varrho) = \frac{K^2+1}{K}\,\varrho \exp\left[-\left(\frac{1+K^2}{2K}\right)^2 \varrho^2\right] I_0\left(\frac{K^4-1}{4K^2}\,\varrho^2\right). \qquad (4.73)$$

Aus Bild *4.14* ist zu ersehen, daß der resultierende Vektor $\boldsymbol{r} = r \exp i\theta$ immer als die Summe eines konstanten Vektors $\vec{\alpha}$ und eines Hoytschen Vektors $\boldsymbol{H}$ dargestellt werden kann.

Wir betrachten nun den Fall, in dem die Amplituden der Elementarwellen nicht konstant, sondern zufällig und durch die Wahrscheinlichkeitsverteilung $w_A(A)$ bestimmt sind.

Wenn A und φ unabhängig sind, dann folgt aus den allgemeinen Formeln (4.45), (4.49) und (4.50)

$$\alpha = n\langle A\rangle \int_{-\infty}^{\infty} w(\varphi)\cos\varphi\,d\varphi, \qquad (4.74)$$

$$s_1 = n\,\langle A^2\rangle \int_{-\infty}^{\infty} w_\varphi(\varphi)\cos^2\varphi\,d\varphi - \frac{\alpha^2}{n}, \qquad (4.75)$$

$$s_2 = n\,\langle A^2\rangle \int_{-\infty}^{\infty} w_\varphi(\varphi)\sin^2\varphi\,d\varphi. \qquad (4.76)$$

Wenn z. B. φ gleichmäßig von $-\pi$ bis π verteilt ist, erhalten wir $\alpha = 0$, $s_1 = s_2 = \frac{1}{2} n\,\langle A^2\rangle$; nach Substitution in (4.57) wird

$$p(r) = \frac{n\langle A^2\rangle}{2r}\,e^{-r^2/n\langle A^2\rangle}. \qquad (4.77)$$

Wenn wir dieses Resultat mit (4.43) vergleichen, sehen wir, daß dies die Rayleigh-Verteilung ist, in der die Zahl der Komponenten n mit der mittleren Leistung jeder Komponente multipliziert erscheint.

Bei einem Rayleigh-Vektor, dessen Komponenten verschiedene (konstante oder zufällige) Amplituden A_j haben, ist nach (4.45), (4.49) und (4.50)

$$\alpha = 0; \qquad s_1 = s_2 = \frac{1}{2}\sum_{j=1}^{n} \langle A_j\rangle^2. \qquad (4.78)$$

Aus dieser Formel kann man einige von NORTON, VOGLER u. a. [1955] intuitiv angenommenen Eigenschaften eines verallgemeinerten Rayleigh-Vektors sofort beweisen [BECKMANN und SPIZZICHINO 1962].

In allen Fällen, nämlich (4.43), (4.77) und (4.78), erhält man $B = 0$, $K = 1$ und somit die normierte Rayleigh-Verteilung (4.71).

Wenn die zufälligen Amplituden und Phasen der Elementarwellen miteinander korreliert sind, lassen sich die Formeln (4.45), (4.49) und (4.50) nicht vereinfachen. Es gilt jedoch ganz allgemein, daß die mittlere Leistung der fluktuierenden Komponente gleich der Summe der mittleren Leistungen der einzelnen Elementarkomponenten ist. Wir haben nämlich in diesem Falle von (4.49) und (4.50), wenn alle Elementarkomponenten mit derselben Verteilung vorliegen,

$$\begin{aligned} s_1 + s_2 &= n \int_{-\infty}^{\infty} A^2 \left[\int_{-\infty}^{\infty} w(A, \varphi)\, \mathrm{d}\varphi \right] \mathrm{d}A - \frac{\alpha^2}{n} = \\ &= n \int_{-\infty}^{\infty} A^2 w_A(A)\, \mathrm{d}A - \frac{\alpha^2}{n} = \\ &= n <A^2> - \frac{\alpha^2}{n}. \end{aligned} \tag{4.79}$$

Nach (4.59) ist also

$$<r^2> = n <A^2> + \alpha^2 \left(1 - \frac{1}{n}\right). \tag{4.80}$$

Da unserer Annahme nach n groß ist, wird das zweite Glied praktisch gleich α^2, d. h. gleich der Leistung der konstanten Komponente. Die Leistung der fluktuierenden Komponente ist also $n <A^2>$, d. i. die Summe der mittleren Leistungen der einzelnen Komponenten.

Die weniger oft gebrauchte statistische Verteilung der resultierenden Phase θ bestimmt man aus (4.54), indem man nicht über θ von 0 bis 2π, sondern über r von 0 bis ∞ integriert. Nach einer etwas langwierigen Berechnung erhält man

$$p(\theta) = \frac{K \mathrm{e}^{-\frac{1}{2} B^2 (1 + K^2)}}{2\pi(K^2 \cos^2\theta + \sin^2\theta)} \left[1 + G \sqrt{\pi}\, \mathrm{e}^{G^2} (1 + \operatorname{erf} G)\right], \tag{4.81}$$

wo

$$G = BK \cos\theta \sqrt{\frac{1 + K^2}{2(K^2 \cos^2\theta + \sin^2\theta)}} \tag{4.82}$$

und

$$\operatorname{erf} G = \frac{2}{\sqrt{\pi}} \int_0^G \mathrm{e}^{-t^2}\, \mathrm{d}t \tag{4.83}$$

das Fehlerintegral ist.

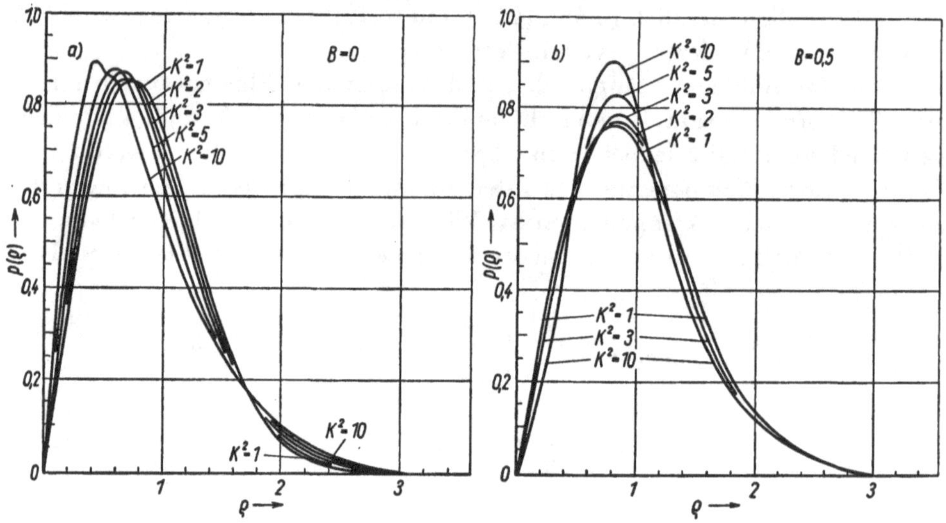

Bild *4.15* a—e. Die Wahrscheinlichkeitsdichten $p(\varrho)$ für verschiedene Werte von B und K. [Beckmann 1961e]

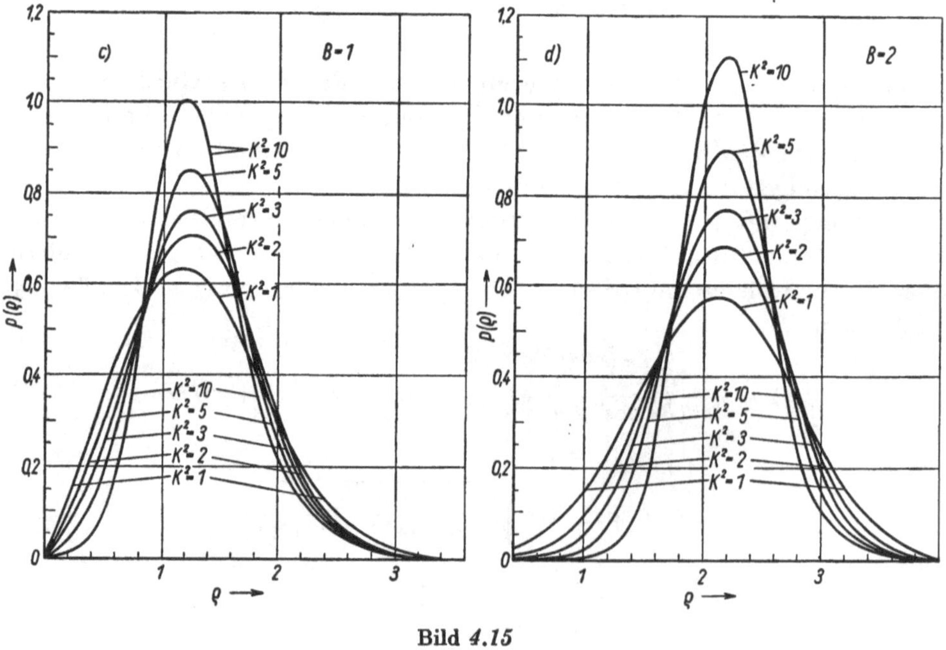

Bild *4.15*

Die Wahrscheinlichkeitsdichten $p(\varrho;\, B,\, K)$ nach (4.63) für verschiedene Werte von B und K sind in den Bildern *4.15* dargestellt.

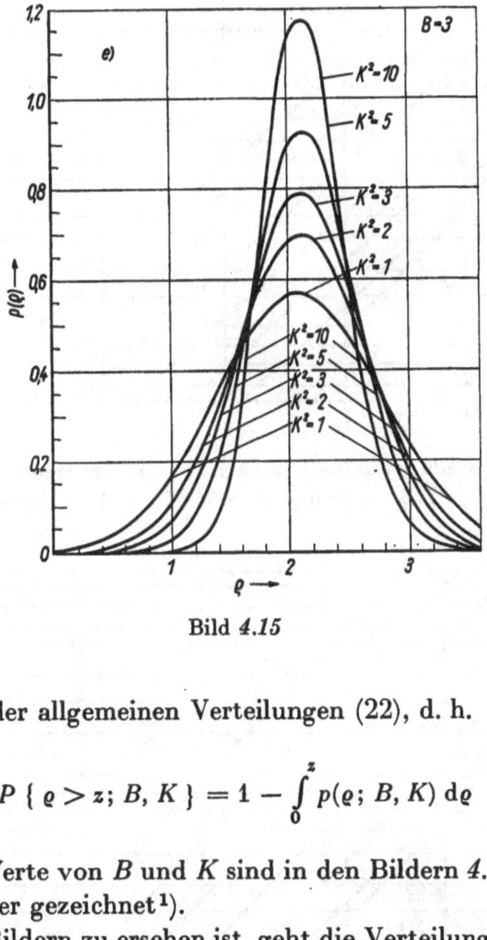

Bild *4.15*

Integralkurven der allgemeinen Verteilungen (22), d. h.

$$P\,\{\,\varrho > z;\, B,\, K\,\} = 1 - \int_0^z p(\varrho;\, B,\, K)\, d\varrho \tag{4.84}$$

für verschiedene Werte von B und K sind in den Bildern *4.16 a—e* auf Wahrscheinlichkeitspapier gezeichnet[1]).

Wie aus diesen Bildern zu ersehen ist, geht die Verteilung bei $B \geqq 3$, $K \leqq 3$ praktisch in eine Normalverteilung über, was sich auch theoretisch leicht zeigen läßt [Beckmann 1961e]. Hierbei ist

$$<\varrho> \approx B; \quad D\,\{\,\varrho\,\} = \frac{1}{1 + K^2}\,.$$

[1]) Die Bilder 4.15 und 4.16 sind aus [Beckmann 1961e] übernommen. Die entsprechenden numerischen Berechnungen wurden durch direkte numerische Integration von (4.54) unter der Leitung von Herrn R. Vích auf der Lochkartenanlage des ÚRE-ČSAV-Institutes Prag ausgeführt.

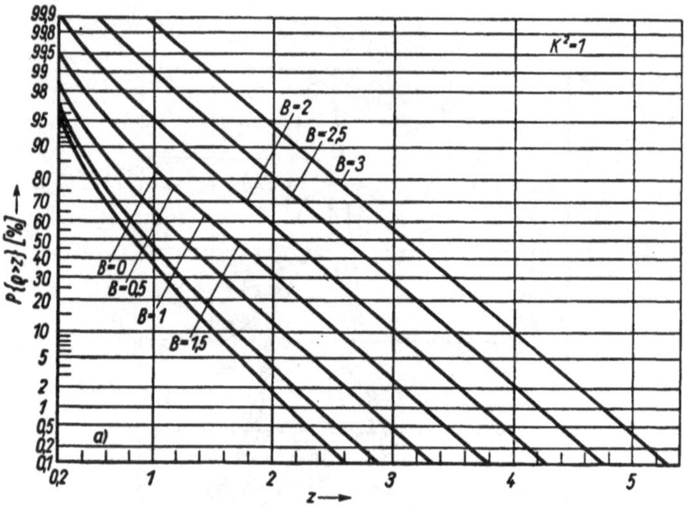

Bild *4.16* a—e. Die Verteilungsfunktion $P\{\varrho > z\}$ eines gestreuten elektromagnetischen Feldes für $K = 1$; 2; 3; 5; 10 und $B = 0$; 0,5; 1; 2; 3. [BECKMANN 1961e]

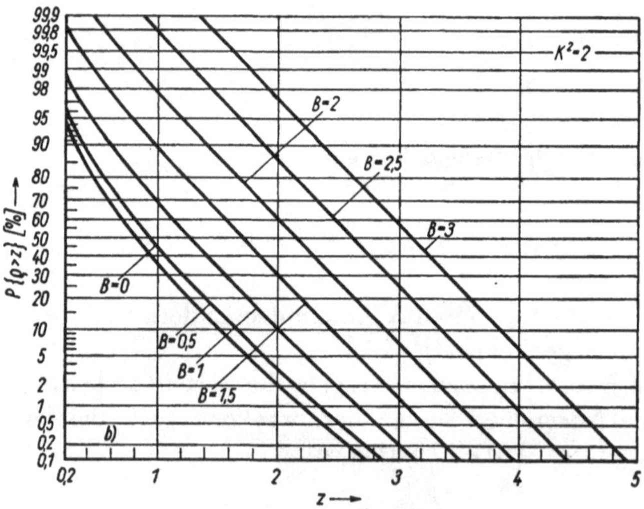

Bild *4.16*

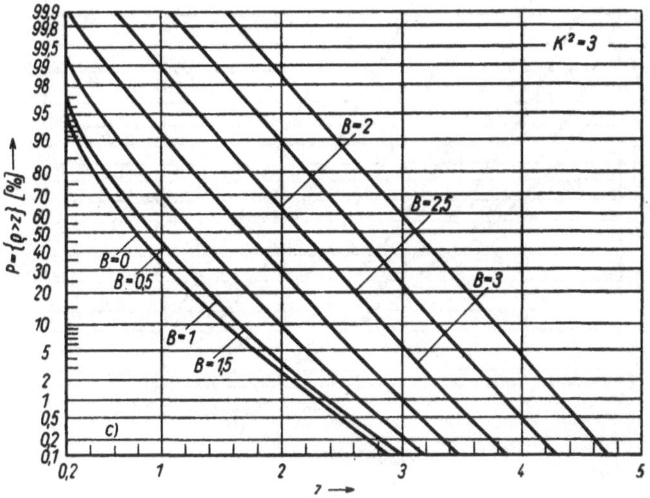

Bild *4.16*

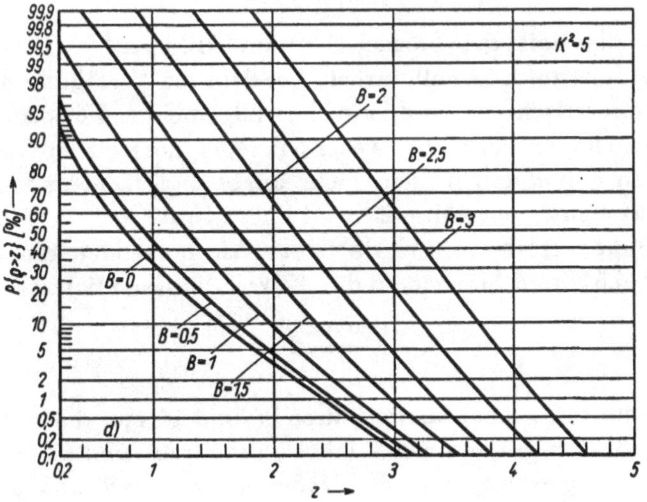

Bild *4.16*

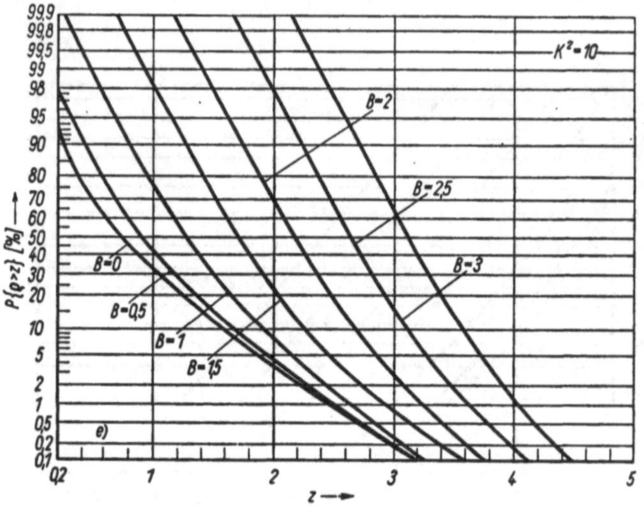

Bild *4.16*

Für praktische Anwendungen ist es am besten, die Werte

$$P\left\{\frac{r}{r_{\text{eff}}} > z\right\} = P\left\{\frac{\varrho}{\varrho_{\text{eff}}} > z\right\}$$

zu benutzen, s. Abschnitt 5.4, Formel (5.39) und Bild *5.12* (S. 124–126).

Wir kommen nun auf den Fall zurück, bei dem die Verteilung der Phasen $w_j(\varphi)$ nicht symmetrisch um Null sind. Die allgemeinen Formeln (4.45) bis (4.50) gelten dann immer noch, aber weder β in (4.46) noch die Kovarianz (4.51) verschwindet, so daß x und y nicht mehr unabhängig sind und unsere Ableitung ab (4.52) nicht mehr gültig ist.

In diesem Falle verfahren wir wie folgt. Wir berechnen die Kovarianz $\operatorname{cov}(x, y)$ nach (4.51) und bestimmen den Korrelationskoeffizienten

$$C = \frac{\operatorname{cov}(x,y)}{\sqrt{s_1 s_2}}. \tag{4.85}$$

Wir führen nun neue Koordinatenachsen x' und y' ein, die gegen die ursprünglichen Achsen x, y um einen Winkel φ_0 verdreht sind (Bild *4.17*). Der Winkel φ_0 wird so gewählt, daß die Größen $x' = r\cos\theta'$ und $y' = r\sin\theta'$ unkorreliert sind; hierbei ist

$$\Theta' = \Theta - \varphi_0. \tag{4.86}$$

Damit x' und y' unkorreliert und folglich als Gaußsche Größen unabhängig sind, genügt es, daß die zweidimensionale Verteilung $W(x', y')$ eine Symmetrieachse hat, die parallel zu einer der Koordinatenachsen ist. Da die Kurven

$W(x, y) =$ konst. konzentrische Ellipsen mit Mittelpunkt $x = \alpha$, $y = \beta$ sind, genügt es also, die x'- und y'-Achsen parallel zu den Achsen dieser Ellipsen zu wählen. Hieraus folgt der gesuchte Winkel φ_0 mit[1])

$$\tan 2\varphi_0 = \frac{2C\sqrt{s_1 s_2}}{s_1 - s_2}. \tag{4.87}$$

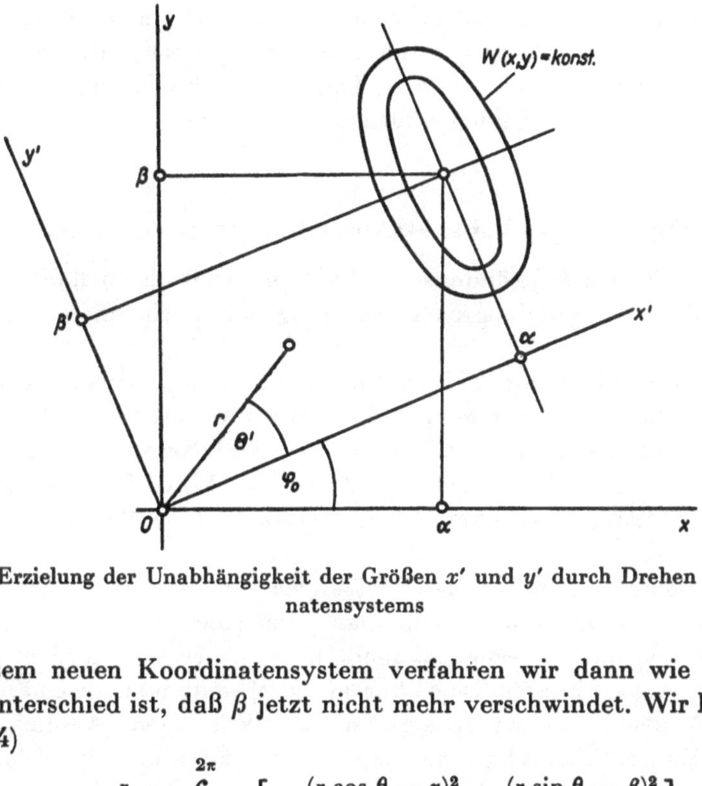

Bild *4.17*. Erzielung der Unabhängigkeit der Größen x' und y' durch Drehen des Koordinatensystems

In diesem neuen Koordinatensystem verfahren wir dann wie oben; der einzige Unterschied ist, daß β jetzt nicht mehr verschwindet. Wir haben also statt (4.54)

$$p(r) = \frac{r}{2\pi\sqrt{s_1 s_2}} \int_0^{2\pi} \exp\left[-\frac{(r\cos\theta - \alpha)^2}{2s_1} - \frac{(r\sin\theta - \beta)^2}{2s_2}\right] d\theta. \tag{4.88}$$

Dieses Integral läßt sich als unendliche Reihe von Produkten modifizierter Bessel-Funktionen ausdrücken [Chytil 1961b]; für praktische Berechnungen ist jedoch diese Reihe nicht einfacher als eine direkte numerische Integration von (4.88).

Zusammenfassend können wir sagen, daß die statistische Verteilung der Amplitude und Phase eines gestreuten elektromagnetischen Feldes gleich der statistischen Verteilung der Summe von Vektoren mit zufälligen Amplituden

[1]) Hristow, W. K.: Grundlagen der Wahrscheinlichkeitsrechnung, Berlin 1961, S. 125.

und Phasen ist. Wenn diese Phasen symmetrisch verteilt sind, ist die Amplitudenverteilung des resultierenden Vektors durch (4.57) oder in normierter Form durch (4.63) bzw. durch die Kurven auf den Bildern *4.15* und *4.14* gegeben. Im allgemeinen Falle, der auch unsymmetrische Phasen einschließt, ist die Verteilung durch das Integral (4.88) bestimmt. Verschiedene Gesetze der Verteilung der Amplituden und Phasen der Elementarvektoren ändern die Werte von a, β, s_1 und s_2, nicht aber die allgemeine Form der obigen Formeln.

Die abgeleitete Verteilung wird bei Ausbreitung über unregelmäßigem Gelände und auch bei der troposphärischen Überreichweitenausbreitung angetroffen[1]), da es sich in beiden Fällen um Streuung an rauhen Oberflächen handelt.

4.5. Experimentelle Ergebnisse bei Ausbreitung in unregelmäßigem Gelände

Über den Effekt des Geländes sowohl auf optischen als auch nichtoptischen Strecken gibt es eine umfangreiche, allerdings nicht sehr übersichtliche Literatur.

Messungen der Beugung auf nichtoptischen Strecken wurden von zahlreichen Forschern vorgenommen, z. B. McPetrie und Ford [1946], Rider [1953], Dickson, Egli et al. [1953], Dufour [1953], Beckmann [1954], Kirby, Dougherty et al. [1955], Tetsuo, Kono et al. [1956], Nishikori et al. [1957], Lacy [1957], Hirai et al. [1958], Crysdale [1955, 1958], Jowett [1960] u. a.

Im allgemeinen bestätigen diese Messungen die klassische Beugungstheorie (Abschn. 4.2). Nicht immer kann man jedoch den Bergkamm durch eine unendliche Schirmkante ersetzen, sondern wenn der Kamm nicht genügend lang ist (nur wenige Fresnel-Zonen durchkreuzt), muß man die endliche Länge in der y-Richtung bei der Integration berücksichtigen [Arenberg 1957]. Wenn der Kamm nicht scharf, sondern rund ist, kann man die Feldstärke als Beugung an einem parabolischen Zylinder berechnen [Neugebauer und Bachynski 1960].

Die Wirkung von Bäumen auf die empfangene Feldstärke wurde u. a. von McPetrie und Ford [1946b], Saxton und Lane [1955] und Head [1960] untersucht. Die Meßergebnisse befinden sich in guter Übereinstimmung mit der Theorie der Beugung an Zylindern.

Die UKW-Ausbreitung in Städten, Straßen, Häusern und Räumen ist ein schwieriges und noch wenig ausgearbeitetes Problem. Messungen liegen besonders in den Frequenzbereichen des Fernsehens vor [Dymowitsch 1958, 1959; Rice 1959]. Die Beugung von Radiowellen an einem langen Häuserblock

[1]) Siehe Abschnitt 5.4.

wurde von Beckmann [1954] gemessen und in Übereinstimmung mit der Fresnelschen Theorie gefunden. Der Feldstärkeverlauf in Straßen und Wohnräumen ist recht chaotisch, doch kann man durch Messung der statistischen Verteilung der Amplitude auf die Ausbreitungsart schließen. Wenn in den Empfangspunkten viele reflektierte Wellen ankommen, sind die resultierenden Amplituden nach dem Rayleighschen Gesetz verteilt, da es sich um die Summe vieler Wellen mit zufälligen Amplituden und Phasen handelt. Empfängt man hingegen vorwiegend eine Welle, die durch Mauern gedämpft wird, dann läßt sich leicht zeigen, daß die Amplituden an solchen Meßpunkten logarithmisch-normal verteilt sind. Die Amplitude einer in dieser Art gedämpften Welle ist nämlich $A = E_0 \exp(-\delta x)$, wo δ die Dämpfungskonstante und x die Dicke der Mauer oder Mauern ist. Wenn wir δx als normalverteilt annehmen, erhalten wir die Verteilung von A als logarithmisch-normal, d. i. normal, wenn A in db ausgedrückt wird. Über die Dämpfung von Radiowellen beim Durchgang durch Mauern berichten McPetrie und Ford [1946]; bei einer Wellenlänge von 9,2 cm war die Dämpfung einer 23 cm dicken Ziegelmauer in trockenem Zustand 12 db. Eine Seite der Mauer wurde dann so lange mit Wasser bespritzt, bis die Dämpfung nicht mehr zunahm. Nach 2 Minuten war die Dämpfung 23 db, nach 20 Minuten 42 db, nach 35 Minuten 43 db. Danach ließ man die Mauer trocknen. Am Tage nach der Begießung betrug die Dämpfung 46 db und nach 5 Wochen 40 db. Andere Dämpfungskonstanten von Baumaterial sind nach McPetrie und Ford [1946b] in Tabelle 4.4 zusammengefaßt.

Tabelle 4.4

Dämpfungskonstanten von Baumaterialen im Zentimeterwellenbereich

Baumaterial	Dämpfungskonstante [db/cm] bei $\lambda = 9{,}2$ cm	
	trocken	feucht
Ziegelmauer	0,5	2,0
Dachtaschen (Ziegel)	1,1	3,4
Dachschiefer	2,7	3,3
Holz; Fasern parallel zu $\mathfrak{E}$	1,1	2,2
Holz; Fasern senkrecht zu $\mathfrak{E}$	0,5	0,9

Bei der Ausbreitung in Städten und Häusern sind meist direkte, gedämpfte und gebeugte Wellen vorhanden. Mit zunehmender Wellenlänge nimmt die Dämpfung ab, und gleichzeitig nimmt die gebeugte Komponente zu. Reflexionen, die meist unerwünscht sind, nehmen ebenfalls bei konstanten Ausmaßen der reflektierenden Flächen mit zunehmender Wellenlänge ab.

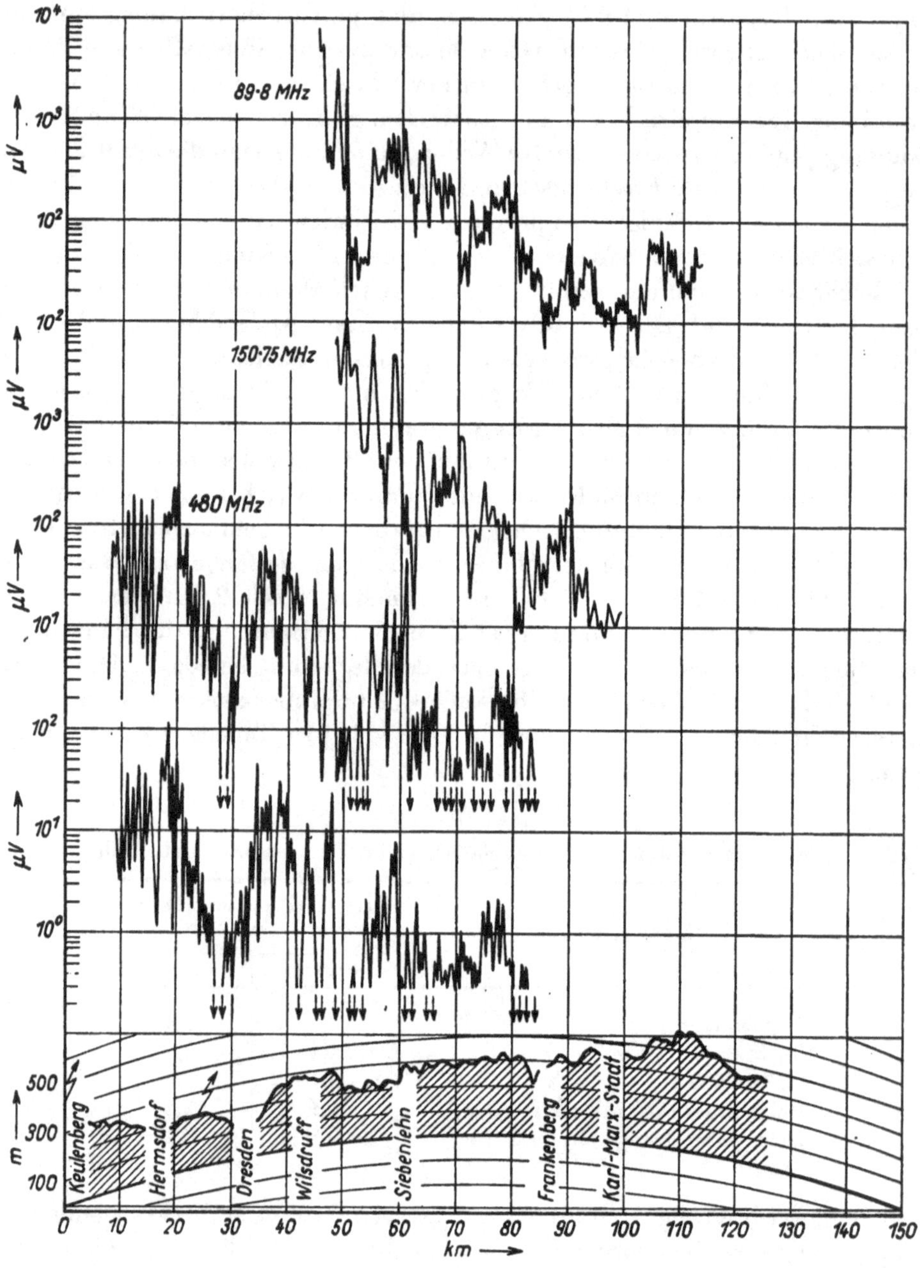

Bild *4.18.* **Feldstärkeregistrierungen in unregelmäßigem Gelände auf verschiedenen Frequenzen.** [KÜHN 1960]

Deswegen sind längere Wellen (Meterband) für die Ausbreitung in Städten, Straßen und Häusern günstiger als kürzere (Zentimeterband).

Über die Ausbreitung auf optischen Strecken in unregelmäßigem Gelände liegen sehr zahlreiche Messungen vor, z. B. von KIRBY, TAFF und MOORE [1952], BAUERMEISTER und KNÖPFEL [1952], SAXTON und HARDEN [1954], BULLINGTON [1954], SHERWOOD [1955], KIRBY, DOUGHERTY und McQUATE [1956], KIRBY [1956], EGLI [1957], TROLESE und ANDERSON [1958], TOMLINSON und STRAITON [1959], McGAVIN und MALONEY [1959], POLESCHINSKI [1959], OXEHUFWUD [1959], MANDRASHI und BURNUS [1959] u. a.

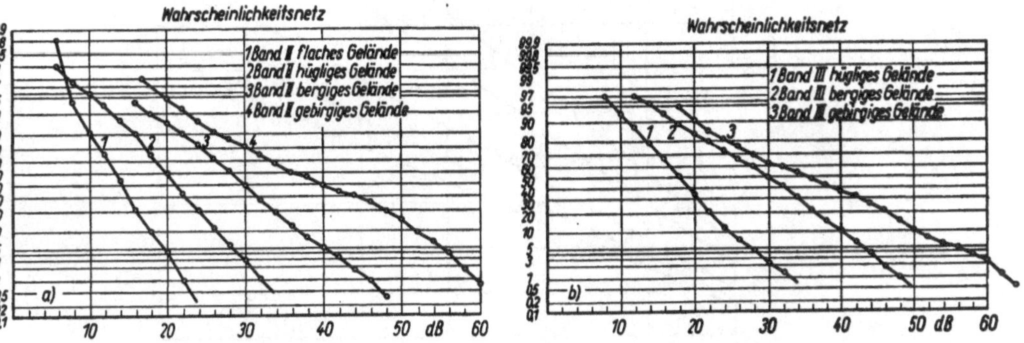

Bild *4.19*. Statistische Verteilung der Feldstärke für verschiedene Geländearten in Band II (*a*) und Band III(*b*). Abszisseneinheiten in Dezibel über 1 μV/m. [KÜHN 1958]

Von besonderer Bedeutung sind hier die Kühnschen Arbeiten [1957—1961], in denen zahlreiche Messungen in unregelmäßigem Gelände auf dem Gebiet der DDR unternommen und systematisch verarbeitet wurden. Die Messungen erfolgten in einem fahrenden Meßwagen, wobei der Vorschub des Registrierpapiers direkt mit dem Getriebe des Meßwagens gekoppelt war. Eine typische Messung ist in Bild *4.18* dargestellt. Die Korrelation mit dem Gelände auf allen Frequenzen ist auf diesem Bild gut erkennbar (Rückgang der Feldstärke im Elbtal, etwa am km 30; Anstieg auf den Hügeln etwa am km 90). Das umfangreiche Material der Messungen wurde von KÜHN ausgewertet und die statistische Verteilung der Feldstärken in Abhängigkeit von der Frequenz und verschiedener Geländearten untersucht. So z. B. zeigt Bild *4.19* die Amplitudenstatistik des Feldstärkeverlaufs in Band II (87,5 · · · 100 MHz) für verschiedene Geländearten. Mit zunehmender Hügeligkeit des Geländes nimmt der Mittelwert ab und die Streuung (aus der Steilheit der Kurven erkennbar) nimmt zu.

Die Abhängigkeit der Streuung von der Hügeligkeit des Geländes ist in Bild *4.20* wiedergegeben. Die Hügeligkeit ist durch den Parameter Δh, den Höhenunterschied zwischen dem höchsten und tiefsten Punkt des Geländes, charakterisiert. Die Streuung σ_L ist durch den Unterschied zwischen den in 50% und 10% aller Fälle überschrittenen Werten gegeben. Wie zu sehen ist,

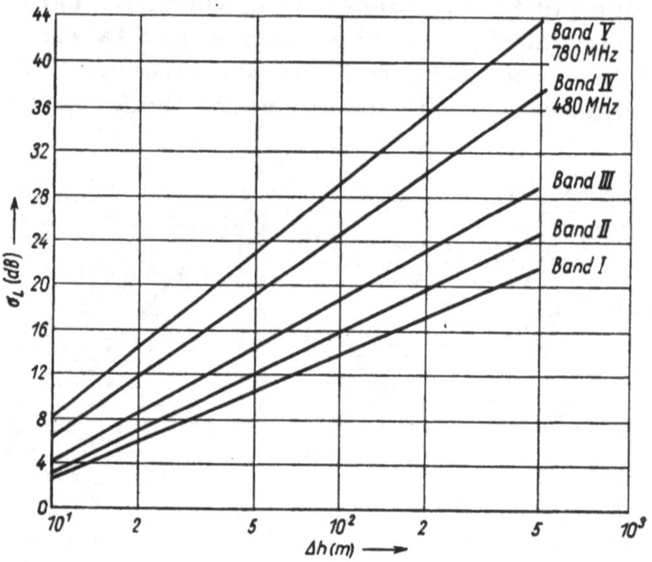

Bild *4.20*. Abhängigkeit der Feldstärkestreuung von der Hügeligkeit des Geländes. σ_L ist die Differenz zwischen den in 50% und 10% überschrittenen Werten; Δh'ist der Höhenunterschied zwischen dem höchsten und dem tiefsten Punkt des Geländes. [Kühn 1960]

nimmt die Streuung sowohl mit zunehmender Hügeligkeit Δh als auch mit der Frequenz zu.

Bild *4.21* zeigt die örtliche Feldstärkestreuung in Band II auf dem Gebiet der DDR. Die statistische Streuung ist hier durch den Unterschied zwischen den in 1% und 50% aller Fälle überschrittenen Werten gekennzeichnet. Die Zahlen an den Kurven geben diesen Unterschied in Dezibel an. Aus dem Bild läßt sich deutlich erkennen, daß die Streuung im gebirgigen und hügeligen Gelände von Thüringen und Sachsen viel größer ist als in der norddeutschen Ebene.

Die Ausbreitung über schneebedecktem Gelände wurde u. a. von Asami und Sapporo [1958], Suzuki [1959], Sintschenko und Ussikow [1960], Watt und Maxwell [1960] und Piggott [1961] behandelt. Josephson und Blomquist [1958] untersuchten die Wirkung der Feuchtigkeit des Geländes im Meterwellenbereich.

Die Ausbreitung auf optischen Strecken über der welligen Oberfläche des Meeres wurde vielfach untersucht; Messungen wurden von KIELEY und CARTER [1952], KIELEY [1954], ABILD [1956], GUDMANSEN und LARSEN [1957], MEN, BRAUDE und GORBATSCH [1959a, 1959b], GROSSKOPF [1960] u. a. unternommen. Hier ist die Unregelmäßigkeit der streuenden, rauhen Oberfläche

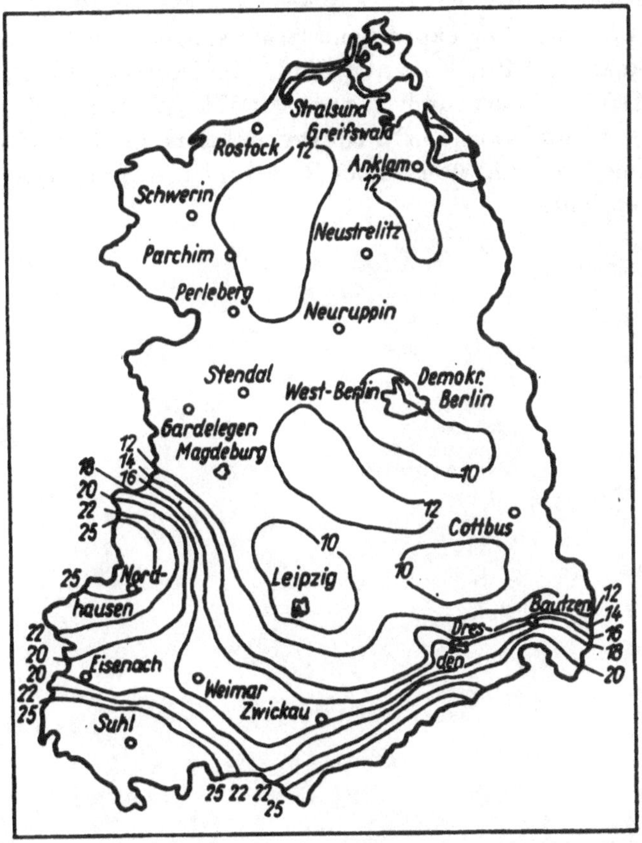

Bild 4.21. Verteilung der örtlichen Feldstärkestreuung zwischen 1% und 50% in Dezibel auf dem Gebiet der DDR in Band II (87,5 ··· 100 MHz). [KÜHN 1960]

nicht nur eine Funktion der Koordinaten, sondern auch eine Funktion der Zeit. Bei Funkstrecken über dem Meer treten deshalb Schwunderscheinungen ein, deren statistische Verteilung meist die Rayleighsche ist.

Die theoretische Lösung der Streuung an der rauhen Meeresoberfläche ist durch die Inhomogenität der Rauheit erschwert, denn die statistische

Verteilung der Oberfläche ist eine andere in Windrichtung als senkrecht zur Windrichtung [BECKMANN und SPIZZICHINO 1963][1]).

Eine besondere Bedeutung kommt der Streuung in unregelmäßigem Gelände, besonders an der Meeresoberfläche, bei der Funkortung zu. Die von der Meeresoberfläche rückgestreuten Signale, in der amerikanischen Literatur als „sea clutter" bekannt, erschweren die Entdeckung des Zieles und können es auch vollkommen verdecken. Über dieses Problem sind zahlreiche Arbeiten geschrieben worden; über experimentale Messungen berichten z. B. DAVIES und MACFARLANE [1946], KATZIN [1955], MACDONALD [1956], MOORE und WILLIAMS [1957], GRANT und YAPLEE [1957], WILTSE und SCHLESINGER [1957], MCGINN und PIKE [1960], RICHTER, BESSIS und CATELLA [1960] u. a. Eine allgemeine Übersicht über dieses Problem ist in [BECKMANN und SPIZZICHINO 1963] enthalten.

[1]) S. auch das seit Manuskriptabschluß erschienene Büchlein BRAUDE, S. Ja. (Red.): Radio-ozeanographische Untersuchungen der Meereswellen (russ.). Ak. d. Wiss. d. Ukr. SSR, Kiew 1962.

5. Die troposphärische Ausbreitung jenseits des Horizontes

5.1. Ausbreitung durch Diffraktion und Brechung

Die Aufmerksamkeit, die man früher der Diffraktion der UKW schenkte, ist stark zurückgegangen, da sie durch andere Mechanismen der Ausbreitung weit jenseits des Horizontes stark überschattet wird. Deshalb soll auch hier nur kurz auf die Diffraktion eingegangen werden. Die Diffraktion an einem scharfen Schirm wurde schon in Abschnitt 4.2 behandelt und liefert das stärkste Diffraktionsfeld. Das schwächste Diffraktionsfeld entsteht bei der Diffraktion an der glatten Erdkugel. Diese Fragen wurden durch die klassischen Arbeiten von WWEDENSKI [1936/37] und FOK [1946] gelöst. Sollte die Beugung an glatter Erdkugel für die Praxis von Interesse sein, sind am besten die Kurvenblätter des CCIR[1]) zu gebrauchen. Heute kann jedoch gesagt werden, daß die Beugung an der glatten Erdkugel nur noch von theoretischem Interesse ist, da die Troposphäre immer einen größeren Beitrag liefert als das an der glatten Erdkugel gebeugte Feld, das also schwer festgestellt werden kann. Dies ist am deutlichsten zu sehen, wenn man die Kurvenblätter des CCIR[1]) für die Beugung mit den experimentell gemessenen Kurven des CCIR[2]) vergleicht.

Die Auswirkungen der Brechung sind schon in den Abschnitten 3.5 und 3.6 behandelt worden. Es ist klar, daß die Brechung durch ihren Einfluß auf Einfallswinkel, Phasenverschiebung, Krümmung der Strahllaufbahn usw. auch einen großen Einfluß auf die Fernausbreitung der UKW ausüben muß, die mehrere Autoren, vor allem BEAN [1955], durch Korrelation zwischen Feld und Brechungsindex bzw. Brechungsindexgradienten nachgewiesen haben. Jedoch wird wohl heute kaum noch jemand die Auffassung der Jahre 1945 bis 1950 vertreten, daß allein die Brechung die unmittelbare Ursache der Fernausbreitung der UKW ist. Bei Wellenleiterkanälen über See (ducts) kann es natürlich zu Ausbreitung über große Entfernungen kommen (Indien—Afrika,

---

[1]) CCIR Atlas of Ground Wave Propagation Curves for Frequencies between 30 Mc/s and 300 Mc/s. Union Internationale des Télecommunications, Genf 1955.

[2]) IX. Vollversammlung des CCIR, Los Angeles 1959; Bericht No. 145 (Bd. III, S. 293 bis 295) und Empfehlung No. 312 (Bd. I, S. 303—306). International Telecommunication Union, Genf 1959.

3000 km auf Wellenlänge etwa 1 m), auch im mitteleuropäischen Klima kann die Brechung eine Verschiebung des Radiohorizontes bis etwa 100 bis 150 km über den geometrischen Horizont verursachen, jedoch zeigen experimentelle Untersuchungen (z. B. [Klinker 1955]), daß man das Feld jenseits des Horizontes in dieser Weise nur bis etwa 200 km Senderabstand erklären kann.

Bild *5.1* zeigt nun die mittleren, gemessenen Werte der Feldstärke (in Dezibel unter dem Wert im freien Raum) im Frequenzbereich von 100 bis 4000 MHz in Abhängigkeit von der Entfernung. Die gestrichelte Kurve entspricht der

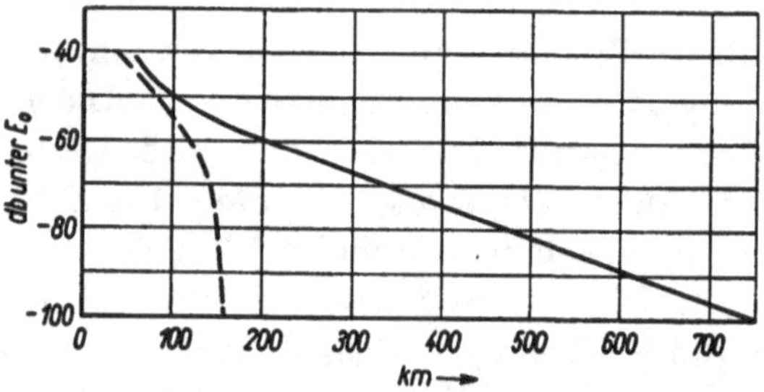

Bild *5.1*. Mittlere gemessene Feldstärken im Bereich 100 bis 4000 MHz nach mehreren Quellen in Dezibel unter E_0, der Feldstärke im freien Raum. Die gestrichelte Kurve entspricht der Beugung an der glatten Erdkugel mit 4/3-Halbmesser

Beugung an der glatten Erdkugel bei Standardbrechung (4/3 des wirklichen Erdkugelhalbmessers). Auch aus diesem Bild ist zu ersehen, daß sich die Feldstärken weit jenseits des Horizontes weder durch Beugung noch durch Brechung erklären lassen.

Für die Tatsache, daß sich UKW bis zu etwa 1000 km Entfernung ausbreiten können, gibt es eine Reihe von Theorien; alle gründen sich darauf, daß die Troposphäre und ihr Brechungsindex nicht homogen sind. Eine Gruppe dieser Theorien schreibt die Ausbreitung der Streuung an Turbulenzzellen zu, während die andere Gruppe Streuung bzw. Reflexion an Schichten in der Troposphäre als Ursache betrachtet. In den letzten Jahren sind beide Theorien einander ziemlich nahe gekommen, und in manchen Fällen — turbulente Schichten bzw. anisotrope Turbulenz — ist nicht mehr zu erkennen, zu welcher Gruppe sie gehören. Im weiteren soll ein kurzer Überblick über beide Gruppen gegeben werden.

5.2. Die Turbulenztheorien

Die ursprüngliche Turbulenztheorie in ihrer Anwendung auf die Streuung von elektromagnetischen Wellen in der Troposphäre stammt von Krassilnikow [1949] und Booker und Gordon [1950]. Obwohl diese Theorie im letzten Jahrzehnt stark weiterentwickelt wurde und in ihrer ursprünglichen Form nicht einmal von ihren Autoren anerkannt wird, bildet sie die Grundlage der Turbulenztheorien und soll deshalb hier kurz zusammengefaßt werden.

Es sei V das Volumen, das vom Sender- und Empfängerbündel erfaßt wird. In diesem Volumen sollen Abweichungen $\Delta\varepsilon$ der Dielektrizitätskonstante von ihrem Mittelwert $<\varepsilon>$ bestehen. Durch Summation der Dipolmomente, die in diesem Volumen von der Strahlung induziert werden, erhalten wir den Ausdruck für die gestreute Feldstärke im Abstand R vom Volumen V (Bild 5.2)

$$E = \frac{E_0 k^2}{4\pi R}\left|\int_V \Delta\varepsilon(P)\, e^{2ik\sin\frac{\theta}{2}}\, dV\right| \sin X, \tag{5.1}$$

wo $k = 2\pi/\lambda$ die Ausbreitungskonstante ist; θ ist der Streuwinkel, d. h. der Winkel zwischen der Richtung der einfallenden und der gestreuten Strahlung, X ist der Winkel zwischen dem Vektor $\mathfrak{E}_0$ und der Ausbreitungsrichtung der gestreuten Welle (bei vertikaler Polarisation ungefähr, und bei horizontaler Polarisation genau 90°) und P ist der Laufpunkt im Volumen V. Die verschiedenen Turbulenztheorien unterscheiden sich im wesentlichen durch ihre Wahl der Funktion $\Delta\varepsilon(P)$ voneinander. Booker und Gordon gehen von der Autokorrelationsfunktion

$$\varrho = \frac{1}{V<\Delta\varepsilon^2>}\int_V \Delta\varepsilon(P)\,\Delta\varepsilon(P')\, dV \tag{5.2}$$

aus, die durch die Korrelation von $\Delta\varepsilon$ in den Punkten P und P' bestimmt wird. (Bei $\overline{PP'} \to 0$ ist $\varrho = 1$, bei $\overline{PP'} \to \infty$ ist $\varrho = 0$.) Die Klammern $< >$ bedeuten den Mittelwert. Booker und Gordon [1950] wählten aus Gründen der mathematischen Einfachheit (ohne physikalische Rechtfertigung) die Funktion

$$\varrho = \exp\left(-\frac{r}{l}\right), \tag{5.3}$$

wo $r = \overline{PP'}$ und l die „Turbulenzskala" ist, d. h. die Entfernung zwischen P und P', bei der die Korrelation auf e^{-1} herabsinkt. Entgegen der ursprünglichen Annahme der Autoren zeigten spätere Messungen, daß praktisch immer

$$l \gg \lambda \tag{5.4}$$

ist. Durch Einsetzen der Funktion (5.3) kann man das Integral (5.2) berechnen und somit den Streukoeffizienten σ bestimmen, der die in den Einheitsraumwinkel gestreute Leistung bei Einheitsleistung der einfallenden Strahlung und

Einheitsvolumen V angibt. Bei $\sin X \approx 1$ erhalten wir

$$\sigma(\theta) = \frac{\left\langle \left(\frac{\Delta\varepsilon}{\varepsilon}\right)^2 \right\rangle}{32\pi\, l \sin^4\left(\frac{\theta}{2}\right)} \approx \frac{S_p}{\theta^4}, \tag{5.5}$$

wo $S_p = \langle\Delta\varepsilon/\varepsilon\rangle^2/2\pi\, l$.

Die empfangene Leistung P bestimmt man dann aus der Beziehung

$$\frac{P}{P_0} = kd^2 \int\limits_V \frac{\sigma(\theta)}{r_1^2\, r_2^2}\, \mathrm{d}V, \tag{5.6}$$

worin P_0 die empfangene Leistung im freien Raum ist; k ist ein Koeffizient, der die Reflexion von der Erdoberfläche berücksichtigt ($1 \leqq k \leqq 4$ [Gordon 1955]), und die Bedeutung von r_1, r_2, d und V ist aus Bild *5.2* zu ersehen.

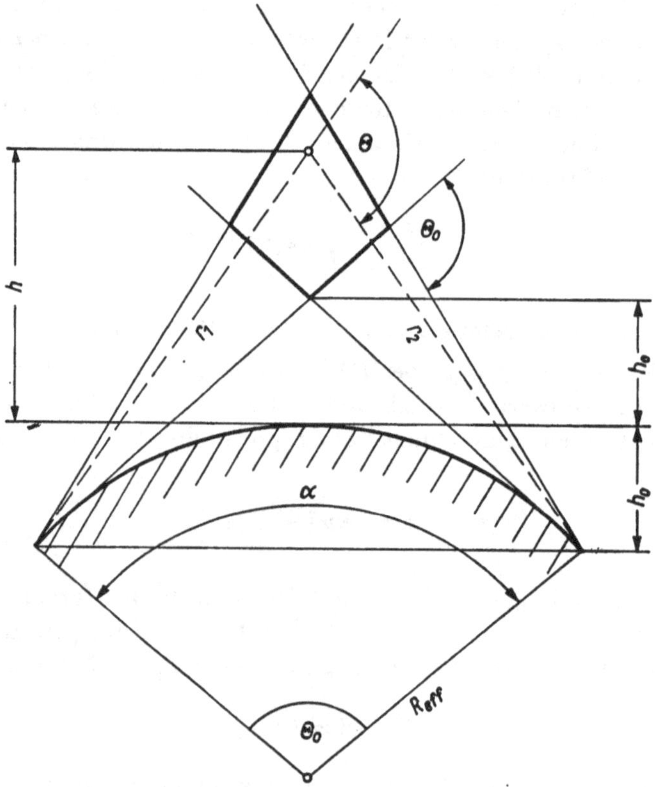

Bild *5.2*. Die Geometrie der troposphärischen Streuung. Es ist zu beachten, daß das Bild durch übertriebene Erdrundung entstellt ist. In Wirklichkeit beträgt θ_0 etwa 1° pro 100 km der Entfernung d

In einer Weiterentwicklung von BOOKER [1955] wird die Inhomogenität der Turbulenz dadurch berücksichtigt, daß der Mittelwert $\langle(\Delta\varepsilon/\varepsilon)^2\rangle$ nicht als konstant, sondern als Funktion der Höhe h über dem Erdboden in der Form

$$\left\langle\left(\frac{\Delta\varepsilon}{\varepsilon}\right)^2\right\rangle = C_n h^{-n} \tag{5.7}$$

gefordert wird, wobei C und n Konstanten sind. Man erhält dann [GORDON 1955] eine Formel der Art

$$\frac{P}{P_0} = \text{konst.}\,\frac{1}{l}\,\frac{R_e^{n+2}}{d^{2n+1}}\,, \tag{5.8}$$

wo R_e den äquivalenten Erdradius bedeutet (Abschn. 3.3).

Experimentelle Messungen der Abhängigkeit von der Entfernung d führen zu Werten der Größe n zwischen 1 und 2.

Eine wichtige Weiterentwicklung der Booker-Gordonschen Theorie ist die von STARAS [1955], in der anisotrope Turbulenz angenommen wird; es wird der Parameter

$$i = \frac{l_v}{l_0} \tag{5.9}$$

eingeführt, wo l_v die Turbulenzskala in vertikaler, und l_0 in horizontaler Richtung ist. Dieser Parameter tritt in den Formeln für den Streuquerschnitt nur als Faktor auf, so daß er keine wesentliche Wirkung auf die Abhängigkeit der empfangenen Leistung von der Entfernung und Feldstärke hat; jedoch wirkt sich der Anisotropieparameter (5.9) auf die Korrelation des Signalverlaufes in zwei Empfangspunkten aus. Die experimentellen Daten dieser Korrelation werden von STARAS durch die Wahl $i = 3/5$ besser erklärt als durch $i = 1$. Das heißt, daß die Turbulenzskala in horizontaler Richtung größer ist als in vertikaler, daß also die Turbulenzzellen nicht kugelförmig, sondern abgeplattet und in horizontaler Richtung ausgedehnt sind. Somit kommt man einer Schichttheorie nahe.

Während die Booker-Gordonsche Theorie und ihre Weiterentwicklungen phänomenologisch sind, leiten MEGAW [1950, 1957] und VILLARS und WEISSKOPF [1954, 1955] ihre Theorien der Streuung aus der hydrodynamischen bzw. aerodynamischen Turbulenz ab. Nach KOLMOGOROW [1941] und OBUCHOW [1941] entstehen bei turbulenter Strömung mit hohen Reynoldsschen Zahlen große Wirbel mit charakteristischem Ausmaß L_0 und großer Intensität, d. h. Abweichungen vom Mittelwert (z. B. der Geschwindigkeit). Diesen großen Wirbeln sind kleinere Wirbel (l) mit kleinerer Intensität überlagert und so weiter bis zu den kleinsten Wirbeln (l_0) mit der Reynoldsschen Zahl $R_e \approx 1$. Die kinetische Energie der größten Wirbel wird den kleineren Wirbeln übergeben, bis sie sich in den kleinsten Wirbeln bei kleinen Reynoldsschen Zahlen durch die molekulare Zähigkeit in Wärme verwandelt. Aus statistischen und hydrodynamischen Erwägungen wird dann das Kolmogorow-Obuchowsche „Zwei-Drittel-Gesetz" abgeleitet, nach dem das mittlere Quadrat des Unterschiedes der Geschwindigkeiten der Strömung in zwei, um l voneinander entfernten Punkten proportional zu $l^{2/3}$ ist. Eine analoge Beziehung gilt für die Temperatur und den Wasserdampfdruck und somit auch für den Brechungsindex der Atmosphäre.[1]) Durch Anwendung der Kolmogorow-Obuchowschen Turbulenztheorie kommt MEGAW [1950, 1957] zum Streukoeffizienten

$$\sigma(\theta) = \frac{4\pi^2 \lambda^{1/3}}{[2\sin(\theta/2)]^{13/3}} \cdot \frac{(\Delta n_0)^2}{L_0^{4/3}}, \tag{5.10}$$

wo L_0 das charakteristische Ausmaß der größten Turbulenzwirbel und Δn_0 ihre Abweichung vom mittleren Brechungsindex ist. VILLARS und WEISSKOPF [1954, 1955] hingegen kommen zum Ergebnis

$$\sigma(\theta) = \frac{4\pi^2 \lambda}{\sin^5(\theta/2)} \mathrm{D}\left\{\frac{\mathrm{d}n}{\mathrm{d}h}\right\}, \tag{5.11}$$

worin

$$\mathrm{D}\left\{\frac{\mathrm{d}n}{\mathrm{d}h}\right\} = \left\langle \left(\frac{\mathrm{d}n}{\mathrm{d}h}\right)^2 \right\rangle - \left\langle \frac{\mathrm{d}n}{\mathrm{d}h} \right\rangle^2 \tag{5.12}$$

die Varianz (Streuung) des Brechungsindexgradienten ist.

Es ist schwer zu entscheiden, welche von den obigen bzw. weiteren, hier nicht erwähnten Turbulenztheorien den experimentell gemessenen Werten am nächsten kommen; denn obwohl eine Fülle von Messungen existiert, gibt es wenig Meßreihen, in denen nur ein Parameter veränderlich ist. Die Abhängigkeit vom Streuwinkel θ läßt sich durch Schwenken der Antennenbündel nur in einem kleinen Bereich θ verfolgen, wobei aus (5.5), (5.10) und (5.11) zu sehen ist, daß sich die theoretischen Werte nicht radikal voneinander unterscheiden (Exponent -4; $-4{,}33$; -5). Die Frequenzabhängigkeit der gemessenen Werte ist nicht dieselbe bei allen Wellenlängen. Die Ansicht von NORTON, RICE und VOGLER [1955], daß die Frequenzabhängigkeit nach VILLARS und WEISSKOPF (λ) der Praxis am nächsten kommt, widerspricht der Analyse von SILVERMAN [1956], nach dem die gemessenen Werte eher der Abhängigkeit nach MEGAW ($\lambda^{1/3}$) und BOOKER und GORDON (λ^0) entsprechen.

---

[1]) Eine gründliche Beschreibung der Theorie der aerodynamischen Turbulenz ginge weit über den Rahmen dieser Schrift hinaus. Für eine systematische Verarbeitung siehe BATCHELOR, G. K.: The Theory of Homogeneous Turbulence, Cambridge 1953 (auch in russischer Übersetzung, Gossinoizdat Moskau 1955).

Die Parameter der eigentlichen Turbulenz lassen sich natürlich nur in Einzelfällen messen und hängen von der allgemeinen Wetterlage ab. Hier ist zu erwähnen, daß sich die Turbulenztheorien nur mit der Mikrostruktur der Atmosphäre beschäftigen, die meteorologische Schichtung der Troposphäre aber meist außer acht lassen. Deswegen lassen sich durch die Turbulenztheorien allein nicht alle Vorgänge erklären, die bei der Fernausbreitung vorkommen. Besonders lassen sich der Tagesgang der Feldstärke und die unterschiedlichen Feldstärken von einem Tag zum anderen durch die Turbulenz schwer erklären und noch weniger experimentell beweisen, da Parameter wie die Turbulenzskala und die Korrelationsfunktion nur in Einzelfällen, nicht aber täglich und stündlich auf der ganzen Strecke verfolgt werden können. Auf der anderen Seite vermag die Turbulenztheorie gut zu erklären, warum es zu raschen Schwunderscheinungen kommt: nämlich durch die Interferenz von gestreuten Elementarwellen. Allerdings entspricht die gemessene Fadingverteilung inhomogener und anisotropischer Turbulenz und läßt sich ebensogut durch Streuung an rauhen Schichten erklären.

Eine gründlichere Übersicht über die Turbulenztheorien (einschließlich derjenigen, auf die hier nicht eingegangen worden ist) der troposphärischen Streuung und ihre praktischen Anwendungen ist in dem Büchlein von Wyssokowski [1958] zu finden. Theoretische Monographien über die Ausbreitung elektromagnetischer Wellen in turbulenten Medien sind von Tschernow [1958] und Tatarski [1959] verfaßt worden. Die Zahl der kürzeren Artikel, die sich mit der troposphärischen Streuausbreitung befassen, ist zu groß, um vollkommen in das Literaturverzeichnis aufgenommen zu werden, und der Leser sei auf die Bibliographie von Abbott [1960] verwiesen.

5.3. Die Theorien der partiellen Reflexion

Im Gegensatz zu den Turbulenztheorien, die mit der Streuung an turbulenten Luftmassen rechnen, arbeiten die Theorien der partiellen Reflexion mit mehr oder weniger horizontalen Schichten in der Atmosphäre, an denen Reflexion bzw. Streuung stattfindet. Obwohl in den ersten fünfziger Jahren die Turbulenztheorien, besonders in den USA, bevorzugt wurden, ist in den letzten Jahren ein Ausgleich eingetreten, es scheint sogar, daß die Schichtentheorien die Turbulenztheorien übertroffen haben und meist als wichtiger angesehen werden, besonders diejenigen, die auch die Schwunderscheinungen zu erklären vermögen und somit den Turbulenztheorien nahekommen. Der Hauptvorteil der Schichtentheorien besteht darin, daß die gemessenen Werte der Feldstärke mit gut meßbaren meteorologischen Parametern korreliert werden können, was bei den Turbulenztheorien schwer oder unmöglich ist, da sie mit der meteorologischen Lage nur indirekt verknüpft sind. Auf der anderen Seite ist kaum anzunehmen, daß die gesamte troposphärische Fernausbreitung der UKW durch einen einzigen Mechanismus erklärt werden kann; vielmehr ist es wahrscheinlich, daß zu verschiedenen Zeiten bzw. bei verschiedenen meteorologischen Lagen unterschiedliche Ausbreitungsmechanismen vorherrschen. Insbesondere kann man annehmen, daß die hohen Feldstärken, die bei einer stabil geschichteten Atmosphäre auftreten, vor allem von

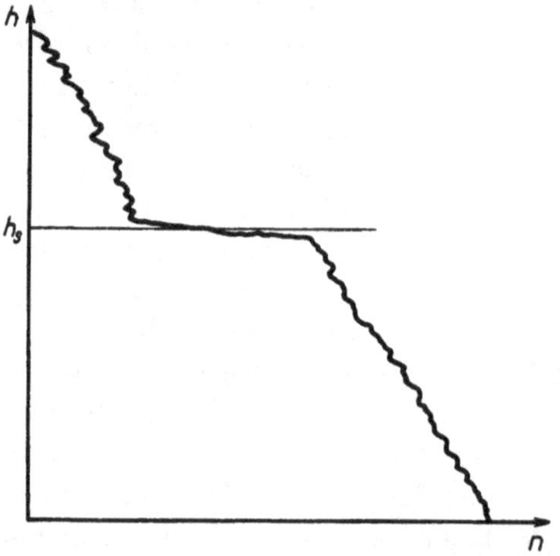

Bild *5.3.* Typischer Verlauf des Brechungsindexes; in der Höhe h_s befindet sich eine Grenzfläche zwischen zwei Schichten

partieller Reflexion an Schichten, in denen sich der atmosphärische Brechungsindex steil ändert, herrühren, während die niedrigen, mit schnellen Schwunderscheinungen verbundenen Feldstärken, die bei einer turbulenten Atmosphäre auftreten, durch die Streuung im turbulenten Ausbreitungsmedium verursacht sind.

In der Troposphäre entstehen Schichten, in denen sich die Temperatur und Feuchtigkeit schnell mit der Höhe ändert bzw. von der Temperatur oder Feuchtigkeit der benachbarten Luftschicht unterscheidet. Nach der Formel (3.28), Abschnitt 3.1, entsteht hierbei eine schnelle Änderung des Brechungsindexes mit der Höhe. Dies ist z. B. bei Inversionsschichten der Fall, d. h. bei Schichten, in denen die Temperatur mit der Höhe zunimmt oder konstant bleibt, statt wie im normalen Falle abzunehmen. Besonders stark ist jedoch die Änderung oder der „Sprung" des atmosphärischen Brechungsindexes dort, wo eine trockene Luftschicht auf einer feuchten Schicht liegt, wie z. B. auf einer Dunstschicht oder an der Obergrenze von Schichtwolken. Ein typischer Verlauf des Brechungsindexes mit der Höhe ist schematisch in Bild *5.3* dargestellt. Reflexion von elektromagnetischen Wellen tritt nicht nur an einer Grenzfläche ein, an der der Brechungsindex unstetig ist, sondern auch in einem nicht-homogenen Medium, in dem der Gradient des Brechungsindexes unstetig ist (auch wenn der Brechungsindex selbst stetig ist), oder auch in Gebieten, wo der Brechungsindexgradient genügend groß ist. Der Reflexionskoeffizient in solchen Schichten mit veränderlichem Brechungsindex wurde z. B. von Brechowskich [1948], Millington [1949], Eckart [1950], Wait [1951] u. a. berechnet. Es befinde sich z. B. [Wait 1951] im Koordinatensystem x, y, z ein Medium im Raum $z > 0$ mit konstanter Dielektrizitätskonstante ε_1 (also Brechungsindex $n = \varepsilon_1^2$). Im Raum $z \leqq 0$ verändere sich ε von ε_1 für $z = 0$ auf ε_2 bei großen negativen Werten von z:

$$\varepsilon(z) = (\varepsilon_1 - \varepsilon_2)\, e^{\beta z} + \varepsilon_2 \qquad (z \leqq 0, \quad \beta > 0). \tag{5.13}$$

Für $z = 0$ ist also $\varepsilon = \varepsilon_1$ auf beiden Seiten der Grenzfläche $z = 0$ (der xy-Ebene), aber der Gradient $d\varepsilon/dz$ ist hier unstetig. Wir lassen eine elektromagnetische Welle von der Seite des homogenen Mediums unter einem Einfallswinkel θ einfallen; es sei $\mathfrak{E}$ senkrecht zur Einfallsebene (horizontale Polarisation). Im homogenen Medium ($z > 0$) ist dann

$$E_1 = E_0 (e^{i k_1 z \cos\theta} + R e^{-i k_1 z \cos\theta})\, e^{-i(k_1 x \sin\theta - \omega t)}, \tag{5.14}$$

wo $k_1 = 2\pi \sqrt{\varepsilon_1}/\lambda$ die Ausbreitungskonstante ist.[1]) R ist der gesuchte Reflexionskoeffizient.

Für $z \leqq 0$ gelten dann

$$E_2 = E(z)\, e^{-i(k_1 x \cos\theta - \omega t)}. \tag{5.15}$$

Es sei $k_2 = 2\pi \sqrt{\varepsilon_2(z)}/\lambda$. Wenn wir (5.15) in die Maxwellschen Gleichungen einsetzen, erhalten wir die Wellengleichung in der Form

$$\frac{d^2 E(z)}{dz^2} + [(k_1^2 - k_2^2)\, e^{\beta z} + k_2^2 - k_1^2 \sin^2\theta]\, E(z) = 0. \tag{5.16}$$

Durch die Substitutionen

$$v = \frac{2}{\beta}\, e^{\beta z/2} \sqrt{k_1^2 - k_2^2} \tag{5.17}$$

und

$$p = \frac{2}{\beta} \sqrt{k_1^2 \sin^2\theta - k_2^2} \tag{5.18}$$

[1]) Wir benutzen hier den relativen Wert der Dielektrizitätskonstante und der Permeabilität; die letztere setzen wir gleich eins.

läßt sich (5.16) auf die Besselsche Differentialgleichung zurückführen, und aus der Beziehung, daß E an der Grenzfläche $z = 0$ stetig sein muß, erhalten wir dann die Lösung [WAIT 1951]

$$R = \frac{2\,\mathrm{i}\,k_1 \cos\theta\, J_p(v_0)}{\mathrm{i}\,k_1\, J_p(v_0)\, k_1 \cos\theta + \sqrt{k_1^2 - k_2^2}}, \tag{5.19}$$

wo J_p die Bessel-Funktion erster Art von der Ordnung p ist und v_0 der Wert von (5.19) für $z = 0$. Es läßt sich zeigen, daß für schnelle Übergänge (große β) (5.19) in den gewöhnlichen Fresnel-Koeffizienten übergeht.

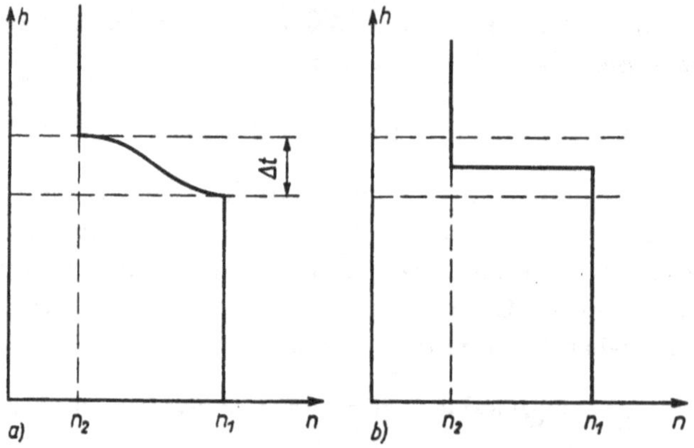

Bild *5.4*. Das Brechowskich-Kriterium

In dieser Hinsicht ist von BRECHOWSKICH [1948] eine äußerst nützliche Beziehung abgeleitet worden. Es ändere sich der Wert des Brechungsindexes von n_1 in einer Übergangsschicht von der Dicke t stetig auf den Wert n_2 (Bild *5.4a*). Dann kann man die Reflexion als äquivalent zur Reflexion an einer Unstetigkeit, d. h. an einer scharfen Grenzfläche (Bild *5.4b*) ansehen, vorausgesetzt, daß

$$t \sin\gamma \ll \frac{\lambda}{2\pi} \tag{5.20}$$

gilt, wo γ der Streifwinkel der einfallenden Welle ist. Wenn also das Brechowskich-Kriterium (5.20) erfüllt ist, kann man direkt mit dem Fresnelschen Reflexionskoeffizienten rechnen. Es ist zu bemerken, daß in der Troposphäre die Unstetigkeit

$$\Delta n = n_2 - n_1 \tag{5.21}$$

sehr klein ist, von der Größenordnung 10^{-5}, so daß bei steilem Einfall praktisch nichts reflektiert wird. Bei streifendem Einfall auf eine atmosphärische Schicht, der bei der UKW-Fernausbreitung auftritt, werden jedoch einige Prozent der einfallenden Energie reflektiert, womit die Fernausbreitung zustandekommt.

Bei kleinen Streifwinkeln γ und kleinen Werten von Δn läßt sich der Fresnel-Koeffizient für beide Polarisationen auf die Form

$$R = \frac{\gamma - \sqrt{\gamma^2 - 2\Delta n}}{\gamma + \sqrt{\gamma^2 - 2\Delta n}} \tag{5.22}$$

vereinfachen; für $2\Delta n \ll \gamma^2$ vereinfacht sich (5.22) weiter auf

$$R \approx \frac{\Delta n}{2\gamma^2}. \tag{5.23}$$

Für den selteneren Fall $2\Delta n \gtrsim \gamma^2$ ist nach (5.22) sogar Totalreflexion möglich, was in einigen Fällen (wenn das empfangene Feld den Wert im freien Raum annimmt) auch experimentell bestätigt wurde.

Diese Teilreflexionen, die an troposphärischen Schichten stattfinden, bilden die Grundlage für eine ganze Reihe von Theorien der troposphärischen UKW-Ausbreitung. Eine detaillierte mathematische Analyse des Reflexionsvorganges wurde von Northover [1955] gegeben. Schünemann [1957] nimmt mehrere Schichten übereinander an, Smyth und Anderson [1957], und in gründlicherer Form Friis, Crawford und Hogg [1957], nehmen viele kleinere Schichten neben- und übereinander an, womit sie den Theorien der anisotropen Turbulenz nahekommen, ebenso wie Troizki [1956a, b, c], der mit einer turbulenten Schicht arbeitet.

Auf die verhältnismäßig großen Sprünge des Brechungsindexes an der Obergrenze von Dunst und Wolken wurde von Beckmann [1955] hingewiesen. Da sich der Luftdruck immer stetig ändern muß und rasche räumliche Änderungen der Temperatur nur bei kräftigen Inversionen eintreten, bleiben die Feuchtigkeitssprünge in der Atmosphäre als Ursache der scharfen Änderung des Brechungsindexes übrig. Diese Feuchtigkeitssprünge liefern dann den größten Brechungsindexsprung, wenn die Feuchtigkeit von 100% (gesättigte Luft) auf einen minderen Wert (ungesättigte Luft) herabsinkt, wobei sich der Unterschied bei gegebenen Feuchtigkeitswerten auch noch mit steigender Temperatur vergrößert. Ein solcher Effekt tritt oft an der Wolkenobergrenze ein[1]), obwohl Feuchtigkeitssprünge dieser Art auch ohne sichtbare Wolken eintreten, z. B. wenn eine Dunstschicht vorhanden ist. An solchen Grenzflächen in der Atmosphäre entsteht nach (3.31), Abschnitt 3.1, eine Abnahme des Brechungsindexes von

$$\Delta n = b(T)\,(1 - r)\,10^{-6}, \tag{5.24}$$

[1]) Es ist für den Ausbreitungsmechanismus unwesentlich, welche Erscheinung primär ist, d. h., ob sich eine Feuchtigkeitsinversion über den Wolken bildet oder ob sich die Wolkenobergrenze dort bildet, wo eine Inversion vorhanden ist. Diese Frage soll deswegen hier nicht erörtert werden.

wo r die relative Feuchtigkeit der trockenen Schicht und T die Temperatur sind; $b(T)$ ist eine monoton zunehmende Funktion von T, die in Tabelle 3.1 (S. 40) zusammengestellt ist.

Der Sprung des Brechungsindexes nach (5.24) an der Obergrenze einer feuchten Schicht läßt sich experimentell nachweisen [Du Castel, Misme, Spizzichino, Voge 1960, S. 11, Bild 15]. Beim Durchflug der Wolkenobergrenze zeigen Refraktometermessungen einen Sprung bis zu 70 N-Einheiten

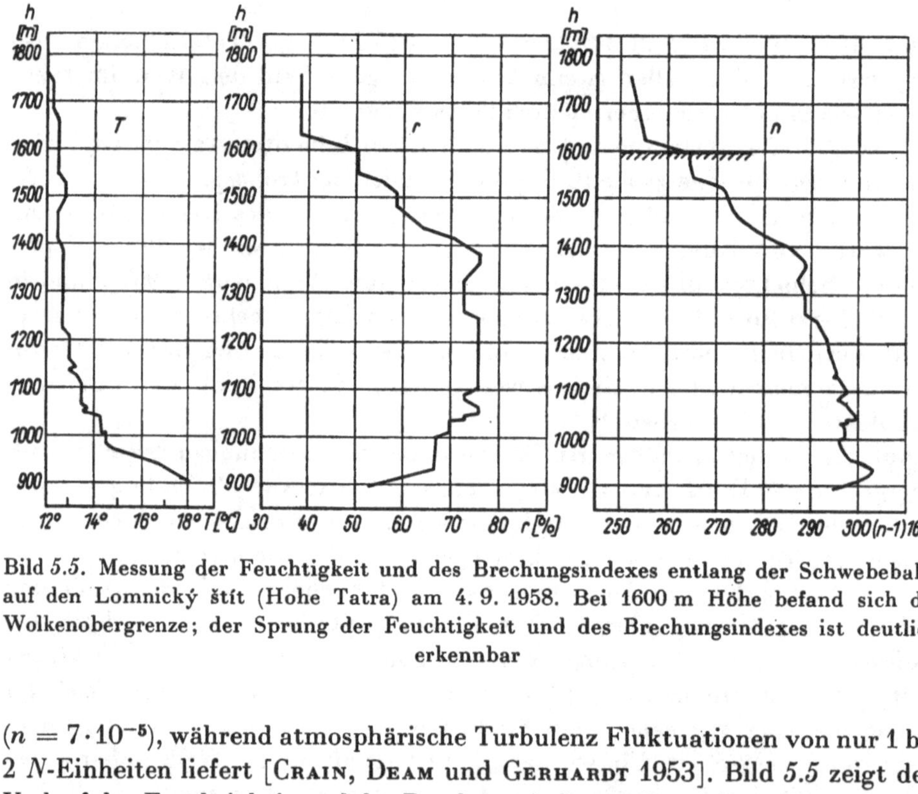

Bild 5.5. Messung der Feuchtigkeit und des Brechungsindexes entlang der Schwebebahn auf den Lomnický štít (Hohe Tatra) am 4. 9. 1958. Bei 1600 m Höhe befand sich die Wolkenobergrenze; der Sprung der Feuchtigkeit und des Brechungsindexes ist deutlich erkennbar

($n = 7 \cdot 10^{-5}$), während atmosphärische Turbulenz Fluktuationen von nur 1 bis 2 N-Einheiten liefert [Crain, Deam und Gerhardt 1953]. Bild *5.5* zeigt den Verlauf der Feuchtigkeit und des Brechungsindexes, der entlang der Schwebebahn auf den Lomnický štít (2634 m, Hohe Tatra) am 4. 9. 1958 um 18.30 bis 18.55 Uhr gemessen wurde. Die Wolkenobergrenze befand sich bei 1600 m Höhe. Die schnelle Abnahme der Feuchtigkeit und des Brechungsindexes ist hier klar zu sehen. Derselbe Effekt ist meist stark genug, so daß er aus den Angaben der täglichen meteorologischen Radiosondenaufstiege abgelesen werden kann. Die Aufzeichnung eines solchen Aufstieges ist schematisch im Bild *5.6* dargestellt. In der Höhe h_s im Punkte A ist $T \approx T_d$, die Luft ist also hier mit Wasserdampf gesättigt. Gleich darüber nimmt der Taupunkt, also auch die Feuchtigkeit stark ab bis zum Punkte *B*. Wenn der Höhenunterschied *t* zwischen *A* und *B* klein genug ist, um dem Brechowskich-Kriterium (5.20) zu genügen, können wir Δn aus (3.31), Abschnitt 3.1, berechnen:

$$\Delta n = c(T)\,[e_s(T) - e_s(T_d)], \tag{5.25}$$

wo T_d der Wert des Taupunktes im Punkte *B* ist. Der Streifwinkel γ ist durch

$$\gamma \approx \tan\gamma = \frac{2(h_s + h_0)}{d} \tag{5.26}$$

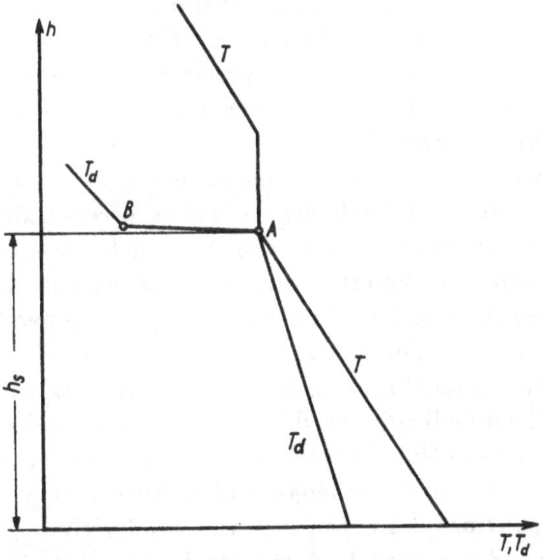

Bild *5.6*. Typischer Verlauf der Temperatur *T* und des Taupunktes T_d mit der Höhe bei Vorhandensein einer Grenzfläche zwischen feuchter und trockener Luft in der Höhe h_s

gegeben, wo *d* die Streckenlänge und h_0 die Höhe der Erdkugelkappe ($h_s = d^2/2R_e$) ist. Durch Einsetzen von (5.26) und (5.25) in (5.23) erhält man also

$$R \approx \frac{c(T)\,[e_s(T) - e_s(T_d)]}{(h_s + h_0)^2}, \tag{5.27}$$

und die empfangene Feldstärke sollte diesem Wert proportional sein. Die meteorologischen Parameter *T*, T_d und h_s sind nach der oben angegebenen Methode einigermaßen meßbar und ändern sich natürlich von Tag zu Tag mit der Wetterlage; eine Korrelation zwischen den gemessenen und den nach (5.27) berechneten Werten ermöglicht es also, diese Theorie zu überprüfen. Dieser Versuch ist in einer 7monatigen Meßreihe auf der Strecke Ochsenkopf (Bayern) bis Prag (88,2 MHz, 200 km) unternommen worden; die gestrichelte Kurve (Bild *5.7*) zeigt die nach (5.27) und den Radiosondenangaben berechneten

Relativwerte, und die volle Kurve gibt die gemessenen Werte (Mittelwert von 14 bis 16 Uhr) wieder [Beckmann 1957a]. Obwohl die benutzte Radiosondenstation (Erlangen, Bayern) etwa 180 km vom Mittelpunkt der Funkstrecke entfernt war, zeigt Bild *5.7* eine klare Ähnlichkeit zwischen den zwei Kurven, während bei den von den Turbulenztheorien gelieferten Formeln kein direkter Vergleich zwischen den gemessenen und den berechneten täglichen Schwankungen der mittleren Feldstärken möglich ist.

Sehr aufschlußreiche und sorgfältige Messungen im Meterwellenbereich mittels Diversity-Empfangs und Korrelationen mit meteorologischen Parametern wurden von Klinker [1957a, b] durchgeführt, wobei die täglichen Schwankungen durch partielle Reflexionen erklärt werden konnten, sich aber keine Übereinstimmung mit den Turbulenztheorien ergab.

Die oben skizzierte Theorie [Beckmann 1955a, 1957a] ist dadurch idealisiert, daß die reflektierende Grenzfläche als glatt, in horizontaler Richtung unbegrenzt, und zeitlich statisch angenommen wird. Daher kann sie nur Mittelwerte über einige Stunden erklären. Um auch die schnellen Schwunderscheinungen erklären zu können, muß man die Grenzfläche als rauh betrachten. Hierzu wurde eine Theorie der Streuung an rauhen Oberflächen ausgearbeitet [Beckmann 1957c, d; Beckmann und Spizzichino 1963] und auf die troposphärische Fernausbreitung angewandt [Beckmann 1958b, 1960a].

Ein ähnlicher Gedanke liegt auch der meteorologisch und elektrodynamisch gründlich verarbeiteten Theorie von Du Castel, Misme, Spizzichino und Voge [1960] zugrunde. In einer eingehenden Auswertung und Analyse der Mikrostruktur der Atmosphäre zeigt Misme, daß sich in der Troposphäre Schichtchen bilden, die sich in horizontaler Richtung nur auf wenige Kilometer ausbreiten und in denen eine Schwankung des Brechungsindexes von durchschnittlich etwa 10 N-Einheiten auftritt. Diese Schichtchen werden als „Blätter" (*feuillets*) bezeichnet. Die Form und die Ausmaße dieser Blätter sind von Misme meteorologisch eingehend untersucht worden. Es werden stabile und unstabile Blätter unterschieden. Die unstabilen Blätter sind die Zellen einer turbulenten Schicht, die kleinere Luftmassen mit konstantem Brechungsindex transportieren; ihre Ausmaße sind verhältnismäßig klein (Verhältnis von Länge zu Dicke etwa 2 bis 4). In den stabilen Blättern besteht ein starker Brechungsindexgradient. Die Dicke dieser Blätter ist von der Größenordnung 10 m, die Länge etliche Kilometer. Theoretische und experimentelle Einzelheiten über die Struktur beider Arten von Blättern (die nicht durch eine einzige Korrelationsfunktion erfaßt werden können) sind in den Arbeiten von Misme [Du Castel, Misme, Spizzichino und Voge 1960] zu finden.

Die Reflexionen, zu denen es im inhomogenen Medium dieser Blätter kommt, wurden von Du Castel und Spizzichino durch Weiterentwicklung der Theorie

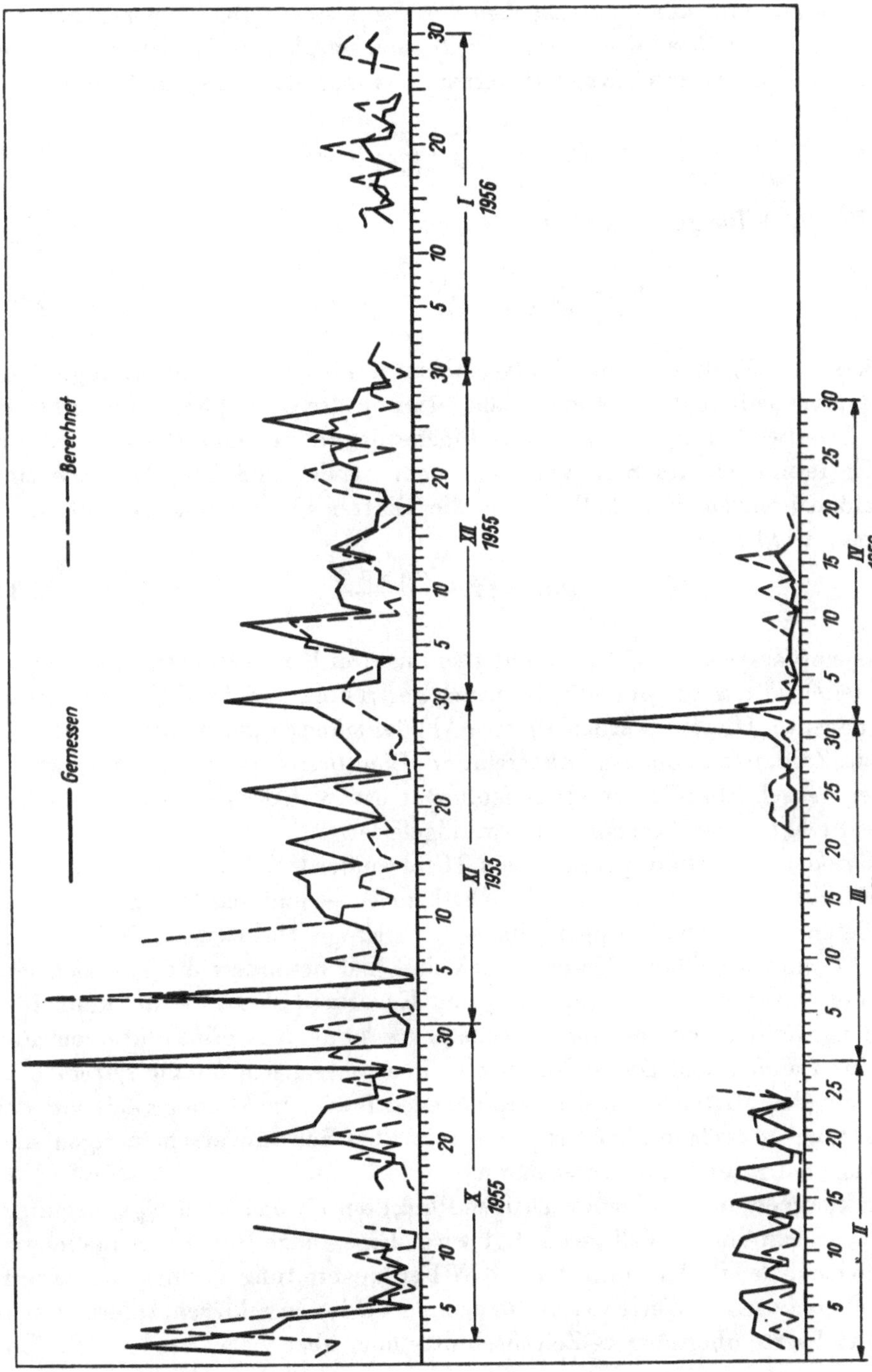

Bild 5.7. Vergleich zwischen gemessenen und nach Formel (5.27) berechneten Relativwerten der Feldstärke auf der Strecke Ochsenkopf–Prag (88,2 MHz, 193 km). [Beckmann 1957a]

der Streuung an rauhen Oberflächen von Beckmann [1957c] berechnet. Für die in Richtung der spiegelartigen Reflexion empfangene Leistung erhalten Du Castel und Spizzichino [Du Castel, Misme, Spizzichino und Voge 1960]

$$P_s = P_0 \frac{R^2}{4\theta^2} \frac{\lambda^2}{\sin^2 \gamma} \chi^2(a) \tag{5.28}$$

und für die diffus gestreute Leistung

$$P_d = P_0 \frac{R^2}{16\theta^2} \left(\frac{1}{r_1} + \frac{1}{r_2}\right)^2 S_d \sin \gamma . \tag{5.29}$$

Hierbei ist P_0 die Leistung im freien Raum in derselben Entfernung, R der Reflexionskoeffizient, θ die maximale Neigung der Grenzfläche eines Blattes, γ der Streifwinkel, S_d die wirksame Fläche der rauhen Oberfläche, r_1 und r_2 die Entfernungen des Streuvolumens vom Sender und Empfänger, a sind die Höhengrenzen, innerhalb deren die Blätter gleichmäßig verteilt angenommen werden und

$$\chi(a) = \left(1 - \frac{a}{\pi}\right) \frac{\sin a}{a} . \tag{5.30}$$

Das empfangene Fernfeld besteht also aus drei Komponenten: der spiegelartig reflektierten, der in dieser Richtung gestreuten und der diffus gestreuten Komponente. Hieraus werden weitere Abhängigkeiten der empfangenen Amplitude, Zeitkorrelation, Raumkorrelation, Bandbreite des Tages- und Jahresganges, der schnellen Schwunderscheinungen usw. von der Entfernung, Wellenlänge, Struktur der Atmosphäre usw. abgeleitet.

Außer den zwei Hauptgruppen von Theorien der UKW-Fernausbreitung — den Turbulenztheorien und den Schichttheorien — und den Übergängen bzw. Synthesen dieser zwei Gruppen gibt es noch einige Theorien, die in keine der beiden Gruppen gehören. Zu erwähnen sind hier besonders die Theorien von Carroll [Carroll und Ring 1955] und Kalinin [1959], die die kohärente Streuung in der inhomogenen Atmosphäre ohne Mikrofluktuationen und Schichten annehmen. Diese Theorien stehen in verhältnismäßig gutem Einklang mit den Mittelwerten des empfangenen Feldes in Abhängigkeit von der Entfernung, vermögen aber nicht die schnellen Schwunderscheinungen und den Tagesgang des Feldes zu erklären.

Wir kommen nun zu einem wichtigen Punkt der Fernausbreitungsforschung, der noch nicht immer voll gewürdigt wird. Eine ganze Reihe von manchmal sehr verschiedenen Theorien der UKW-Fernausbreitung vermag die experimentell gemessenen Werte des empfangenen Feldes zu erklären, sofern es sich um Mittelwerte über längere Zeitabschnitte oder über viele Orte handelt. Ein

Vergleich mit diesen Mittelwerten kann also nicht entscheiden, welcher Ausbreitungsmechanismus der richtige ist. Diese Entscheidung kann man nur durch Vergleich mit der statistischen Verteilung um diese Mittelwerte herbeiführen, und deshalb ist es heute erforderlich, sich sowohl theoretisch als auch experimentell auf diejenigen Arbeiten zu konzentrieren, in denen nicht nur die Mittelwerte, sondern die ganze statistische Verteilung und Mikrostruktur des empfangenen Feldes abgeleitet, bzw. gemessen wird.

Die Verteilung, die sich am einfachsten messen läßt, ist die der zeitlichen Veränderung des Feldes, d. h. der Schwunderscheinungen. Diese sollen im nächsten Abschnitt behandelt werden.

5.4. Die Schwunderscheinungen der troposphärischen Fernausbreitung

Die Feldstärke weit hinter dem Horizont ist zeitlich nicht konstant, sondern weist Schwankungen auf. Der allgemeine Zustand der Troposphäre bestimmt den Jahres- und Tagesgang, d. h. den Gang der monatlichen bzw. stündlichen Mittelwerte. Im Meterwellenbereich wird der Tagesgang meist dadurch bestimmt, daß die Atmosphäre abends und in der Nacht gewöhnlich stabil geschichtet ist, während in den Mittags- und Nachmittagsstunden turbulente Strömungen eintreten. Wenn der Tagesgang über etwa einen Monat gemittelt wird, erhält man deswegen ein Minimum in den Nachmittagsstunden (Bild *5.8*).

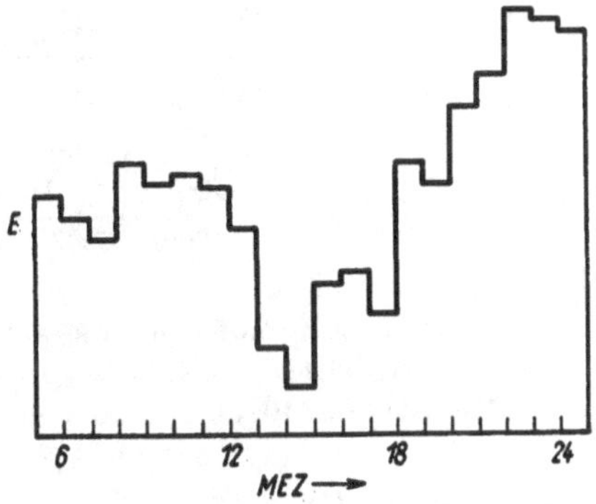

Bild *5.8*. Mittlerer Tagesgang der Feldstärke auf der Strecke Ochsenkopf-Prag (88,2 MHz, 193 km) im Oktober 1955. Linearer Maßstab

Im Dezimeter- und Zentimeterwellenband ist der Tagesgang ähnlich, aber weniger ausgeprägt; er tritt aber klar hervor, wenn man statt des Mittelwertes die während 10% der Zeit überschrittenen Werte betrachtet (Bild *5.9*).

Die Amplitude des Tagesganges im Meterwellenbereich erreicht nach Klinker [1956] ihr Maximum bei einer Streckenlänge von etwa 200 km und beträgt etwa 10 db im Mai und Juni und etwa 3 db im Dezember. Der Jahresgang ist wenig ausgeprägt; die Amplitude des Jahresganges beträgt nur einige db, wobei das Maximum bzw. Minimum in verschiedenen Jahren auf verschiedene Monate fällt.

Die schnellen Schwunderscheinungen werden vom augenblicklichen Zustand der Mikrostruktur der Atmosphäre bestimmt und lassen sich vor allem von zwei Gesichtspunkten aus charakterisieren. Die Schnelligkeit der Schwankungen kann man durch die Autokorrelationsfunktion oder das Frequenzspektrum des Amplitudenverlaufes beschreiben; meist begnügt man sich jedoch mit der Zahl der Schwankungen pro Sekunde oder der „Fadingsrate“, d. h. der Zahl

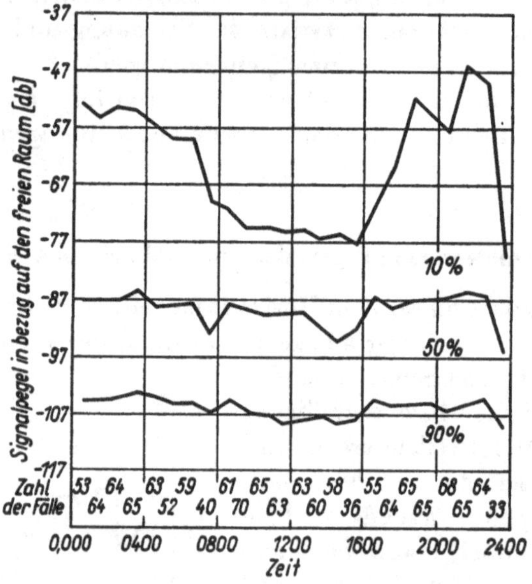

Bild 5.9. Tagesgang auf einer 260-km-Strecke bei der Wellenlänge 8,2 cm (Juni bis Dezember 1954). Ordinateneinheiten in Dezibel bezüglich der Feldstärke im freien Raum. Die während 10, 50 und 90% der Zeit überschrittenen Werte. [Arenberg 1957]

der positiven Überschreitungen des Mittelwertes pro Zeiteinheit. Auf Bild *5.10* ist z. B. die Fadingrate 5 pro Minute. Der zweite Gesichtspunkt ist die statistische Verteilung der Amplitude.

Es sei E der zufällige augenblickliche Wert der Feldstärke und x ein willkürlich bestimmter Pegel der Feldstärke. Die Funktion

$$F(x) = P\{E \leqq x\}, \tag{5.31}$$

die die Wahrscheinlichkeit angibt, daß der Pegel x von der Feldstärke E *nicht* überschritten wird, heißt die Verteilungsfunktion. In der Radiotechnik ist es jedoch gebräuchlicher, die Wahrscheinlichkeit, daß der Pegel x *überschritten* wird, anzugeben. Dies ist offensichtlich

$$P\{E > x\} = 1 - F(x). \tag{5.32}$$

Wir wollen nun diese zwei Gesichtspunkte untersuchen. Da der Schwund durch Interferenz von mehreren gestreuten Elementarwellen entsteht, ist die

Fadingsrate um so größer, je kleiner die Wellenlänge ist. Darin stimmen alle Theorien überein, und das ist auch experimentell erwiesen. Außerdem ist die Fadingsrate auch von der Windgeschwindigkeit abhängig — nach Ansicht der Turbulenztheorien deshalb, weil mehr Turbulenzzellen pro Sekunde durch das

Bild *5.10.* Die Fadingsrate oder Zahl der positiven Überschreitungen des Mittelwertes pro Sekunde beträgt im obigen Bild 5 pro Minute

Streuvolumen durchziehen, nach der im vorhergegangenen Abschnitt erwähnten Theorie deshalb, weil die reflektierende Grenzfläche rauh ist und mehr Maxima und Minima dieser Grenzfläche durch das Reflexionsgebiet ziehen. Die Wirkung der Windgeschwindigkeit wurde von Klinker [1957a, 1957b] eingehend untersucht. Bei stabiler Schichtung der Atmosphäre wurde im Meterwellenbereich von Klinker [1957b] ein langperiodiges Fading von mehr als 10 min Dauer als dominierend gefunden, während bei labiler Schichtung das 6- bis 20-s-Fading vorherrscht. Die Abhängigkeit der Fadingsrate bzw. des Diversity-Abstandes (Abstand zwischen zwei Empfangspunkten, in der die Korrelation der beiden Amplitudenverläufe auf $e^{-1} \approx 37\%$ herabsinkt) von der Windgeschwindigkeit wird von den Turbulenztheorien und den Theorien der partiellen Reflexion verschieden vorausgesagt. Nach Staras [1955] beträgt der Diversity-Abstand normal zur Ausbreitungsrichtung

$$D_h = 0{,}3 \frac{R_e \lambda}{i\, d'}, \tag{5.33}$$

wo R_e der effektive Erdradius ist (vgl. Abschn. 3.3), d' ist die nicht eingesehene Strecke und i der Anisotropieindex (Verhältnis der vertikalen zur horizontalen Ausdehnung der Streukörper). Klinkers Messungen zeigen, daß isotrope Turbulenz ($i = 1$) nur äußerst selten bei Fadingsperioden von 1 bis 5 s vorkommen. In nur 25 bis 30% der gemessenen Fälle wurde ein Anisotropieindex $i \geqq 2/5$ festgestellt (Perioden von 1 bis 60 s), während in den sonstigen Fällen aus (5.33) ein so kleiner Anisotropieindex folgt, daß man bereits von Schichten und partieller Reflexion sprechen muß. Der Diversity-Abstand im Meterwellenbereich (80 · · · 100 MHz) auf einer 180-km-Strecke beträgt etwa 85 m für 1- bis 5-s-Fading, und für Perioden von 10 bis 30 min ist er weit größer als 400 m.

Weiter wurde von Klinker [1957 a, b] die Fadingsperiode mit aerologischen Messungen der Windgeschwindigkeit verglichen. Nach Troizki [1956 b] ist die Fadingsperiode durch

$$\tau = \frac{\lambda}{v_z \sin \gamma} \tag{5.34}$$

gegeben, wo γ der Streifwinkel und v_z die vertikale Bewegungskomponente der schichtartigen Teilinhomogenität ist. Da sich wegen der Erdkrümmung der Streifwinkel γ nicht wesentlich mit der Streckenlänge ändert, bleibt auch τ und folglich die Fadingsrate ziemlich konstant. Auf Grund der Übereinstimmung der Driftmessungen mit (5.34) kommt hierbei Klinker [1957 a, b] wiederum zur Schlußfolgerung, daß im Meterwellenbereich die partiellen Reflexionen bis annähernd 500 km Senderabstand den dominierenden, wahrscheinlich aber den ausschließlichen Ausbreitungsmechanismus bilden.

Im Dezimeter- und Zentimeterwellenbereich liegt die Fadingsrate höher, da sie linear mit der Frequenz wächst. Sie ist auch hier von der Wetterlage abhängig und weist ein Maximum in den Nachmittagstunden auf, da dann meist turbulente Strömungen vorherrschen. Bei etwa 30 cm Wellenlänge liegt die Fadingsrate in den Nachmittagstunden etwa bei 30 pro Minute.

Sehr aufschlußreich sind die Untersuchungen über die statistische Verteilung der Amplitude des empfangenen Signales. Nach den Theorien der isotropen Turbulenz müßten viele Wellen mit gleichmäßig verteilten Phasen untereinander interferieren, so daß nach Abschnitt 4.4, Gl. (4.43) oder (4.71), die resultierende Amplitude nach Rayleigh verteilt sein müßte. Dies ist bei experimentellen Messungen zwar oft, aber bei weitem nicht immer der Fall; im Meterwellenbereich ist die Rayleigh-Verteilung eher die Ausnahme als die Regel [Beckmann 1960 a]. Bei Streuung an einer rauhen bzw. turbulenten Schicht sind jedoch die Phasen der Elementarwellen nicht unbedingt gleichmäßig verteilt, wie aus Bild *5.11* zu ersehen ist. Wenn die Standardabweichung der rauhen Grenzfläche oder der Streukörper von ihrer mittleren Höhe (M) gleich σ_s ist, dann ist die Standardabweichung der Phasen von ihrem Mittelwert Null nach einer elementaren Berechnung des Unterschiedes in den Streckenlängen der einzelnen Wellen gleich

$$\sigma(\varphi) = \frac{4\pi\,\sigma_s}{\lambda}\sin\gamma. \tag{5.35}$$

Wenn nun diese Abweichung kleiner als π ist, dann sind die Phasen der Elementarwellen offensichtlich nicht gleichmäßig verteilt. Aus (5.35) folgt in diesem Falle

$$2\,\sigma_s \sin\gamma \approx 2\sigma_s\,\gamma < \lambda. \tag{5.36}$$

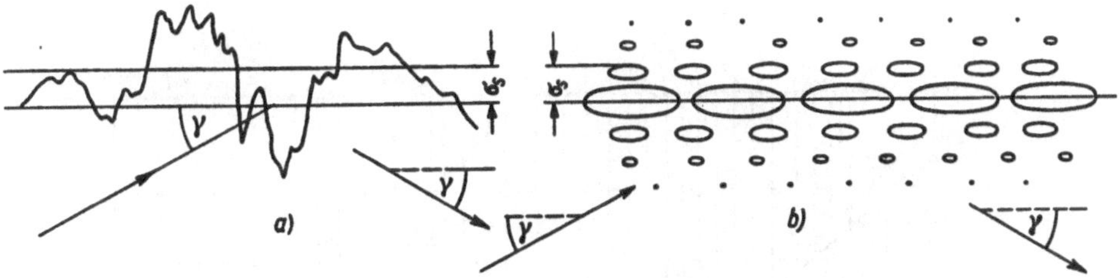

Bild *5.11.* Zur Phasenverteilung der gestreuten Elementarwellen.
a Rauhe Schicht; *b* turbulente Schicht. Die Standardabweichung von der mittleren Höhe M ist σ_s

Diese Bedingung ist besonders bei den längeren Wellenlängen sehr oft erfüllt, und nach Abschnitt 4.4 folgt dann die empfangene Amplitude des Gesamtfeldes nicht Rayleigh, sondern der allgemeinen Verteilung (4.63), Abschnitt 4.4.

Um die gemessenen Verteilungen besser mit den theoretischen vergleichen zu können, benutzen wir den Effektivwert der empfangenen Amplitude.

Nach Abschnitt 4.4, Gl. (4.59) und der Normierung (4.60) bis (4.62) (S. 85) können wir

$$\varrho_{\text{eff}} = \sqrt{1 + B^2} \tag{5.37}$$

schreiben. Da

$$\frac{\varrho}{\varrho_{\text{eff}}} = \frac{r}{r_{\text{eff}}} \tag{5.38}$$

gilt, ist nach elementaren Transformationen der Beziehung (4.84), Abschnitt 4.4 (S. 91)

$$P\left\{\frac{r}{r_{\text{eff}}} > z\right\} = 1 - \int_0^{z\sqrt{1+B^2}} p(\varrho;\, B,\, K)\,\mathrm{d}\varrho, \tag{5.39}$$

was sich aus den bekannten Werten der Funktion $P\{r > z\}$ (Bild *4.16*, S. 92–94) leicht ableiten läßt. Die resultierenden Kurven von $P\{r/r_{eff} > z\}$ nach (5.39) sind in den Bildern *5.12a–e* für verschiedene Werte von B und K [s. Abschnitt 4.4, (4.60) bis (4.62), S. 85] auf Rayleigh-Papier aufgetragen, d. h. auf ein Koordinatennetz, auf dem die Rayleigh-Verteilung ($B = 0$, $K = 1$) als eine Gerade mit 45° Neigung abgebildet wird.

Beispiele experimentell gemessener Werte der statistischen Verteilung der empfangenen Amplitude sind in Bild *5.13* wiedergegeben. Die gestrichelte Gerade entspricht der Rayleigh-Verteilung. Im Meterwellenbereich haben die kurzfristigen Verteilungen der Amplitude meist den Charakter von Bild *5.13*; die Rayleigh-Verteilung wird seltener (bei turbulenter Atmosphäre, hoher Fadingsrate und niedriger Amplitude) angetroffen.

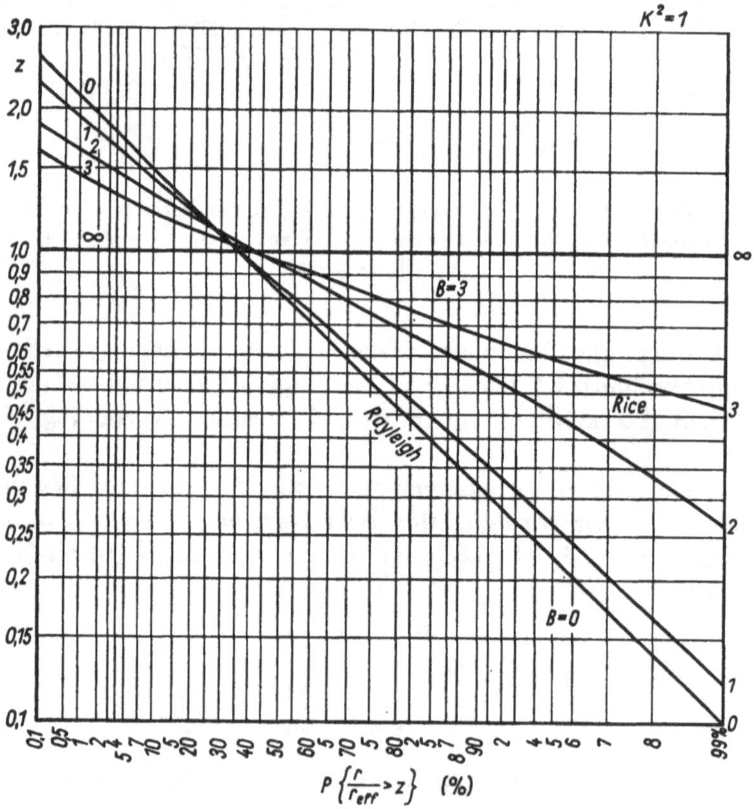

Bild *5.12a*. Die statistische Verteilung der Amplitude des Fernfeldes. Die Wahrscheinlichkeiten $P\{r/r_{eff} > z\}$ für verschiedene Werte von B und K. $K^2 = 1$ (Rayleigh- und Rice-Verteilungen). [Beckmann 1961e]

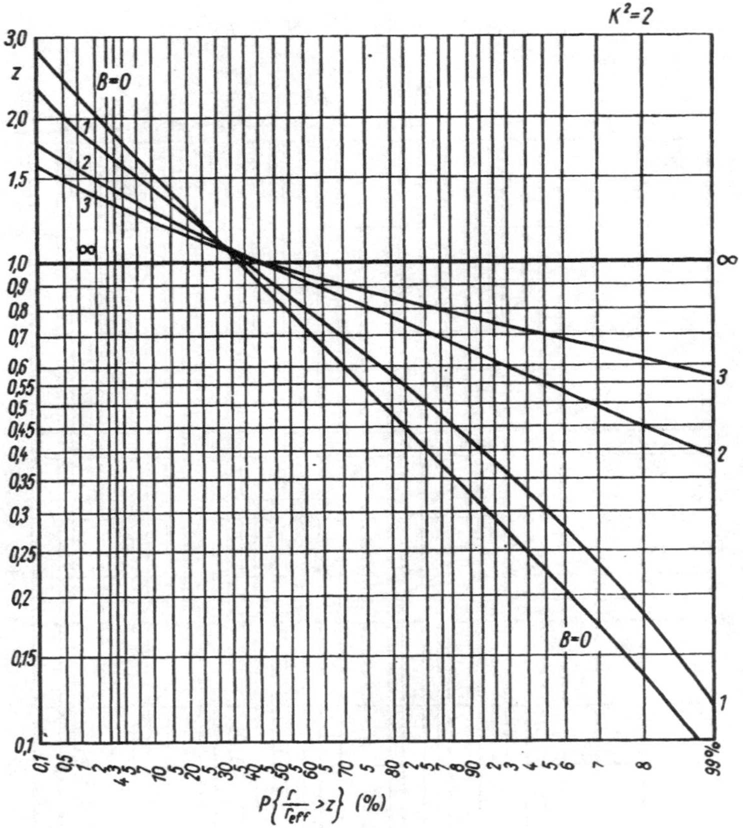

Bild 5.12b. $K^2 = 2$, sonst wie Bild 5.12a

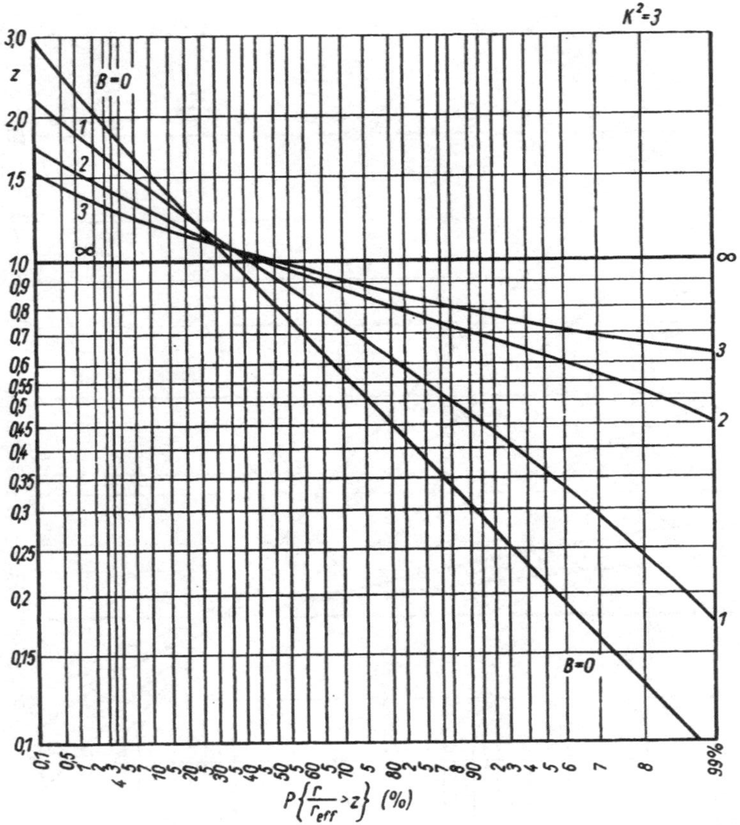

Bild 5.12c. $K^2 = 3$, sonst wie Bild 5.12a

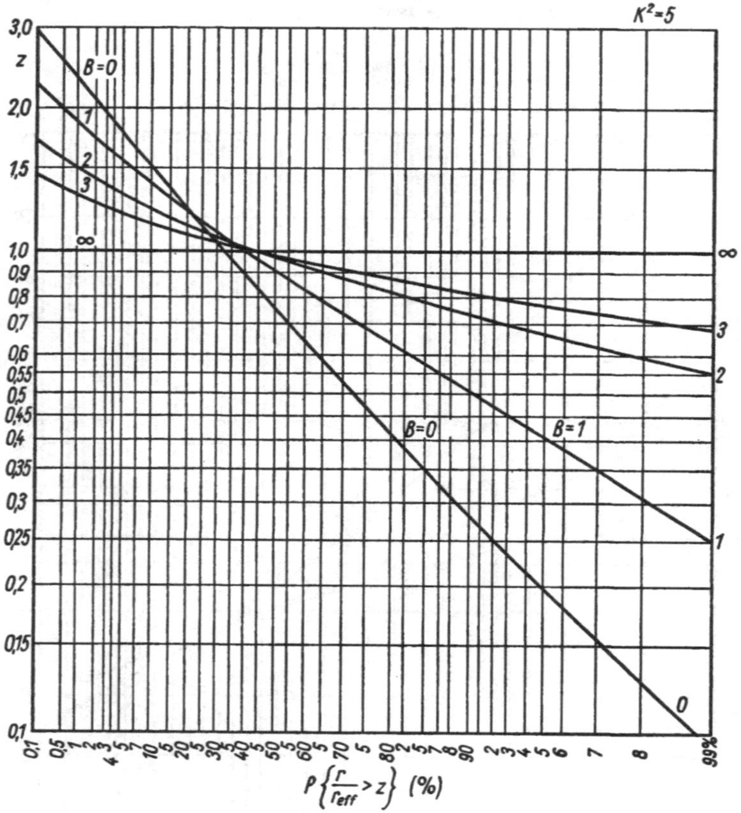

Bild 5.12d. $K^2 = 5$, sonst wie Bild 5.12a

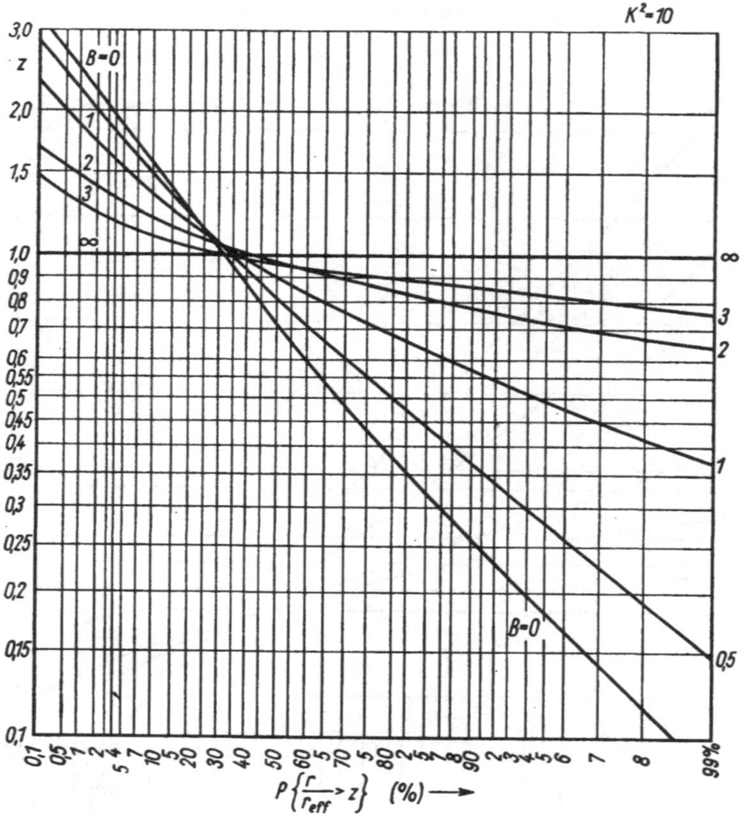

Bild 5.12e. $K^2 = 10$, sonst wie Bild 5.12a

Ein Vergleich der experimentell gemessenen Kurven, wie z. B. auf Bild *5.13*, mit den theoretisch berechneten auf den Bildern *5.12a—e* zeigt sofort eine Übereinstimmung im Charakter der Kurven. Um die genauen Werte von B und K experimentell zu bestimmen, bedarf es jedoch feiner Phasenmessungen,

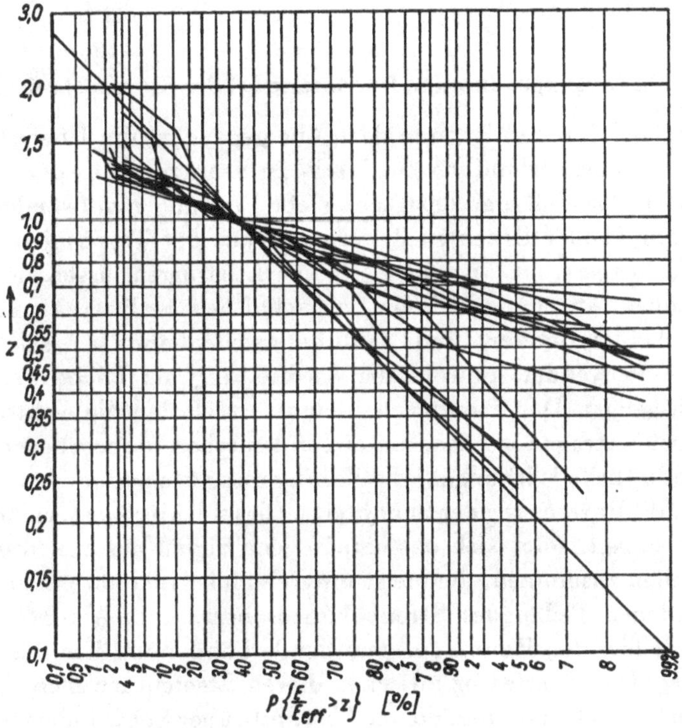

Bild *5.13*. Die gemessene statistische Verteilung der Amplitude auf der Strecke Jessen-Prag (91 MHz, 215 km), 25. 11. 1857, 7.00 bis 8.00 MEZ. Jede Kurve entspricht einem Zeitintervall von 4 Minuten

für welche die heutigen Standardfrequenzordnungen in Mitteleuropa noch unzureichend sind[1]).

Aus den angeführten theoretischen und experimentell überprüften Verteilungskurven folgt, daß die Rayleigh-Verteilung nicht immer, sondern nur als Grenzverteilung der Amplitude angetroffen wird. Isotrope Turbulenz ist

[1]) Die kurzzeitige Stabilität des tschechoslowakischen Frequenzstandardsenders OMA ist von der Ordnung 10^{-9}; für die hier erwähnten Phasenmessungen im 100-MHz-Band ist eine Stabilität von etwa 10^{-11} notwendig, die nur von Molekularstandards (Ammoniak- oder Caesium-Spektrallinie) erreicht (und übertroffen) wird.

also bestimmt nicht der einzige und auch nicht der vorherrschende Mechanismus der UKW-Fernausbreitung, sondern die Messungen deuten auf Streuung an rauhen bzw. turbulenten Schichten oder an anisotroper Turbulenz, was in Einklang mit den Driftmessungen von Klinker [1957a, b] und den meteorologischen Messungen von Misme [Misme, Du Castel, Spizzichino und Voge 1960] steht.

5.5. Antennengewinn und Bandbreite bei der Streuausbreitung

In den letzten 5 Jahren ist man dazu übergegangen, die Überreichweitenausbreitung zur Fernverbindung auf UKW zu benutzen. Aus den vorherigen Abschnitten ist klar, daß man dazu sehr große Leistungen aufwenden muß, da ja nur ein ganz kleiner Bruchteil der Energie aus der Troposphäre zur Erdoberfläche zurückgestreut wird. Diese hohen Leistungen lassen sich nur mit Hilfe von hohen Antennengewinnen wirtschaftlich realisieren und deshalb wird meist das Dezimeter- und Zentimeterwellenband für solche Streuverbindungen verwendet, obwohl die Ausbreitung als solche bei längeren Wellen günstiger ist. Der Streumechanismus, durch den die elektromagnetischen Wellen übertragen werden, hat außer den schon besprochenen Effekten noch zwei wesentliche Wirkungen: die Verringerung des nominellen Antennengewinnes und die Begrenzung der Bandbreite. Dies soll hier kurz erklärt werden.

Wie schon gesagt, setzt sich das empfangene Signal aus vielen gestreuten Elementarwellen zusammen, die meist untereinander inkohärent sind und die von verschiedenen Teilen des Streuvolumens herrühren. Als Streuvolumen bezeichnen wir hier den Raum, der dem Senderbündel und Empfängerbündel gemeinsam ist. Die Interferenz zwischen diesen Elementarwellen führt nicht nur zur zeitlichen Schwankung, die im Abschnitt über Schwunderscheinungen besprochen wurde, sondern auch zu räumlichen Unregelmäßigkeiten, da die resultierende Welle aus phasenmäßig inkohärenten und räumlich aus verschiedenen Richtungen kommenden Elementarwellen zusammengesetzt und folglich nicht eben ist. Wenn die Empfangsantenne einen großen Gewinn und infolgedessen auch eine große Öffnung hat, wird die Abweichung von einer ebenen Welle in den Grenzen dieser großen Öffnung bemerkbar, und der tatsächliche Gewinn der Antenne wird nun kleiner als der bei ebenen und kohärenten Wellen gemessene Gewinn, da jetzt Wellen auch aus anderen Richtungen in die Hauptkeule gelangen können. (Man erinnere sich daran, daß die Richtung, in der eine Antenne empfängt, einzig und allein durch die Normale auf die Fläche der konstanten Phasen gegeben ist, gleichgültig, woher die Welle in Wirklichkeit kommt.) Dieser Effekt macht sich bemerkbar, wenn der Antennengewinn größer als etwa 40 db ist.

Um die Verringerung des Antennengewinnes qualitativ zu berechnen, gehen wir davon aus, daß die empfangene Leistung immer dem Streuvolumen proportional ist [s. z. B. (5.6), Abschn. 5.2]. Das Streuvolumen (s. Bild *5.2*, S. 106) ist proportional zu α^3, wo α die Halbbreite des Bündels (der Hauptkeule) ist. Es ist also das Verhältnis der gestreuten Leistung P zu der Leistung, die im freien Raum empfangen würde (P_0),

$$\frac{P}{P_0} \sim \alpha^3. \tag{5.40}$$

Nun ist aber die im freien Raum ausgestrahlte Effektivleistung der Antenne proportional zur Bündelung, also zu α^2, und wenn auch auf der Empfangsseite eine ähnliche Antenne benutzt wird, ist

$$P_0 \sim \alpha^{-4}. \tag{5.41}$$

Durch Einsetzen von (5.41) in (5.40) ist also die durch Streuung empfangene Leistung

$$P \sim \alpha^{-1}. \tag{5.42}$$

Die Abhängigkeit α^{-1} statt α^{-4} wie im freien Raum kommt einer Verringerung des Antennengewinnes gleich.

Eine Berechnung der Verringerung des Antennengewinnes an Hand der Turbulenztheorie wurde von BOOKER und DE BETTENCOURT [1955] durchgeführt. Der Winkel, der das Streuvolumen von der Empfangsantenne aus gesehen in der horizontalen Ebene begrenzt, sei α_c. Dieser Winkel ist

$$\alpha_c = \frac{2}{3}\,\theta_0, \tag{5.43}$$

wo $\theta_0 = d/R_e$ aus Bild *5.2* (S. 106) ersichtlich ist. Bei breiten Antennenbündeln ($\alpha \gg \alpha_c$) erhalten BOOKER und DE BETTENCOURT [1955]

$$\frac{P}{P_0} = 0{,}86\,\frac{R_e^2}{d}\,S_p \qquad (\alpha \gg \alpha_c). \tag{5.44}$$

Hier ist

$$S_p = \frac{1}{2\pi l}\left\langle\frac{\Delta\varepsilon}{\varepsilon}\right\rangle^2 = \theta^4\,\sigma \tag{5.45}$$

nach (5.5), Abschnitt 5.2.

Bei nicht sehr scharfen Antennenbündeln (kleinem Antennengewinn) ist also nach (5.5) die empfangene Leistung nicht von α abhängig, so daß die Antennen wie im freien Raum arbeiten. Bei scharfer Bündelung ($\alpha \ll \alpha_c$) hingegen finden

Booker und de Bettencourt [1955]

$$\frac{P}{P_0} = \frac{2d\,\alpha^3}{\left(\theta_0 + \frac{\alpha}{2}\right)^5}\, S_p \qquad (\alpha \ll \alpha_c), \tag{5.46}$$

was sich bei $\theta_0 \gg \alpha/2$ auf

$$\frac{P}{P_0} = \frac{2\,R_e^5\,\alpha^3}{d^4}\, S_p \tag{5.47}$$

vereinfacht. Bei scharfer Bündelung ist also $P/P_0 \sim \alpha^3$ und folglich $P \sim 1/\alpha$.

Die Verringerung des Antennengewinnes durch Mehrwegstreuausbreitung wurde u. a. von Chisholm, Portman, de Bettencourt und Roche [1955] experimentell untersucht und qualitative Übereinstimmung mit den Berechnungen von Booker und de Bettencourt wurde festgestellt.

Mit der Schärfe der Bündelung ist auch die Frage der übertragbaren Bandbreite eng verbunden. Das Frequenzband der Übertragung ist bei der troposphärischen Streuausbreitung nicht unbegrenzt. Dies ist eine Folge davon, daß eine zeitliche Verzögerung der in verschiedenen Punkten des Streuvolumens gestreuten Wellen eintritt und daß folglich z. B. ein Impuls verzerrt wird. Das übertragbare Frequenzband wird also um so größer, je kleiner das Streuvolumen ist, d. h. je schärfer die Bündelung der Antennen ist. Nach Booker und de Bettencourt [1955] ist die Bandbreite bei kleinen Bündelungswinkeln

$$\Delta f = \frac{4c\,R_e}{\alpha\,d^2}, \tag{5.48}$$

wo c die Lichtgeschwindigkeit, d die Länge der Strecke und R_e der effektive Halbmesser der Erdkugel ist; α_c ist durch (5.43) gegeben. Bei großem α, also bei Antennen mit kleinem Gewinn, ist

$$\Delta f = \frac{4{,}7\,c\,R_e^2}{d^3}. \tag{5.49}$$

Bei Breitbandübertragungen (z. B. Fernsehen) durch Streuausbreitung ist es also notwendig, scharfe Bündelung, d. h. große Antenne, zu benutzen. So z. B. werden für die Streuverbindung bei der Fernsehübertragung Florida—Kuba (298 km) auf etwa 800 MHz mit 20 MHz Bandbreite parabolische Spiegel mit Durchmesser 20 m [Stiles 1956] verwendet.

5.6. Praktische Berechnung einer Streustrecke

In den letzten Jahren ist man dazu übergegangen, die troposphärische Streuausbreitung im praktischen Betrieb zu verwenden. Die Verläßlichkeit einer

Streuverbindung ist meist größer als die normaler Richtfunkstrecken mit optischen Abschnitten, da Störungen der technischen Anlagen in den Zwischenstationen in der Regel öfter eintreten als tiefe und lang andauernde Einbrüche des Signals auf einer gut projektierten Streustrecke. Über die Ökonomie von Streustrecken sind die Meinungen geteilt; es scheint, daß bei sehr kurzen und sehr langen Strecken die Investitions- bzw. Betriebskosten für optische Abschnitte kleiner sind. Es steht jedoch fest, daß die Streuausbreitung heute die beste Möglichkeit von breitbandigen Übertragungen über unzugängliches und unelektrifiziertes Gelände ist (See, Wüste, Wälder, Steppe, Arktis, unterentwickelte Länder).

Es gibt eine Anzahl von Methoden, die Parameter einer Streuverbindung zu berechnen. Diese sind entweder rein empirisch oder theoretisch aufgebaut mit empirisch bestimmten numerischen Werten. Die bekanntesten Methoden sind die von Gerks [1955] und Norton, Rice und Vogler [1955].

Die Methode von Norton ist auf der Turbulenztheorie von Booker und Gordon aufgebaut und durch empirisch festgelegte numerische Werte bestimmt. Die Methode versucht alle Faktoren, die einen Einfluß auf die Ausbreitung haben können, zu erfassen, nicht nur Streckenlänge, Senderleistung, Frequenz, Bandbreite und Bündelung, sondern auch Antennenhöhe, Entfernung der Horizonte bei Sender- und Empfängerantenne, Gradient des Brechungsindexes, Beugung, Geländeeffekte u. a. Dies macht die Methode etwas unübersichtlich und langwierig, wobei das Endresultat nicht immer mit der Praxis übereinstimmen muß, da die praktischen Werte eine große Streuung aufweisen, die Nortons Methode nicht berücksichtigt.

Norton definiert den „Übertragungsverlust" (*transmission loss*) als

$$L = 10 \log \frac{P_s}{P_e}, \tag{5.50}$$

wo P_s die Senderleistung, an den Antennenklemmen gemessen (also zwischen Sender und Antenne), ist und P_e die Leistung auf den Empfängerklemmen. Der Grundübertragungsverlust L_b ist der Übertragungsverlust bei isotropen Antennen:

$$L_b = L + G. \tag{5.51}$$

G bedeutet hier den summaren Antennengewinn der Sender- und Empfängerantenne:

$$G = G_e + G_s \qquad [\text{db}]. \tag{5.52}$$

Im freien Raum gilt also

$$L = 20 \log \frac{4\pi\, d}{\lambda} - G = 36{,}58 + 20 \log d + 20 \log f_{\text{MHz}}, \tag{5.53}$$

wo d die Strecke und f_{MHz} die Frequenz in Megahertz sind.

Der vereinfachte Ausdruck der Nortonschen Methode für den Übertragungsverlust bei Streuausbreitung wird dann

$$L = -14{,}85 + 30 \log f_{\mathrm{MHz}} + 49{,}1 \log \Theta_{\mathrm{mr}} + 33{,}18 \log d_{\mathrm{km}}. \qquad (5.54)$$

d_{km} ist die Streckenlänge in Kilometer und Θ_{mr} der aus Bild *5.14* ersichtliche Winkel in Milliradianten.

Die Koeffizienten in (5.54) sind empirisch; in der Gleichung sind weitere Glieder vernachlässigt worden, durch die folgende Faktoren Berücksichtigung finden: die Ungleichheit der Winkel α und β (Bild *5.14*), die Höhen der Antennen über dem Gelände, Geländeeffekte, atmosphärische Brechung, Streuwinkel, Turbulenzskala u. a. Diese zusätzlichen Glieder sind in [Norton, Vogler, Rice 1955] zu finden.

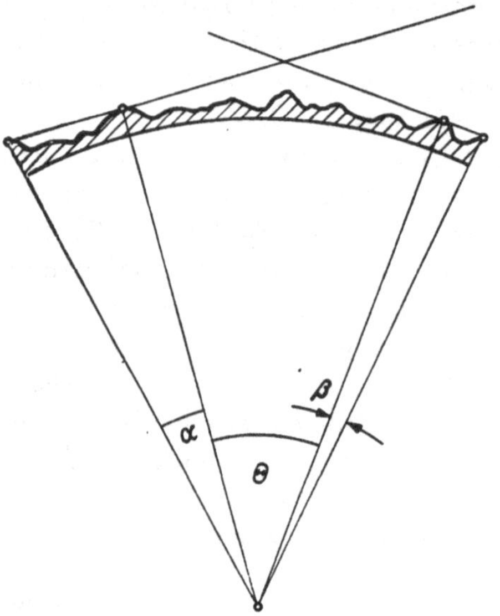

Bild *5.14*. Zur Bestimmung des „Winkelabstandes“ θ

Nomogramme zur Bestimmung des Übertragungsverlustes bei Streuausbreitung auf Grund empirischer Daten wurden von Gerks [1955] zusammengestellt. Zwei dieser Nomogramme sind in den Bildern *5.15* und *5.16* wiedergegeben[1]).

Auf Bild *5.15* ermittelt man den Übertragungsverlust wie im Text unter dem Bild angegeben. Dieser Übertragungsverlust ist der Medianwert, also der Wert, der in 50% der Zeit überschritten wird. Für den Wert, der in 99% der Zeit überschritten wird, muß man nach der gemessenen logarithmisch-normalen Verteilung der langsamen, wetterbedingten Schwankungen etwa 16 db zum Übertragungsverlust zuzählen. Um die schnellen Schwunderscheinungen zu berücksichtigen, gehen wir von der Rayleigh-Verteilung aus, die von den Verteilungen nach Abschnitt 4.4 die größte Varianz hat. Der Wert, der in 1% der Zeit bei schnellem Rayleigh-Fading überschritten wird, liegt 18,4 db unter dem Medianwert; bei doppeltem Diversity-Empfang auf zwei Antennen mit vollkommen unkorrelierten Signalen, von denen nur das größere Signal vom Empfänger gewählt wird, verringert sich dieser Abstand auf etwa 8 db.

[1]) Mit freundlicher Genehmigung des Institute of Radio Engineers, New York.

Der betreffende Wert muß ebenfalls zum Übertragungsverlust zugezählt werden. Bei Antennengewinnen von über 40 db ist die im vorhergehenden Abschnitt erwähnte Verringerung des Antennengewinnes zu berücksichtigen, d. h., die verringerten und nicht die nominellen Werte im freien Raum sind in (5.52) und im Nomogramm auf Bild *5.15* einzusetzen.

Die notwendige Leistung P_s bzw. die Empfängerempfindlichkeit P_e erhält man dann aus der üblichen Beziehung

$$P_e = S\,R\,k\,T\,\Delta f. \tag{5.55}$$

Hier ist S der Störabstand am Empfängereingang und R die Rauschzahl des Empfängers; k ist die Boltzmannsche Konstante, T die Absoluttemperatur und Δf die zu übertragende Bandbreite. Die notwendige Sendeleistung ist also nach (5.50) und (5.55)

$$\begin{aligned} 10 \log P_s &= L_{\max} + 10 \log P_e = \\ &= L_{\max} + 10 \log S + 10 \log R + 10 \log \Delta f + 10 \log kT, \end{aligned} \tag{5.56}$$

wo $L_{\max}$ nach Bild *5.15* festgestellt wird.

Diese Beziehung (die keine empirischen Größen mehr enthält) ist auf Bild *5.16* nomogrammiert.

Von den vielen troposphärischen Streuverbindungen, die sich in Betrieb befinden, sind die Daten von einer Versuchsstrecke mit kleiner Leistung [Beckmann und Kühn 1960] und einer Fernsehzubringerstrecke [Stiles 1956] in Tabelle 5.1 angeführt. Es ist zu beachten, zu welch großen Antennen die zu übertragende Bandbreite führt.

Tabelle 5.1

Kennwerte von zwei Streustrecken

Strecke	Ďáblice bei Prag — Kolberg bei Berlin	Florida City (USA) — Guanabo (Kuba)
Zweck:	Ausbreitungsforschung	Fernsehzubringung und 120 Telefonkanäle
Länge	240 km	298 km
Frequenz	1215 MHz	800 MHz
Modulation	FM	FM
Bandbreite	150 kHz	20 MHz
Senderleistung	50 W	10 kW
Antennen	parabolische Spiegel	parabolische Spiegel
Durchmesser	4 m	20 m
Diversity	keine	je 2 Sende- und Empfangsantennen

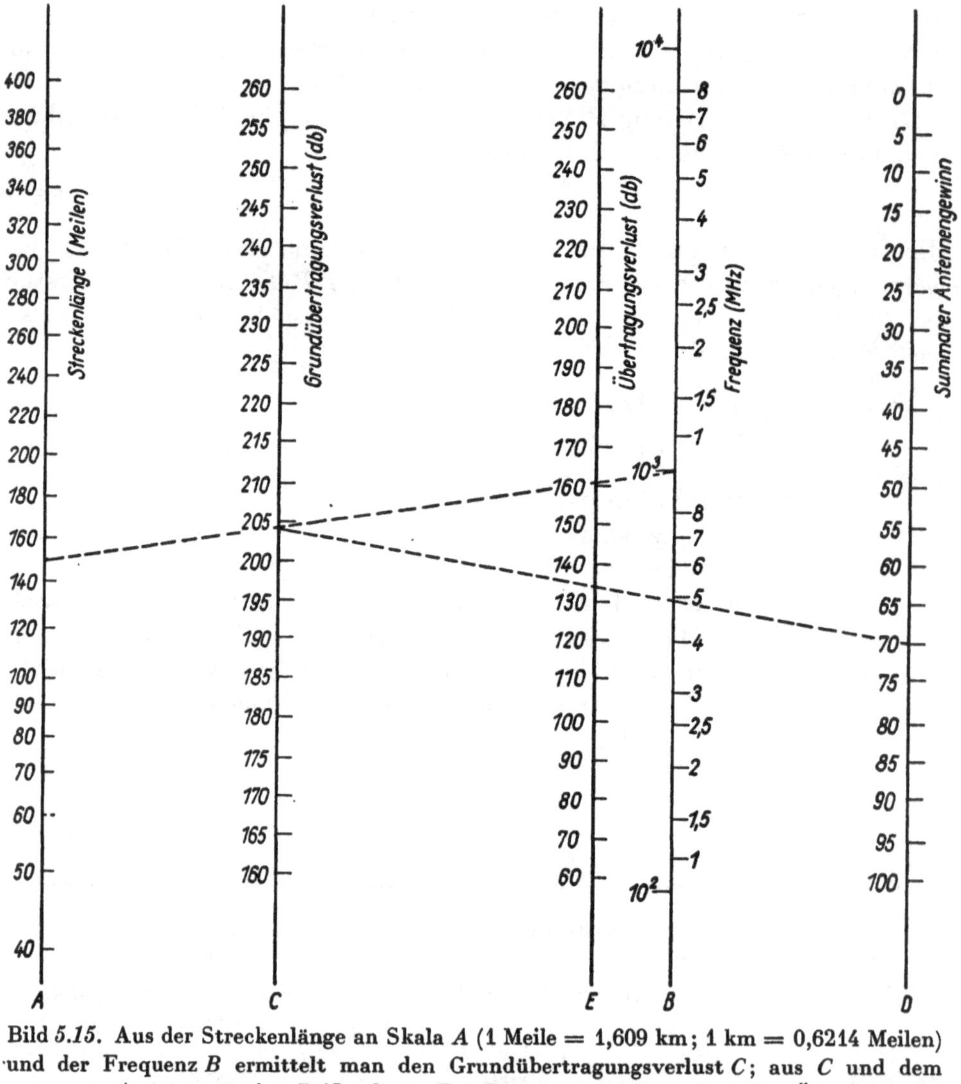

Bild *5.15.* Aus der Streckenlänge an Skala *A* (1 Meile = 1,609 km; 1 km = 0,6214 Meilen) und der Frequenz *B* ermittelt man den Grundübertragungsverlust *C*; aus *C* und dem summaren Antennengewinn *D* (Sende- + Empfangsantenne) folgt dann der Übertragungsverlust *E*. Beispiel: Streckenlänge 150 Meilen (240 km), Frequenz 1000 MHz, Antennengewinn 70 db, Übertragungsverlust 134 db. (Nach Gerks [1955])

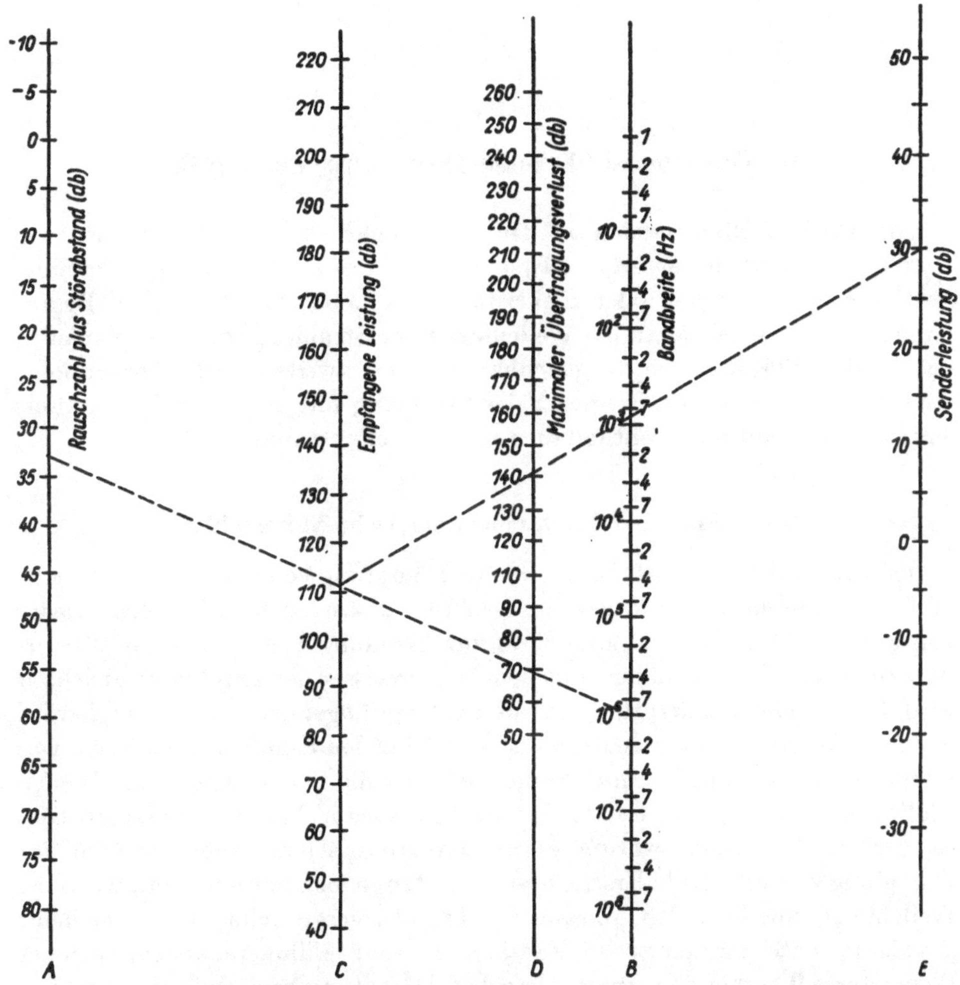

Bild *5.16.* Aus der Rauschzahl plus Störabstand auf Skala *A* und der Bandbreite *B* (in Hz) ermittelt man die empfangene Leistung *C* (in db unterhalb 1 W); aus *C* und dem maximalen Übertragungsverlust *D* ermittelt man die notwendige Sendeleistung *E* (in db über 1 W). Beispiel: Rauschzahl 13 db, gewünschter Störabstand 20 db, Bandbreite 1 MHz, zulässiger Übertragungsverlust 141 db, notwendige Sendeleistung 141 db. (Nach Gerks [1955])

6. Die troposphärische Dämpfung der UKW

Ultrakurze Wellen werden in der Troposphäre von zwei verschiedenen Dämpfungsmechanismen erfaßt: Erstens kommt es zur Dämpfung in kondensierten Wassertröpfchen oder Eiskristallen, d. h. bei Nebel, Schnee, Regen, Graupeln und Hagel, wenn die Wellenlänge der Strahlung mit den Ausmaßen der Niederschlagsteilchen vergleichbar ist, und zweitens tritt Absorptionsdämpfung ein, wenn die Frequenz der Strahlung mit der einer Spektrallinie eines in der Atmosphäre enthaltenen Gases übereinstimmt.

6.1. Dämpfung durch meteorologische Niederschläge

Der physikalische Mechanismus, der die Dämpfung von elektromagnetischen Wellen in kondensiertem Wasser in der Atmosphäre bewirkt, ist selbst wieder von zweierlei Art. Erstens kommt es zur Streuung von Wellen an Wassertropfen, wenn die Wellenlänge mit dem Durchmesser der Tropfen vergleichbar wird. Die einfallende, ursprünglich auf den Empfänger gerichtete Energie wird in andere Richtungen gestreut und ist somit für den Empfänger verloren, was einer Dämpfung gleichkommt. Andererseits ist die Leitfähigkeit der Tropfen endlich und ein Teil der einfallenden Energie wird in Wärme umgesetzt. Dies ist der zweite Grund, warum es in meteorologischen Niederschlägen zur Dämpfung kommt. Beide Erscheinungen treten jedoch nur dann auf, wenn die Wellenlänge mit dem Durchmesser der Tropfen vergleichbar wird. Das heißt praktisch, daß normalerweise Zentimeter- und Millimeterwellen, seltener Dezimeterwellen von der atmosphärischen Dämpfung beeinflußt werden.

Eine eingehende Analyse der Dämpfung ist in [Kerr 1951] enthalten. Hier sollen nur die Hauptgedanken skizziert werden. Man berechnet den Streuquerschnitt einer Kugel als Summe des eigentlichen Streuquerschnittes (der für die Streuung der einfallenden Strahlung in andere Richtungen verantwortlich ist) und des Dämpfungsquerschnittes (der für die Umsetzung der einfallenden Energie auf Wärme verantwortlich ist). Dabei zeigt sich, daß der Dämpfungsquerschnitt viel kleiner als der eigentliche Streuquerschnitt ist, und meist rechnet man deshalb nur mit dem letzteren. Die genaue Lösung des Streuquerschnittes einer Kugel ist von Stratton [1941] gegeben worden;

wenn jedoch die Wellenlänge viel größer als der Halbmesser des Wassertropfens ist (was praktisch meist der Fall ist), dann kann man sich mit der Rayleighschen Beziehung für den Streuquerschnitt begnügen:

$$Q = \frac{64\,\pi^5\,\varrho^6}{3\lambda^4}\left(\frac{\varepsilon'-1}{\varepsilon'+1}\right)^2. \tag{6.1}$$

ϱ ist der Halbmesser der Kugel (des Tropfens) und ε' ihre relative Dielektrizitätskonstante.

Wenn nun die Entfernung zwischen den einzelnen Tropfen viel größer ist als ihr Radius ϱ, nimmt man an, daß die Wellen, die von den einzelnen Tropfen gestreut werden, sich gegenseitig nicht beeinflussen und inkohärent sind. Wenn N Tropfen in der Volumeneinheit enthalten sind, wird der Streuquerschnitt per Einheitsvolumen, d. h. das Verhältnis von gestreuter zu einfallender Energie

$$Q = \frac{P'}{P} = \frac{64\,\pi^5 N\,\varrho^6}{3\lambda^4}\left(\frac{\varepsilon'-1}{\varepsilon'+1}\right)^2. \tag{6.2}$$

Eine genauere Untersuchung ist in [Kerr 1951] zu finden. Die ursprüngliche optische Theorie ist in [Schifrin 1951] zusammengefaßt.

Leider sind der Radius und die Zahl der Tropfen pro Volumeneinheit bei Regen, Nebel usw. nicht leicht zu messen; in der Meteorologie gibt man meist nur den Niederschlag in mm/Stunde, bzw. die Sichtweite in m, an. Die Dämpfung muß daher meist empirisch oder halbempirisch festgestellt werden. Kurven nach Arenberg [1957] und anderen Autoren sind in Bild *6.1* für Regen und in Bild *6.2* für Nebel wiedergegeben. Jedoch ist bei Benutzung der Kurven zu bedenken, daß das Resultat nicht immer genau ist, da diese Kurven Regen in mm/h und Nebel in m Sichtweite angeben; bei derselben Niederschlagsmenge pro Stunde können jedoch ϱ und N verschieden sein, was eine andere Dämpfung bewirkt. Die Werte dieser Kurven sind also nur als Mittelwerte einer statistischen Verteilung zu verstehen. Eine andere empirische Formel, die nur Orientierungswert hat, ist

$$\delta = Kp, \tag{6.3}$$

worin δ die Dämpfung in Dezibel pro Kilometer und p der Regenniederschlag in Millimeter pro Stunde sind. K ist eine Größe, die zum mindesten von der Wellenlänge und der Temperatur abhängt. Nach Arenberg [1957] gilt Tabelle 6.1 für die Werte von K bei einer Temperatur von 18 °C.

Formel (6.3) gilt für Regen. Bei Nebel mit Tröpfchen von der Größenordnung von etwa 0,05 mm Radius hängt die Dämpfung nur noch vom Wassergehalt pro Volumeneinheit (g/m³) ab. Hier gilt die empirische Näherung

$$\delta = 0{,}483 \frac{M}{\lambda^2}. \tag{6.4}$$

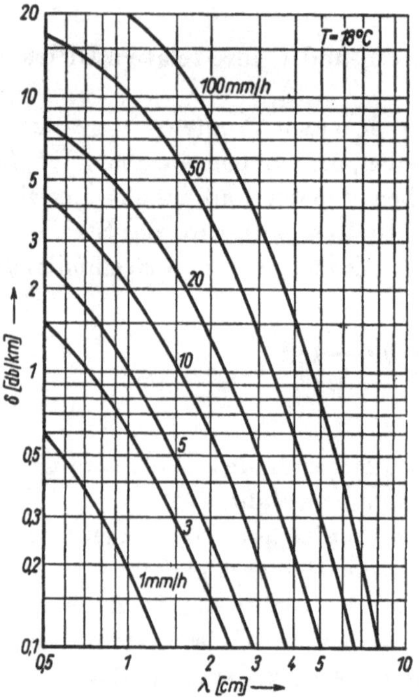

Bild *6.1.* Dämpfung von Zentimeterwellen bei Regen mit verschiedenem Niederschlag mm pro Stunde. Aus den im Text erwähnten Gründen sind die Kurven mit Vorsicht zu benutzen

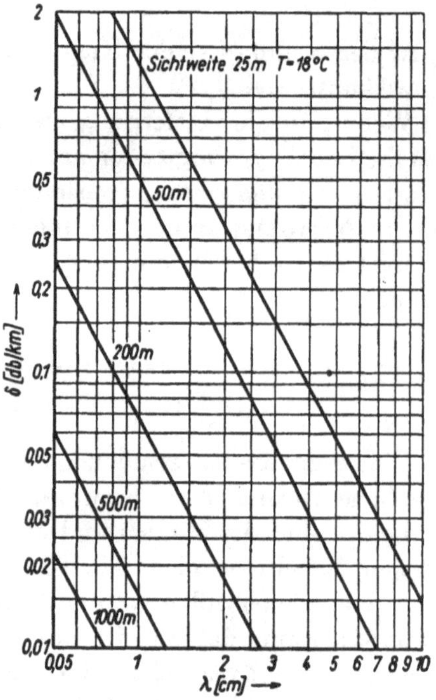

Bild *6.2.* Dämpfung von Zentimeterwellen in Nebel mit verschiedener Sichtweite. Aus den im Text erwähnten Gründen sind die Kurven mit Vorsicht zu benutzen

Tabelle 6.1

Werte von K in Formel (6.3)

Wellenlänge [cm]	K	Wellenlänge [cm]	K
1	0,20	5	0,007
2	0,075	6	0,0034
3	0,032	8	0,001
4	0,014	10	0,0005

Tabelle 6.2

Übersicht über die Niederschläge und die UKW-Dämpfung

Art des Niederschlages	Radius der Tröpfchen [mm]	Mittlerer Abstand zw. Tröpf. [mm]	Wasser-gehalt [g/m³]	Nieder-schlag [mm/h]	Sichtweite [m]	UKW-Dämpfung bei 18 °C in db/km bei Wellenlänge λ [cm]								
						0,1	0,5	1	2	3	4	5	6	10
Nebel	—	—	—	—	500	0,55	0,06	0,02	*k*	*k*	*k*	*k*	*k*	*k*
Nebel	—	—	—	—	200	2	0,25	0,07	0,015	*k*	*k*	*k*	*k*	*k*
Nebel	—	—	—	—	50	15	2	0,5	0,1	0,05	0,03	0,02	0,015	*k*
Nebel	—	—	—	—	22	40	5	1,5	0,3	0,15	0,08	0,05	0,04	0,015
Rieseln	0,20	36	93.10^{-3}	0,25	—	—	0,15	0,04	*k*	*k*	*k*	*k*	*k*	*k*
Leichter Regen	0,45	70	0,14	1,00	—	—	0,6	0,2	0,03	*k*	*k*	*k*	*k*	*k*
Mäßiger Regen	1,00	123	0,28	4,00	—	—	2	0,8	0,2	0,07	0,025	0,01	*k*	*k*
Starker Regen	1,50	130	0,83	15,00	—	—	6	3	0,9	0,3	0,15	0,06	0,02	*k*
Sehr starker Regen	2,10	138	1,8	40,00	—	—	15	9	4	1	0,4	0,2	0,1	0,15
Wolkenbruch	3···5	137	5,4	100,00	—	—	30	20	8	3	1,5	0,7	0,3	0,03

k = kleiner als 0,01 db/km.

M ist der Wassergehalt in g/m³. Da weiterhin die empirische Beziehung

$$M = 3\,D^{-4,3} \cdot 10^{6} \qquad [\text{g/m}^3;\ \text{m}] \tag{6.5}$$

zwischen dem Wassergehalt und der Sichtweite D (in m) gilt, können wir (6.4) als

$$\delta = \frac{1{,}45}{D^{4,3}\,\lambda^2} \qquad [\text{db/km};\ \text{m, cm}] \tag{6.6}$$

schreiben.

Zum Abschluß sei noch eine Tabelle angeführt, die eine Übersicht über verschiedene Parameter und die entsprechende Dämpfung bei verschiedenen Arten des Niederschlages gibt. Die Tabelle 6.2 wurde aus Angaben in der amerikanischen, französischen und sowjetischen Literatur zusammengestellt.

6.2. Dämpfung in der Nähe der Spektrallinien von Sauerstoff und Wasserdampf

Außer den im vorherigen Abschnitt eingeführten Dämpfungsarten kommt es noch zur Absorption, wenn die Frequenz der elektromagnetischen Wellen mit der Resonanzfrequenz einer Spektrallinie eines in der Atmosphäre enthaltenen Gases zusammenfällt. Praktisch betrifft dies den Wasserdampf bei Wellenlängen von 2 cm abwärts und den Sauerstoff bei Wellenlängen von 1 cm abwärts.

Die Theorie dieser Erscheinung wurde von van Vleck [1947 a, b] entwickelt und ist auch z. B. in [Kerr 1951] ausführlich erläutert. Im Grunde genommen ist es einfach eine Frage des Absorptionsspektrums dieser Gase, deren Spektrallinien über das Sichtbare noch in das Radiospektrum hineinreichen. Die einzelnen Teile dieser Theorie setzten die Kenntnis von Quantenmechanik und Atomstruktur voraus und sind ziemlich langwierig abzuleiten. Deshalb wollen wir nur auf die eben angeführten Quellen verweisen und uns hier mit einer qualitativen Erklärung und mit praktischen Meßresultaten begnügen.

Die physikalische Erklärung für die Absorption in einer Spektrallinie ist die folgende: Wenn ein Elektron von einer Bahn mit höherer Quantenzahl auf eine Bahn mit niedrigerer Quantenzahl springt, kommt es bekanntlich zur Ausstrahlung von elektromagnetischer Energie, deren Größe durch den Quantenunterschied gegeben ist.

Beim einzelnen Elektron wird diese Energie natürlich durch die Frequenz bestimmt, und auf dieser Frequenz wird die elektromagnetische Energie ausgestrahlt. Dies ist die elementare Theorie der Emissionsspektren. Wenn nun umgekehrt eine elektromagnetische Welle gerade die Resonanzfrequenz aufweist, die, mit der Planckschen Konstante multipliziert, einer möglichen Veränderung des Energiepegels im Atom entspricht, so findet dieser Übergang im

Atom statt: Das Atom wird erregt, der betreffende Energiepegel steigt an, wobei die notwendige Energie der elektromagnetischen Welle entnommen wird (im Sinne der Quantenmechanik verliert die elektromagnetische Strahlung ein Photon). Dies ist die elementare Theorie der Absorptionsspektren, und es kommt also dadurch zur Dämpfung, daß Sauerstoff- und Wasserdampfmoleküle auf Kosten der einfallenden Strahlung in höhere Energiepegel versetzt werden.

Sauerstoff hat ein magnetisches Dipolmoment, das mit dem magnetischen Feld der einfallenden Strahlung reagiert und ein Absorptionsband produziert, dessen Gipfel bei etwa 60 GHz, also 0,5 cm, liegt. Von etwa 3 bis 30 GHz steigt die Absorption von Sauerstoff in der Luft von etwa 0,01 db/km auf 0,02 db/km; dann steigt sie scharf an auf etwa 14 db/km bei 60 GHz und nimmt dann ab, obwohl noch weitere Maxima (z. B. bei 0,25 cm) vorhanden sind. Diese Werte gelten für Luft bei Bodendruck. Bei Frequenzen, die weit unter 60 GHz liegen, ist die Dämpfung proportional zum Luftdruck und umgekehrt proportional zum Quadrat der absoluten Temperatur; die obigen Werte sind also bei größeren Höhen kleiner.

Wasserdampfmoleküle haben, wie schon in Abschnitt 3.1 erwähnt, ein elektrisches Dipolmoment, wobei es durch Reaktion mit dem elektrischen Feld der Strahlung nach Gleichung (3.14), Abschnitt 3.1, zur Resonanz kommt, und zwar bei 22,5 und 187 GHz, d. h. etwa bei 1,25 cm und 0,18 cm.

Der Effekt von Sauerstoff und Wasserdampf auf die Dämpfung hängt von der Frequenz, dem Wasserdampfdruck, dem Luftdruck und der Temperatur ab. Während der Sauerstoff bei gegebener Höhe auf einer bestimmten Strecke gleichmäßig verteilt ist, ändert sich der Wasserdampfdruck (die Feuchtigkeit), so daß die Absorption auf einer gegebenen Strecke zeitliche Schwankungen aufweist. Die Dämpfung in db/km läßt sich aus Luftdruck, Temperatur und Wasserdampfdruck nach der van Vleckschen Theorie [1947a, b] berechnen. Typische Beispiele sind in Tabelle 6.3 gegeben [Bray, Hopkins, Kitchen und Saxton 1955].

Tabelle 6.3

Dämpfung durch atmosphärische Gase bei einem Luftdruck von 760 mm, 1013 mbar

Frequenz in GHz	Dämpfung in db/km					
	Polarklima		Gemäßigtes Klima		Tropisches Klima	
	Typisch 0 °C 4 g/m³	Maximal 5 °C 7 g/m³	Typisch 15 °C 10 g/m³	Maximal 20 °C 17 g/m³	Typisch 25 °C 18 g/m³	Maximal 30 °C 31 g/m³
3	0,007	0,007	0,007	0,007	0,007	0,008
9,5	0,01	0,01	0,015	0,02	0,02	0,03
13,35	0,015	0,02	0,025	0,035	0,04	0,06
25	0,09	0,15	0,2	0,35	0,4	0,6

7. Die ionosphärische Ausbreitung von Meterwellen

7.1. Reflexion durch die normale F_2-Schicht, die sporadische E-Schicht und Aurora Borealis

Die Grenze von 30 MHz = 10 m des UKW-Bereiches ist deshalb gewählt worden, weil 30 MHz normalerweise die Grenzfrequenz bedeutet, bei der es noch zur ionosphärischen Reflexion kommt.

Dies ist jedoch nur eine Art Mittelwert, und bei starker Ionisierung, besonders in Jahren maximaler Sonnentätigkeit, kann es im Meterwellenbereich noch oft zu normalen Reflexionen durch die F_2-Schicht kommen. So konnten z. B. in den Jahren des Sonnenfleckenmaximums, im Winter 1946/47 und 1957/58, in den Mittagsstunden fast regelmäßige Verbindungen zwischen Europa und den USA auf etwa 50 MHz hergestellt werden. Dies ist eine normale Folge der hohen Ionisation, und die Berechnung der MUF bzw. der toten Zone ist die gewöhnliche Berechnung, die zur Kurzwellentechnik und nicht zur UKW-Technik gehört. Trotzdem sind einige Einzelheiten zu bemerken, die im normalen Kurzwellenband meist nicht zur Geltung kommen.

Erstens dringen die hohen Frequenzen der Meterwellen viel tiefer in die ionisierte Schicht ein als die normalen Kurzwellen, sie erreichen meist die Höhe der maximalen Ionisation der F_2-Schicht. Die Entfernung, die die Meterwellen mit einem Sprung zu überbrücken vermögen und die wie bei den Kurzwellen durch die Krümmung der Erdkugel begrenzt ist, liegt daher eher bei etwa 4000 km als bei den 3500 km, die bei den längeren Kurzwellen üblich sind.

Zweitens ist aus den normalen, aus der Kurzwellenausbreitung bekannten Gründen die tote Zone sehr groß und wird sich meist fast bis zu der Stelle erstrecken, an der der Strahl nach der Reflexion in der Ionosphäre auf die Erdoberfläche zurückkehrt. Es kommt also meist nicht zur Interferenz zwischen dem einfach und dem doppelt reflektierten Strahl, da der doppelt reflektierte Strahl so steil in die Ionosphäre einfällt, daß er überhaupt nicht mehr reflektiert wird, sondern die Ionosphäre durchdringt.

Drittens überlebt ein Meterwellenstrahl meist nicht mehr als eine oder zwei Reflexionen. Bei zwei Reflexionen sind nämlich die Reflexionspunkte

4000 km auseinander; wenn die Verbindung in der Ost-West-Richtung verläuft, entsprechen dem etwa 2 Stunden Ortszeit, bei 3 Reflexionen schon 4 Stunden Unterschied, so daß in einem der Punkte meist nicht mehr die notwendige Ionisation vorhanden ist. Außerdem wird der Einfallswinkel des Strahles mit zunehmender Anzahl von Reflexionen steiler, so daß der Strahl die Ionosphäre durchdringen kann, statt reflektiert zu werden.

Es sind Fälle beobachtet worden, wo eine Frequenz von 70 MHz noch von der Ionosphäre reflektiert wurde. Natürlich gilt dies, ebenso wie die anderen oben erwähnten Beispiele, nur für die Mittags- bzw. frühe Nachmittagszeit in den Wintermonaten von Sonnenfleckenmaximumjahren. Bei Nacht und in Jahren des Sonnenfleckenminimums wird 30 MHz als MUF selten überschritten.

Die sporadische E-Schicht kann bei schrägem Einfall viel höhere Frequenzen reflektieren als die F_2-Schicht. In der Literatur wird meist 80 MHz als höchste Frequenz angegeben, die von der E_s-Schicht noch reflektiert werden kann, doch hat der Verfasser einmal den Empfang einer Station auf 90,5 MHz in Nordböhmen beobachtet, die sehr wahrscheinlich eine finnische Station war.

Die sporadische E-Schicht tritt in einer Höhe von etwa 110 km über der Erde in ganz unregelmäßigen zeitlichen und geographischen Variationen auf. Ihr hoher Elektronendichtengradient läßt einen MUF-Faktor bis zu etwa 5,6 zustande kommen. Die Größenausmaße der E_s-Schicht werden auf nur Hunderte, manchmal sogar nur auf einige zehn Kilometer geschätzt. Das zeitliche Auftreten ist unregelmäßig, doch tritt die E_s-Schicht in den Tagesstunden und im Sommer viel häufiger auf als bei Nacht im Winter, ein Zeichen dafür, daß die Entstehung der E_s-Schicht wahrscheinlich mit der Ionisation der normalen E-Schicht verwandt ist. Einige Autoren haben auf den Zusammenhang zwischen Auftreten der E_s-Schicht und der Phase des Sonnenfleckenzyklus hingewiesen, doch ist bis jetzt keine solche einwandfreie Korrelation erwiesen worden. Der Mechanismus der Entstehung der E_s-Schicht ist noch immer unbekannt.

Für die UKW-Ausbreitung ist wichtig, daß die E_s-Schicht nicht nur reflektiert, sondern teilweise auch streut. Dies ist daraus ersichtlich, daß Sender mit genügend großer Leistung in die tote Zone der E_s-Schicht eindringen können, während bei Reflexion von der F_2-Schicht die zu steilen Strahlen einfach diese Schicht durchdringen, ohne von ihr gestreut zu werden. Die größte Entfernung, die durch Reflexion an der E_s-Schicht überbrückt werden kann, ist durch die Krümmung der Erdkugel gegeben und beträgt etwa 2000 km. Der Halbmesser der toten Zone beträgt bei 30 MHz etwa 600 km, bei 54 MHz etwa 1500 km und bei 60 MHz etwa 2000 km. Die Lebensdauer der E_s-Schicht beträgt meist etwa 20 Minuten, doch sind auch Fälle mit einer

Lebensdauer von mehr als 1 Stunde beobachtet worden. Die E_s-Schicht macht sich in der Praxis im I. Fernsehband unangenehm bemerkbar, da es durch Reflexion an der E_s-Schicht zu gegenseitigen Störungen zwischen geographisch weit auseinanderliegenden Fernsehsendern auf demselben Frequenzkanal kommen kann (z. B. Prag—Moskau).

Ein zweites stark ionisiertes Gebilde, das Meterwellen reflektieren bzw. streuen kann, ist die Aurora Borealis (das Nordlicht). Das Nordlicht entsteht in Polargebieten in einem Umkreis von etwa 20° bis 25° vom magnetischen Nordpol. Auf der südlichen Halbkugel ist es weniger durchforscht, da sich im Umkreis des magnetischen Südpols außer der Antarktis keine Landmassen befinden. Es wird wahrscheinlich von Einbrüchen der korpuskularen Sonnenstrahlung hervorgerufen, die, durch das erdmagnetische Feld abgelenkt, starke Ionisation in den Polargebieten hervorrufen. Das Nordlicht entsteht meist in einer Höhe von 100 km über der Erde, wo auch die untere Grenze der Höhenverteilung liegt; eine obere Grenze kann nicht angegeben werden. In erster Annäherung kann man die Ausläufer des Nordlichtes (die bei hoher Sonnentätigkeit bis in den mitteleuropäischen Raum hineinragen und als rötliche Streifen am Nachthimmel erscheinen) als ionisierte Gebilde, die groß gegen die Wellenlänge sind, betrachten. Frequenzen bis etwa 150 MHz werden vom Nordlicht über Entfernungen bis zu 4000 km reflektiert bzw. gestreut. Da das Nordlicht meist bei 100 km Höhe auftritt, ist eher nur mit einem Sprung von 2000 km zu rechnen. Eine tote Zone gibt es wegen der Streuung nicht.

Die vom Nordlicht übertragenen Signale sind stark verzerrt und äußerst schnellen Schwunderscheinungen unterworfen, mit Komponenten von der Größenordnung 10 und sogar auch 100 Hz. Telefonie kann bei 30 MHz und zeitweise auch noch bei 50 MHz benutzt werden, wird aber bei 144 MHz unverständlich, obwohl Telegrafie (mit Handgeschwindigkeit) leserlich ist [Bray, Hopkins et al. 1955].

Eine eingehende Übersicht über Nordlichtreflexionen ist in Ursi [1961] enthalten.

7.2. Ausbreitung durch ionosphärische Streuung

Schon vor mehr als 30 Jahren wies Eckersley [1927, 1929] darauf hin, daß die E-Schicht der Ionosphäre aus ionisierten Wolken besteht und daß an diesen Gebilden elektromagnetische Wellen in Höhen bis zu 115 km gestreut werden können.

Unter dem Einfluß der troposphärischen Streuausbreitung wurden Anfang der fünfziger Jahre analoge Versuche mit ionosphärischer Streuausbreitung unternommen, und im Jahre 1952 wurde die Entdeckung eines neuartigen Ausbreitungsmechanismus veröffentlicht [Bailey, Bateman et al. 1952]:

Wenn auf Meterwellen (bis zu etwa 75 MHz) eine große Leistung eng gebündelt wird, wird ein kleiner Teil dieser Leistung in der niederen Ionosphäre gestreut und kann von einem Empfänger in einer Entfernung von etwa 800 bis 2000 km dauernd empfangen werden. Diese Art der Verbindung ist vor allem deshalb wertvoll, weil sie von Ionosphärenstürmen und Mögel-Dellinger-Effekten nicht beeinträchtigt wird; eine Multiplex-Telegrafie-Richtverbindung kann auf derselben Frequenz unabhängig von Tages- und Jahreszeit betrieben werden.

Die Höhe, in der es hauptsächlich zur Streuung kommt, beträgt in gemäßigten geographischen Breiten etwa 70 bis 95 km; dies entspricht der D-Schicht der Ionosphäre und teilweise auch den Höhen, in denen Meteore durch Reibung mit der Atmosphäre verglühen (80 bis 120 km) und für einige Sekunden eine ionisierte Spur zurücklassen.[1]) Es entstanden daher zwei Gruppen von Theorien zur Erklärung ionosphärischer Streuausbreitung: Streuung an den Inhomogenitäten des Elektronengases in der Ionosphäre und an ionisierten Meteorenspuren. Durch Turbulenz im Elektronengas der D-Schicht kommt es zu räumlichen und zeitlichen Variationen der Elektronendichte N und somit zu Abweichungen des Brechungsindexes von einem gewissen Mittelwert. An den Gebilden mit abweichendem Brechungsindex (Turbulenzkörpern) kommt es zur Streuung, besonders in der Vorwärtsrichtung. Die verschiedenen Theorien der ionosphärischen Turbulenz sind mathematisch fast identisch mit denen der troposphärischen Turbulenz (Abschn. 5.2) und unterscheiden sich vor allem in der Frage des Turbulenzmechanismus, wobei sie zu verschiedenen Größen der Wirbel und der Abweichungen ΔN führen. Die Turbulenztheorien liefern Abhängigkeit von Entfernung, Bündelbreite, Streuwinkel, Schwunderscheinungen usw., die mit der Praxis (allerdings nach Einsetzen abgeschätzter numerischer Werte) recht gut übereinstimmen. Auch eine Theorie der partiellen Reflexion ist ausgearbeitet worden [Feinstein und Salzburg 1952].

Nicht minder gut ist jedoch die Übereinstimmung mit der Theorie der Streuung an Meteorenspuren, die im nächsten Abschnitt etwas ausführlicher besprochen werden soll. Bei genügend großer Leistung liefern auch schwach ionisierte Spuren (die von kleinen Meteoren herrühren) ein brauchbares Signal, und die Zahl der Meteore ist genügend groß[2]), um ein dauerndes Signal am Empfangsort zu gewährleisten.

[1]) Die genaue Höhe der Streuung war ursprünglich unbekannt, und der Erscheinung wurde der etwas irreführende Namen „*E-Scatter*" (Streuung in der E-Schicht) gegeben. Nach neuen Messungen liegt das Gebiet der Streuung hauptsächlich im Höhenbereich 70 bis 95 km, also eher im Gebiet der D-Schicht.

[2]) Mehr als 10 Milliarden Meteoriten (etliche tausend Tonnen) dringen pro Tag in die gesamte Erdatmosphäre ein; natürlich sind nur wenige davon so groß, daß ihr Verglühen bei Nacht als „Sternschnuppen" gesehen werden kann.

Der lineare Übertragungsverlust bei der ionosphärischen Streuausbreitung ist allgemein

$$\frac{P_s}{P_e} = K r_2^2 f^n \sin^{n-1}\left(\frac{\theta}{2}\right). \qquad (7.1)$$

Hierin sind P_e die empfangene und P_s die gesendete Leistung; K ist eine Proportionalitätskonstante, r_2 der Abstand vom Streuvolumen zur Empfangsantenne, f die Frequenz und θ der Streuwinkel (s. Abschn. 5.2). In (6.7) wird vorausgesetzt, daß die Antennengewinne frequenzunabhängig sind (d. h., daß die Ausmaße der Antenne, in Wellenlängen gemessen, konstant bleiben). Die Potenz n in (7.1) beträgt nach der Obuchowschen Turbulenztheorie $n = 5{,}67$ [Silverman 1956] und nach der Villars-Weißkopfschen Turbulenztheorie [Wheelon 1957] $n = 7$; nach der Theorie von partiellen Reflexionen [Feinstein und Salzburg 1952] ist $n = 5$, während bei Streuung an Meteorenspuren [Villard und Eshleman 1955] $n = 7$ ist. Messungen [Joint Technical Advisory Commitee 1960] zeigen jedoch, daß sich die Werte des Exponenten n mit der Tages- und Jahreszeit im Bereich von etwa $n = 6$ bis $n = 10$ ändern; die Frequenz- und Winkelabhängigkeit gibt also keinen Aufschluß über den Ausbreitungsmechanismus.

Aufschlußreicher ist der Tagesgang der Amplitude des gestreuten Signals. Die Ionisation und Turbulenz in den oberen D-Schichten ist vor allem von dem Zenitabstand der Sonne abhängig, und ein nur nach den Turbulenztheorien gestreutes Signal müßte sein Maximum um Mittag erreichen. Die Zahl der Meteore hat hingegen ihr Maximum in erster Näherung bei Sonnenaufgang und ihr Minimum bei Sonnenuntergang. Der wesentliche Grund hierfür ist aus Bild *7.1* ersichtlich. Die sich drehende Erde bewegt sich durch das Feld der Meteoriten mit zufälligen Bahnen. Das Gebiet der Erde, in dem Sonnenaufgang vorliegt, erfaßt alle Meteoriten außer denen, deren Geschwindigkeitskomponente in Richtung Apex größer als die der Erde (etwa 30 km/s) ist, während das Gebiet mit Sonnenuntergang von keinen Meteoren erreicht wird außer denen, die die Erde überholen. Das Maximum von Meteoren findet sich daher etwa aus denselben Gründen bei Sonnenaufgang, wie bei einem im Regen fahrenden Auto die Vorderscheibe mehr Wasser erhält als die Heckscheibe.

Messungen des Tagesganges zeigen, daß beide Mechanismen am Werk sind. Die volle Kurve auf Bild *7.2* zeigt den auf der Strecke Shetland-Inseln—Jersey (41,1 MHz, 1185 km) im März 1954 gemessenen Tagesgang [Bray, Saxton et al. 1956]. Diese Kurve läßt sich als Summe der zwei schematisch eingetragenen Tagesgänge deuten: des Tagesganges der Ionisation (I) mit dem Maximum um Mittag und des Tagesganges der Häufigkeit der Meteoren (M) mit dem Maximum bei Sonnenaufgang und dem Minimum bei Sonnenuntergang.

Auch Versuche mit Schwenkungen der Antennenkeulen zeigen, daß beide Mechanismen zur Geltung kommen. Wenn die Antennenkeulen vom großen Kreis weggeschwenkt werden, rühren die Signale vorherrschend von Streuung an Meteorenspuren her (s. Abschn. 7.3), bei scharfen Bündeln in Richtung

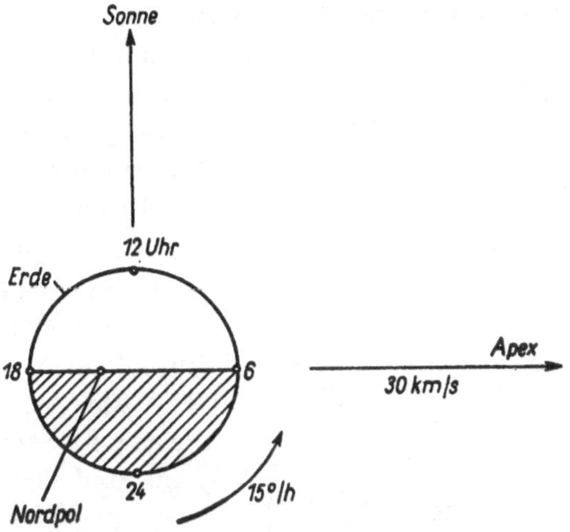

Bild 7.1. Erklärung der täglichen Variation der Meteore. Auf dem Teil der Erdkugel, der der Bewegungsrichtung (Apex) zugekehrt ist, geht die Sonne auf

der Strecke scheint Turbulenzstreuung, besonders bei Tag, der vorherrschende Mechanismus zu sein [Joint Technical Advisory Committee 1960].

Die Intensität des empfangenen Signales beeinflussen folgende Faktoren:

1. Die Dicke der streuenden Schicht. Je dicker die Schicht, desto mehr Streukörper sind im Streuvolumen, und da sie inkohärent streuen, ist die empfangene Leistung proportional zur Zahl der Streukörper.

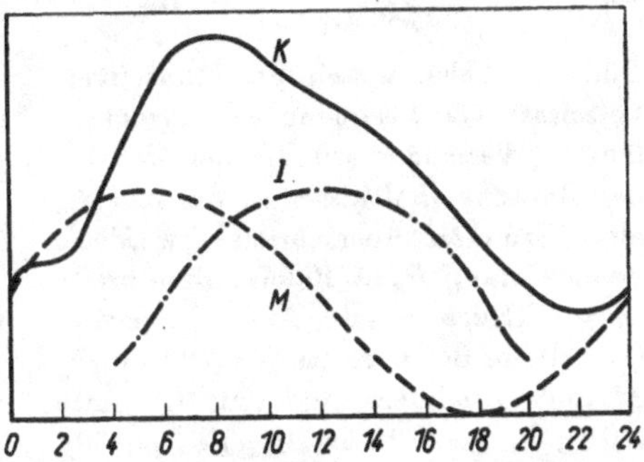

Bild 7.2. Die gemessene Kurve K läßt sich in erster Annäherung als Summe des Tagesganges der Ionisation I und der Meteorenhäufigkeit M deuten

2. Die mittlere quadratische Abweichung der Elektronendichte von ihrem Mittelwert. Je größer diese Abweichung, desto größer das Signal. Dies ist eine vollkommene Analogie zu den Abweichungen der Dielektrizitätskonstante von ihrem Mittelwert in der Troposphäre; der Streuquerschnitt des Streuvolumens wird nach Gleichung (5.5), S. 106, mit größeren Abweichungen größer.

3. Die Turbulenzskala. Diese kann man entweder als die Entfernung zwischen zwei Punkten mit gegebener Korrelation oder einfacher als die Ausmaße der Turbulenzkörper betrachten. Eine größere Turbulenzskala verursacht nach (5.5), S. 106, einen kleineren Streuquerschnitt.

4. Der Streuwinkel. Das Signal fällt rasch ab, wenn sich der Streuwinkel von 0 (unveränderte Vorwärtsrichtung) auf positive Werte verändert. Das genaue Gesetz, d. h. der Exponent von sin $(\theta/2)$ ist, wie oben angeführt, ebenso wie bei der troposphärischen Turbulenz, Gegenstand von Diskussionen.

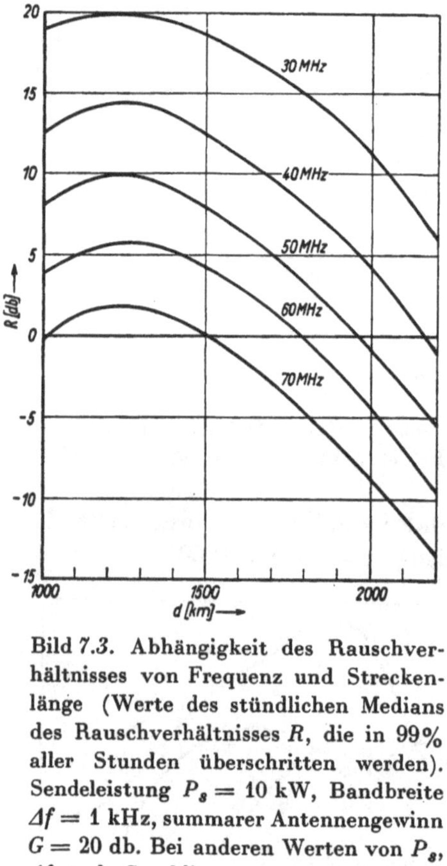

Bild *7.3*. Abhängigkeit des Rauschverhältnisses von Frequenz und Streckenlänge (Werte des stündlichen Medians des Rauschverhältnisses R, die in 99% aller Stunden überschritten werden). Sendeleistung $P_s = 10$ kW, Bandbreite $\Delta f = 1$ kHz, summarer Antennengewinn $G = 20$ db. Bei anderen Werten von P_s, Δf und G addiere man zur Ordinate $(10 \log P_{s-\mathrm{kW}} - 10 \log \Delta f_{\mathrm{kHz}} + G - 30)$. Effektive (kosmische) Rauschzahl nach (7.2)

5. Die Senderfrequenz. Die Intensität des Signals fällt mit steigender Frequenz nach (7.1) rasch ab, da $n \geqq 6$ ist. Bild *7.3* zeigt die Abhängigkeit des in 99% aller stündlichen Mediane überschrittenen Störabstandes von der Frequenz und der Streckenlänge. Für den Rauschpegel ist bei dieser Art der Verbindung das kosmische Rauschen entscheidend. Bei den Kurven [Joint Technical Advisory Committee 1960] wurde die effektive Rauschzahl mit

$$R = 55{,}5 - 25 \log f_{MHz} \qquad (7.2)$$

angesetzt.

6. Die Streckenlänge. Wie aus Bild *7.3* zu ersehen ist, hat das Signal ein sehr flaches Maximum bei einer Entfernung von etwa 1200 km. Die Abhängigkeit von der Entfernung ist deshalb nicht sehr ausgeprägt, weil Verminderung der Streckenlänge von vergrößertem Streuwinkel kompensiert wird. Die größtmögliche Entfernung ist durch die Krümmung der Erdkugel gegeben und beträgt 2000 km; die kleinste Entfernung ist durch den Streuwinkel begrenzt und liegt bei etwa 800 km.

Die Bandbreite ist infolge der größeren Verzögerungszeiten viel kleiner als bei troposphärischer Streuung. Selbst bei sehr scharf gebündelten Sender- und

Empfängerantennen (was im Meterwellenbereich mit einem sehr großen Aufwand verbunden ist) und modernen Modulationsverfahren braucht man (bei 50 HzM) etwa 5 kW pro Fernssehchreiberkanal mit 50 Worten/Minute. Telefonie bedarf 10 kW pro Kanal (bei 30 MHz, in Polargebieten muß man Frequenzen über 45 MHz benutzen, um die Dämpfung bei ionosphärischen Störungen zu überwinden). Diese Art der Verbindung ist jedoch gegenüber der Radioverbindung auf kurzen Wellen aus den folgenden Gründen vorteilhaft:

1. Immunität gegen ionosphärische Stürme und sonstige ionosphärische Störungen; in Polargebieten ist es praktisch die einzige verläßliche Nachrichtenverbindung, da hier selbst drahtgebundene Nachrichtensysteme bei starkem Nordlicht wegen tellurischer Ströme versagen.

2. Relative Diskretion der Verbindung, die im wesentlichen nur von einem Punkt zum anderen hergestellt wird.

3. Relative Unempfindlichkeit von Störungen durch andere Sender.

4. Das Meterwellenband ist weniger überfüllt als das Kurzwellenband; geographisch entfernte Strecken können auf derselben Frequenz arbeiten.

Beispiel einer Strecke in Betrieb: Verbindung von USA nach England mit den Abschnitten Massachussets, USA—Goose Bay, Kanada (1470 km); Goose Bay—Sondrestromfjord, Grönland (1580 km); Grönland—Island (1320 km); Island—England (1920 km). Frequenz: etwa 50 MHz; Leistung der Sender: etwa 100 kW; Antennen: Conphase Batterien von Halbwellendipolen auf einem Traggerüst von etwa 30 m Höhe und etwa 100 m Länge; Antennengewinn: etwa 50 db.

Mit unvergleichlich geringerem Aufwand an Antennen und Leistung kann man jedoch Fernschreiberverbindungen mittels Streuung an Meteorenspuren herstellen, was im folgenden Abschnitt besprochen werden soll.

7.3. Streuung an ionisierten Meteorenspuren

Meteoriten dringen mit einer Geschwindigkeit von 11 bis 73 km/s in die Erdatmosphäre ein, erreichen jedoch (bis auf wenige Ausnahmen) nicht die Erdoberfläche, sondern „verdampfen“ durch Reibung an der Luft, wobei sie eine ionisierte Spur ihrer Bahn in Höhen von 80 bis 120 km über der Erdoberfläche zurücklassen. Die Ionen rühren vor allem von der Materie her, aus der die Meteoriten bestehen, die Stoßionisation der Luftteilchen ist gering. Infolge von Diffusion breitet sich die ionisierte Spur in radialer Richtung aus, so daß die Elektronendichte schnell abnimmt.

Die Meteore sind so verteilt, daß kleine Meteore, die eine verhältnismäßig schwache Spur hinterlassen, sehr zahlreich sind, während größere, bei denen die Spur dichter ist, selten vorkommen; Meteore, deren Spur so stark ist, daß man sie als „Sternschnuppe“ sieht, sind ganz selten und folglich für die Radiotechnik bedeutungslos.

Die Lebensdauer der brauchbaren Existenz einer Meteorspur hat wiederum eine statistische Verteilung, wobei die Häufigkeit um so größer ist, je kürzer die Lebensdauer. Lebensdauern von etwa 0,1 s sind sehr häufig, während Meteorspuren, die eine Reflexionsdauer von 8 s haben, sehr selten beobachtet werden.

Wenn man nun einen Sender mit genügend großer Leistung benutzt, so daß auch die kleinen Meteorspuren eine brauchbare Streuung liefern, kann man eine ununterbrochene Verbindung herstellen, da immer genug Meteore vorhanden sind, die zeitlich einander folgen oder sich überdecken. Nach der Meteorentheorie ist dies die Erklärung der ununterbrochenen Verbindung auf Meterwellen, die im vorherigen Abschnitt besprochen wurde.

Der große Nachteil der im vorherigen Abschnitt besprochenen Verbindung ist der Aufwand: Große Senderleistungen (100 kW) und große Antennengewinne sind erforderlich, was im Meterwellenbereich riesige Antennen verlangt. In Kanada und den USA entstand daher in den letzten Jahren der Gedanke, nur Meteorspuren für die Nachrichtenverbindung zu benutzen. Dann kommt man mit Antennen von normalen Maßen aus, da ein breites Bündel mehr Meteorspuren umfaßt. Wenn nun auch die Senderleistung heruntergesetzt wird, kommen nur noch die kräftigeren Meteorspuren für die Reflexion in Frage, und folglich wird die Verbindung nicht ununterbrochen, sondern nur während einer Anzahl voneinander getrennter Zeitintervalle möglich sein. Dies kann jedoch bei Telegrafie ausreichen, wenn man das zu sendende Telegramm in einem Speicher speichert und immer bei Vorhandensein eines Meteors durch Schnelltelegrafie einige Buchstaben über die Meteorspur zum Empfänger übermittelt; beim Zerfallen der Meteorspur hält der Sender ein und speichert wieder weiteren Text, den er bei der nächsten Spur durch Schnelltelegrafie aussendet. Dieses System ist unter dem Namen „Janet“ in Kanada entwickelt worden. Es benutzt normale Antennensysteme (Yagi-Antennen) und arbeitet im Meterwellenbereich mit einer Leistung von nur etwa 2 kW, und es sind sogar Versuche mit nur 300 W erfolgreich gewesen [Proc. IRE-Sammelheft No. 12, 1957].

Um das Prinzip des Janet-Systemes zu erklären (Bild *7.4*), nehmen wir hier eine einseitige Verbindung zwischen der Sendeseite A und der Empfängerseite B an. Der Sender B sendet eine unmodulierte Trägerwelle, die auf Seite A nur dann empfangen wird, wenn eine günstige Meteorspur vorhanden ist. Solange der Empfänger A kein Signal erhält, wird das zu sendende Telegramm gespeichert, was meist durch ein Magnetband geschieht. Sowie der

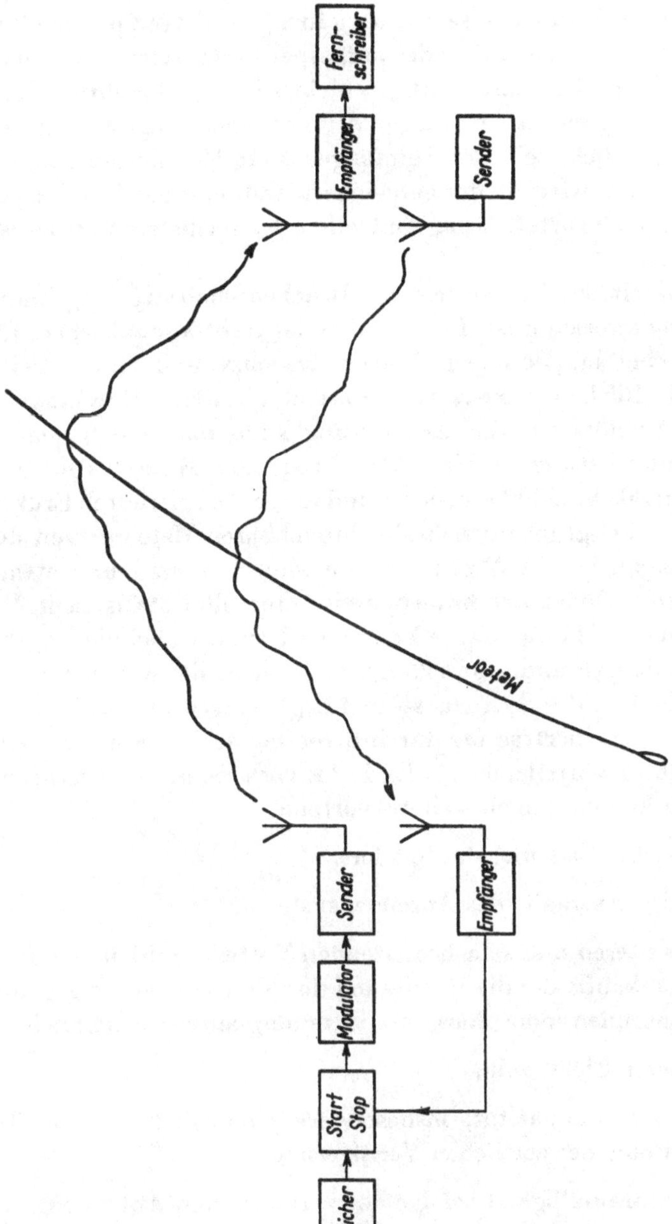

Bild 7.4. Das Prinzip der Fernschreiberverbindung mittels Streuung an Meteorenspuren

Empfänger durch Vorhandensein einer günstigen Meteorspur die Trägerwelle des Senders B empfängt, löst er das aufgespeicherte Telegramm aus, mit dem der Sender A moduliert wird. Das geschieht so lange, bis durch Zerfallen der Meteorspur das Signal im Empfänger A unter einen eingestellten Wert sinkt. In diesem Augenblick stellt der Empfänger A die Modulation und den Sender ab; das Telegramm wird wieder gespeichert, während der Empfänger A einen weiteren Meteor abwartet. Beim Eintreffen des nächsten Meteors wiederholt sich der Zyklus.

In Wirklichkeit ist das System als Brückenschaltung aufgebaut, so daß die Verbindung zweiseitig ist. Einzelheiten der recht komplizierten Elektronik des Systems sind in [Forsyth, Vogan, Hansen und Hines 1957, Davis, Gladys et al. 1957, Vincent, Wolfram et al. 1957, McKinley 1961] zu finden. Vom Standpunkt der Ausbreitung kann man die folgenden Werte angeben: Senderleistung: 1 bis 2 kW, Frequenz: MUF bis etwa 75 MHz; Streckenlänge: 800 bis 2000 km, obere und untere Grenze durch Erdkrümmung bzw. Einfallswinkel gegeben; Zahl der brauchbaren Meteore: von der Sendeleistung abhängig, bei 2 kW etwa 20 pro Minute abends und etwa 100 pro Minute morgens; Dauer der brauchbaren Intervalle: statistische Verteilung mit um so größerer Häufigkeit, je kürzer die Dauer, wobei die längsten Intervalle etwa 8 s dauern und sehr selten vorkommen; der Mittelwert hängt von der Empfindlichkeit des Systems ab und liegt bei etwa 0,3 s.

Die Vorteile der Übertragung durch Streuung an Meteorspuren sind genau dieselben wie die 4 Vorteile, die am Ende des vorherigen Abschnittes angeführt wurden; hinzu kommen noch weitere Vorteile:

5. Relativ kleine Leistung des Senders.

6. Vernünftige Ausmaße des Antennensystems.

Diese zwei weiteren und sehr bedeutenden Vorteile werden allerdings durch drei Nachteile erkauft, die die Benutzung der Meteorstreuung gegenüber derjenigen der dauernden ionosphärischen Streuung aufweist, nämlich:

1. Komplizierte Elektronik.

2. Kleinere Kanalkapazität, insbesondere Unmöglichkeit von Telefonieübertragung infolge der zeitlichen Verzögerung.

3. Größere Störanfälligkeit infolge des verminderten Antennengewinns.

Diese Nachteile werden jedoch von den Vorteilen überwogen, und es scheint, daß die Meteorstreuung in Zukunft viel Anwendung finden wird. Im weiteren befassen wir uns deshalb mit einigen grundlegenden Problemen der Theorie der Meteorstreuung.

Es sei $\sigma_e \approx 10^{-28}\,\mathrm{m}^2$ der Streuquerschnitt eines Elektrons der Spur, γ der Winkel zwischen dem Vektor $\mathfrak{E}$ der einfallenden Welle und $\overline{QP}$ (Bild 7.5), P_s die Senderleistung, P_e die empfangene Leistung, G_s und G_e der Antennengewinn der Sende- bzw. Empfangsantenne. Wenn wir für ein Elektron die

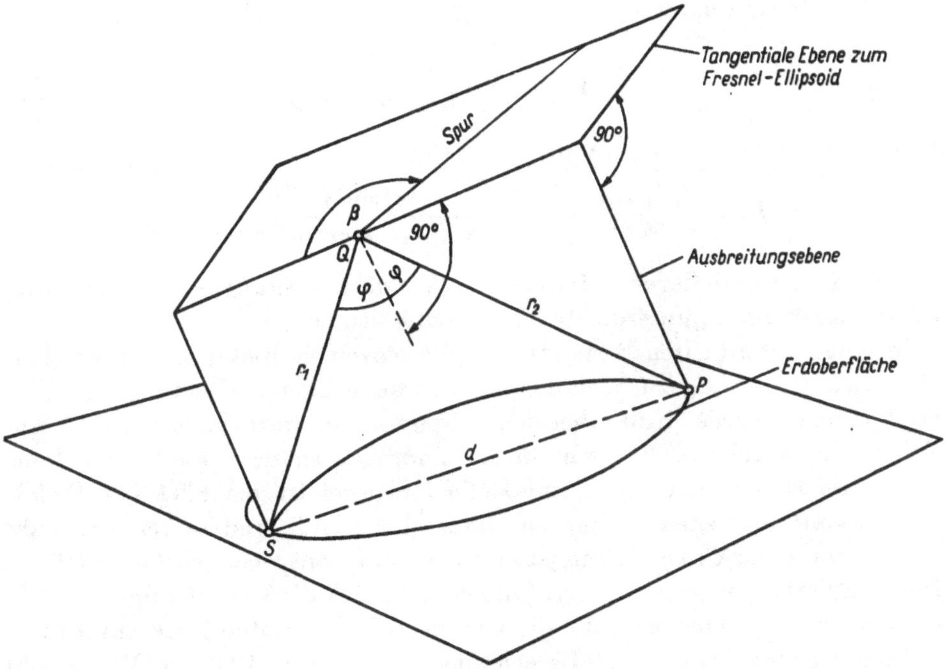

Bild 7.5. Geometrie der Meteorspuren

Richtcharakteristik eines Elementardipoles ($\sin\gamma$) annehmen und die Öffnungen der Antennen ($G\lambda^2/4\pi$) berücksichtigen, dann ist die von einem einzigen Elektron gestreute und im Punkt P empfangene Leistung offensichtlich

$$\Delta P_e = \frac{P_s G_s G_e \lambda^2 \sigma_e \sin^2\gamma}{64\,\pi^3 r_1^2 r_2^2}. \tag{7.3}$$

Wenn nun die Zahl der Elektronen pro Einheitslänge der Spur („lineare Dichte") q Elektronen/m ist, erhält man für die von der ganzen Spur gestreute Leistung durch Integration [McKinley 1961]

$$P_e = \Delta P_e\, q^2 \frac{l^2}{4}. \tag{7.4}$$

l ist die Länge der ersten Fresnel-Zone auf der Spur. Es wird angenommen, daß eine Spur nur dann ein brauchbares Signal streut, wenn sie tangential zu einem Fresnel-Ellipsoid (mit den Brennpunkten S, P) läuft, mit anderen Worten, wenn die Spur so orientiert ist, daß die Winkel φ auf Bild *7.5* gleich sind. Nach einer Berechnung der Geometrie der Fresnel-Zonen [McKinley 1961] erhält man dann

$$\frac{l}{2} = \sqrt{\frac{\lambda r_1 r_2}{(r_1 + r_2)(1 - \sin^2\varphi \cos^2\beta)}} \tag{7.5}$$

und nach Einsetzen von (7.5) und (7.3) in (7.4)

$$P_e = \frac{P_s G_s G_e \lambda^3 \sigma_e}{64\pi^3} \, \frac{q^2 \sin^2\gamma}{r_1 r_2 (r_1 + r_2)(1 - \sin^2\varphi \cos^2\beta)}. \tag{7.6}$$

Dies ist die grundlegende Formel der Vorwärtsstreuung an Meteorspuren, die für sogenannte „unterdichte"[1]) Spuren gültig ist.

In einer unterdichten Spur streuen die einzelnen Elektronen nach (7.3), ohne sich gegenseitig zu beeinflussen, was auch in der Ableitung von (7.4) angenommen wurde. Eine überdichte Spur ist so stark ionisiert, daß eine elektromagnetische Welle nicht in sie eindringt, sondern wie in der Ionosphäre reflektiert wird, d. h., im Reflexionspegel ist die effektive Dielektrizitätskonstante eines ionisierten Gases gleich Null, und weiter dringt die Welle nicht in das Gas ein, denn jenseits des Reflexionspegels wird die effektive Dielektrizitätskonstante negativ. Hieraus läßt sich die kritische lineare Elektronendichte q_{kr} berechnen, die die Grenze zwischen unterdichten und überdichten Spuren bildet. Die Berechnung [McKinley 1961, S. 212] ergibt $q_{kr} \approx 2{,}4 \cdot 10^{14}$ Elektronen/m.

Die Theorie der Streuung an überdichten Spuren ist nicht so gut ausgearbeitet wie bei den unterdichten Spuren. Streuung an überdichten Spuren ist jedoch verhältnismäßig selten; außerdem gehen überdichte Spuren durch Diffusion meist in unterdichte Spuren über.

Für die praktische Anwendung ist nicht nur die gestreute Leistung wichtig, sondern auch die brauchbare Dauer des gestreuten Signals. Diese ist durch die Diffusion der Spur gegeben und läßt sich mit Hilfe der Diffusionstheorie berechnen [McKinley 1961]. Die brauchbare Dauer der Spur ist proportional zu $1/\cos\varphi$ (Bild *7.5*). Bild *7.6* zeigt typische Aufzeichnungen von Signalen, die durch unterdichte Spuren gestreut wurden. Charakteristisch ist das schnelle Ansteigen und exponentielle Absinken der Amplitude. Die brauchbare

[1]) Wir benutzen die Ausdrücke „unterdicht" und „überdicht" in Analogie zu den englischen Begriffen „*underdense*" und „*overdense*", die als недостаточно плотный und сверхплотный auch ins Russische übersetzt worden sind.

Zeit, die zur Verbindung zur Verfügung steht, als Bruchteil der gesamten Zeit (engl. „duty cycle"), ist

$$D = \frac{\sum_i N_i T_i}{T}; \qquad (7.7)$$

darin sind N_i die Zahl der Spuren mit brauchbarer Dauer T_i und T die gesamte Zeit der Messung.

Um die Zahl der brauchbaren Meteorspuren auf einer gegebenen Strecke zu einer bestimmten Tages- und Jahreszeit abzuschätzen, müssen wir auf einige Grunderkenntnisse der Astronomie zurückgreifen. Die Meteore, die in die Erdatmosphäre eindringen, sind von zweierlei Art: Meteorströme und sporadische Meteore. Die zu Strömen gehörigen Meteoriten sind Auflösungsprodukte von Kometen; sie laufen auf elliptischen Bahnen um die Sonne (Bild 7.7) und dringen deshalb zur Zeit, wenn die Erde diese Bahn kreuzt, mit parallelen Spuren in die Erdatmosphäre ein. Die Richtung, aus der der Strom kommt, ist durch einen Punkt auf der Himmelskugel gegeben; dieser Punkt (*W* auf Bild 7.7) heißt „wahrer Radiant" des Stromes. Da sich die Bewegung des Stromes mit der der Erde zusammensetzt, liegt der scheinbare Radiant oder einfach „Radiant" *R* (von dem die Spuren, von der Erde beobachtet, auf Grund perspektivischer Wirkungen strahlenartig ausgehen) in einem anderen Sternbild. Nach diesem Sternbild ist der Strom benannt, z. B. liegt der Radiant der Perseiden (Maximum 12. August) im Sternbild Perseus, der Radiant der Geminiden (Maximum 12. Dezember) im Sternbild Zwillinge (lat. *Geminae*) usw. Während eines Meteorenstromes steigt die Zahl der brauchbaren Spuren auf einer günstig orientierten Radiostrecke heftig an und liefert wichtige Angaben für die Forschung; für den praktischen Betrieb haben

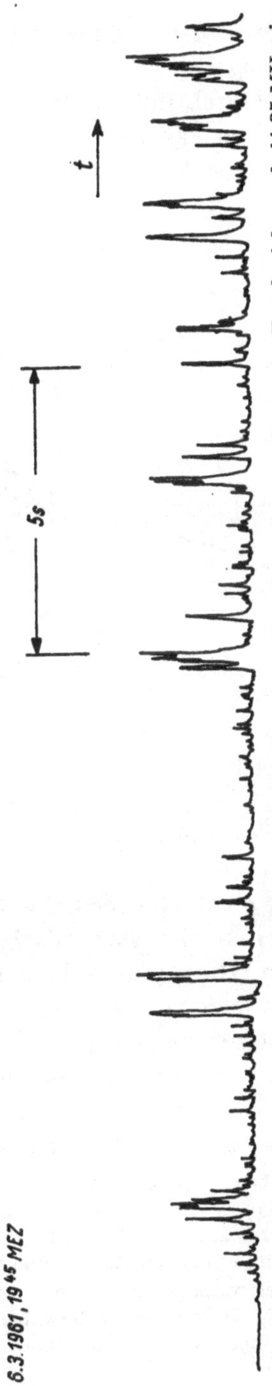

Bild 7.6. Typische Streusignale von unterdichten Spuren. Empfang des Fernsehtones Limoges, Frankreich, auf 41,35 MHz in Varnsdorf, Nordböhmen. Streckenlänge etwa 1100 km

die Ströme allerdings wegen ihrer verhältnismäßigen Seltenheit keine Bedeutung[1]).

Der praktische Betrieb einer Meteorstreustrecke beruht auf sporadischen Meteoren, die keinem größeren Strom angehören. Es steht heute schon fest (durch das Verdienst der Radioastronomie), daß die überwältigende Mehrheit,

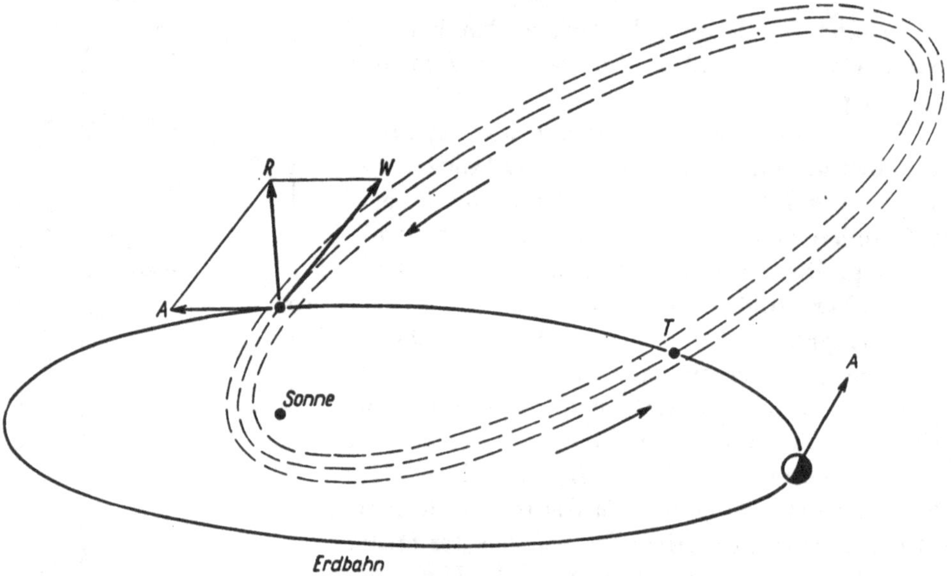

Bild 7.7. Entstehung der Meteorströme
W wahrer Radiant; *R* scheinbarer Radiant; *T* Punkt oder Zeit eines Tagesstromes; *A* Apex

wenn nicht alle dieser Meteoren zum Sonnensystem gehören, also in elliptischen (nicht parabolischen oder hyperbolischen) Bahnen um die Sonne laufen. Hieraus berechnet sich der oben angeführte Wert der Geschwindigkeiten von 11 bis 72 km/s. Der größte Teil der Bahnen ist nur wenig zur Ekliptikebene geneigt; folglich sind die Radianten der sporadischen Meteore in der Nähe der Ekliptik konzentriert, und aus den in Abschnitt 7.2 erwähnten Gründen (s. Bild *7.1*, S. 147) häufen sich die Radianten in der Nähe des Apex.

Um nun die Zahl der brauchbaren Spuren *N* abzuschätzen, gehen wir von (7.6) aus, wobei wir nach HINES [1955] annehmen, daß die Verteilung der Meteoritenmassen und Geschwindigkeiten eine solche ist, daß die Zahl der

[1]) Der optischen Astronomie sind (bei Nacht) 8 große alljährliche Ströme bekannt. Die Radioastronomie kann auch Ströme bei Tag feststellen; wie aus Bild *7.7* zu ersehen ist, dringen die Meteoriten desselben Stromes im Punkte *T* in die beleuchtete Seite der Erdatmosphäre ein, wenn die Bahn des erzeugenden Kometen in oder nahe der Ekliptikebene liegt.

Signale über einem gegebenen Amplitudenpegel mit zunehmendem Amplitudenpegel linear abnimmt. Außerdem müssen die folgenden drei geometrischen Bedingungen erfüllt sein:

a) Die Spur muß sowohl vom Sender S als auch von Empfangspunkt P (Bild 7.5, S. 153) sichtbar sein.

b) Die Spur muß tangential zu einem der Ellipsoide aus der Familie konfokaler Fresnel-Ellipsoide mit den Brennpunkten S, P sein (damit die Spur spiegelartig reflektiert, d. h. die Winkel φ auf Bild 7.5 gleich sind).

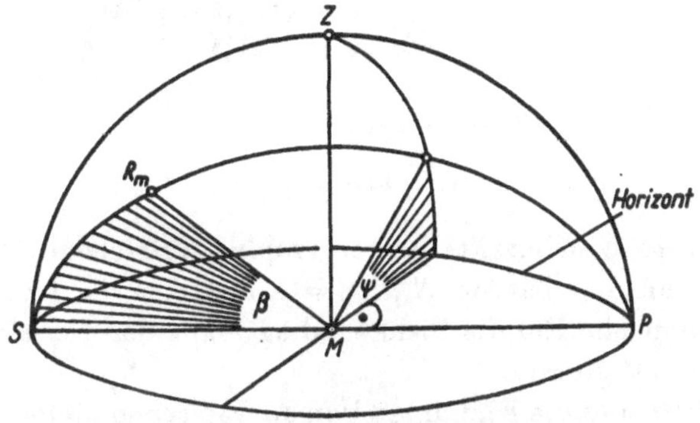

Bild 7.8. β, ψ Koordinaten. Die Himmelskugel über dem Streckenmittelpunkt M. S (Richtung zum) Sender; P Empfangspunkt; Z Zenit

c) Der Berührungspunkt Q der Spur mit dem Ellipsoid muß im Höhenbereich 80 bis 120 km liegen.

Die Berechnung der Zahl der brauchbaren Meteorspuren N nach den obigen Bedingungen (unter der Voraussetzung, daß die Radianten gleichmäßig über die Himmelskugel verteilt sind) ist im Prinzip einfach, aber durch die komplizierte dreidimensionale Geometrie äußerst mühsam. Sie wurde von Hines [1955] durch Anwendung gewisser Vereinfachungen durchgeführt und führt zum Ergebnis

$$N(\beta,\psi) = \frac{\sin^2\beta \cot\psi \, |\cos\mu| \, I}{r^{3/2}\left(1 + \dfrac{h}{R + H\sin^2\psi}\right)(1 - \cos^2\beta \sin^2\varphi)}. \tag{7.8}$$

Hierbei sind β und ψ die Koordinaten des Meteorradianten R_m der Himmelskugel (Bild 7.8); $H \approx 100$ km ist die mittlere Höhe der Reflexionspunkte, h ist die Höhe des unteren Endes der Spur (80 km ü. M.) über der Sehne zwischen Sender und Empfänger und wird durch Lösung der Gleichung

$$\frac{h^2}{\sin\psi} + 2hR\cos X = d^2 + 2RH + H^2 \tag{7.9}$$

gefunden. Hierbei ist $R = 6370$ km der Erdradius und $X = \arcsin(d/R)$ mit $d = \overline{SP}$ der Streckenlänge. Die übrigen Größen in (7.8) sind

$$r \approx \sqrt{d^2 + \frac{h^2}{\sin^2 \psi}}, \tag{7.10}$$

$$\sin \varphi \approx \frac{d}{r},$$

$$|\cos \mu| \approx \left| \frac{d^2 - h^2 \cot^2 \psi}{d^2 + h^2 \cot^2 \psi} \right|. \tag{7.11}$$

Das Antennengewinnintegral

$$I = \int G_{TQ} G_{PQ} \, \mathrm{d}S \tag{7.12}$$

wird aus den Antennencharakteristiken graphisch berechnet [Hines 1955].

Wenn man nun die Kurven $N(\beta, \psi) =$ konst. auf die Himmelskugel aufträgt, erhält man ein Empfindlichkeitsdiagramm der Strecke, wie es etwa auf Bild *7.9* dargestellt ist.

In Wirklichkeit sind die Radianten von sporadischen Meteoren nicht gleichmäßig über die Himmelskugel verteilt, sondern aus den oben bemerkten

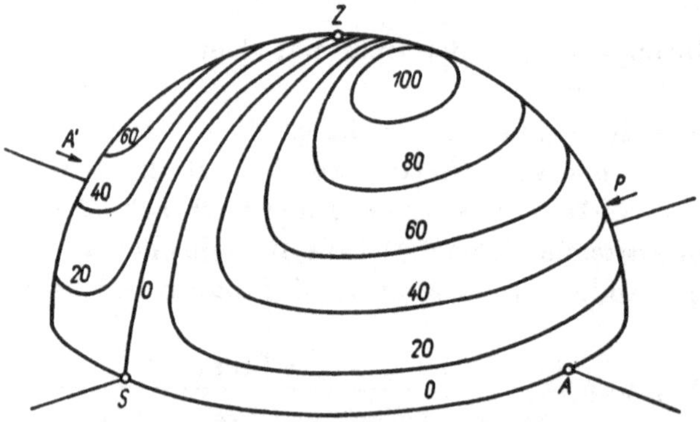

Bild *7.9*. Zahl der brauchbaren Meteorenspuren N (Relativwerte) als Funktion der Richtung der Spur, d. h. der Meteorenradianten. Die Kurven $N =$ konst. sind auf der Himmelskugel über dem Streckenmittelpunkt M gezeichnet. Die Kurven sind symmetrisch zu den Kreisen $A'ZA$ und SZP

Gründen um die Ekliptik und vor allem um den Apex konzentriert. Meteorströme kommen aus einem einzigen Radianten bzw. aus einer kleinen Umgebung eines mittleren Radianten auf der Himmelskugel. Man muß sich also vorstellen, daß sich über der Empfindlichkeitscharakteristik auf Bild *7.9* eine weitere Kugel mit der Verteilung der Meteorradianten, also der Radiantendichte $\varrho(\beta, \psi)$ befindet. Die wirklich zu erwartende Zahl der brauchbaren Spuren aus dem Radianten β, ψ ist dann durch das Produkt $N\varrho$ gegeben, und durch Integration über die ganze Himmelshalbkugel erhält man dann die Zahl der brauchbaren Spuren, die auf einer gegebenen Strecke zur Funkverbindung benutzt werden können. Da sich die Himmelskugel mit der Radiantenverteilung wegen der Erdrotation über der Empfindlichkeitscharakteristik auf Bild *7.9* dreht, hat die Zahl der brauchbaren Spuren einen Tages- und Jahresgang, der von der Länge, Orientierung und geographischen Breite der Strecke abhängig ist. Die analytische Berechnung des Tages- und Jahresganges, die auf diesem Gedanken aufgebaut ist, ist so kompliziert, daß sie mit elektronischen Rechenmaschinen durchgeführt werden muß (z. B. [MEEKS und JAMES 1957]).

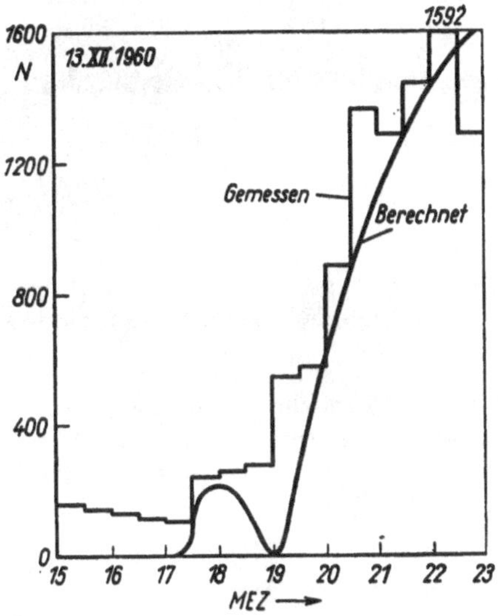

Bild *7.10*. Empfang des Tonkanals des französischen Fernsehsenders Limoges (45°07′*N*, 1°01′*E*) in Varnsdorf (Nordböhmen 55°55′*N*, 14°35′*E*) auf 41,35 MHz am 13. Dezember 1960 zur Zeit des Geminidenstromes. *N* ist die Zahl der brauchbaren Meteorspuren je halbe Stunde, die gestrichelte Kurve wurde nach der Methode [BECKMANN 1961d] berechnet. Der Radiant des Stromes (Rektaszenz 112°, Deklination 32°) geht erst um etwa 17 Uhr MEZ über dem Horizont des Streckenmittelpunktes auf; die von 15 und 17 Uhr empfangenen Signale stammen von sporadischen Meteoren

Eine einfache graphische Methode wurde von BECKMANN [1961d] ausgearbeitet. Die Empfindlichkeitscharakteristik und die Radiantenverteilung lassen sich verhältnismäßig einfach in stereographischer Projektion abbilden. Durch zwei durchsichtige, drehbare Scheiben (auf Art von drehbaren Sternkarten) kann man dann die Tages- und Jahreszeit einstellen und die entsprechende Zahl der brauchbaren Spuren auf einer gegebenen Strecke und somit den Tagesgang zu verschiedenen Jahreszeiten feststellen. Einzelheiten über die Methode und die Konstruktion der Karten, die über den Rahmen dieser Übersicht hinausgehen, sind in [BECKMANN 1961d] zu finden. Hier sei nur ein Resultat des Vergleichs von gemessenen und nach dieser Methode berechneten Werten angeführt (Bild *7.10*).

Bild *7.11* zeigt eine typische Registrierung von durch Meteorspuren gestreuten Signalen.

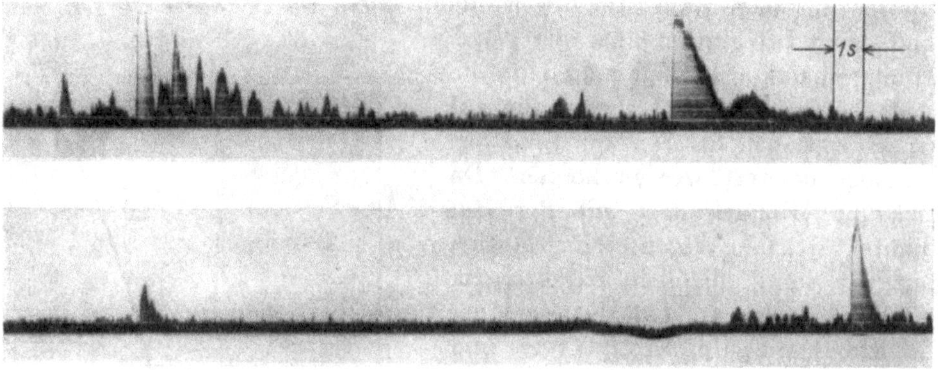

Bild *7.11*. Typische von Meteorspuren gestreute Signale. Sender bei Leningrad, Empfangspunkt bei Prag (Streckenlänge etwa 1500 km), Frequenz 40,8 MHz. Gemessen am 25. Mai 1960, 4.00 MEZ. Lineare Amplitudenskala

8. Perspektiven der UKW-Ausbreitung im Weltall

Am 4. Oktober 1957, an dem der erste sowjetische Sputnik ins Weltall geschossen wurde, trat auch die Funktechnik in eine neue Ära ein, da sie von jetzt an die Verbindung mit Raketen und Satelliten, Fernmeßsystemen, Navigationssystemen und anderen neuartigen Apparaturen herstellen muß.

Für die Verbindung zwischen Erde und anderen natürlichen oder künstlichen Himmelskörpern kommen beim heutigen Stand der Technik praktisch nur ultrakurze Radiowellen in Betracht, da es nur bestimmte Frequenzbänder gibt, die von der Erdoberfläche ins Weltall dringen können. Eines dieser Bänder ist das sichtbare bzw. das Infrarot-Licht (etwa $10^6 \cdots 10^9$ MHz), ein anderes das Längstwellenband bis zu etwa 300 kHz, dessen Wellen sich längs der geomagnetischen Kraftlinien als „Whistlers" ausbreiten. Beim heutigen Stand der Technik ist jedoch offensichtlich das einzige praktisch brauchbare Band das UKW-Band von etwa 30 MHz (10 m) bis etwa 3000 MHz (10 cm). Die untere Grenze ist durch die niedrigste Frequenz, die die Erdionosphäre durchdringt, bestimmt. Sie ist abhängig von der Tages- und Jahreszeit, der Phase des Sonnenfleckenzyklus, den geographischen und geomagnetischen Koordinaten der Funkstation und vom Einfallswinkel in die Ionosphäre und bewegt sich im Bereich von 2 bis 80 MHz. Die obere Grenze ist durch die troposphärische Dämpfung gegeben, d. h. durch die Dämpfung in Wassertröpfchen von Nebel und Regen sowie durch die Dämpfung in den Spektrallinien des Wasserdampfes und Sauerstoffes. Sie erstreckt sich von etwa 6000 MHz (bei starkem und weitverbreitetem Regen) bis zu 24000 MHz (nahe der Wasserdampfspektrallinie, s. Kap. 6).

Die Funkverbindung mit Erdsatelliten kann heute schon als ein gelöstes Problem betrachtet werden. Das nächstliegende Problem ist das der irdischen Funkverbindung durch kosmische Rückstrahlung; in den kommenden Jahren und Jahrzehnten ist die Radioverbindung mit dem Mond und den nächstliegenden Planeten zu erwarten.

8.1. Kosmische Relaisverbindungen für irdische Strecken[1])

Die alte Art der Funkverbindung, die im wesentlichen auf Kurzwellen beschränkt ist, genügt nicht mehr den modernen Ansprüchen an eine schnelle,

[1]) Dieser Abschnitt beschreibt den Stand zur Zeit der Niederschrift (November 1961).

verläßliche und reichhaltige Übertragung von Informationen, und zwar besonders aus den folgenden Gründen:

1. Die Kurzwellenverbindung ist nicht verläßlich, da sie durch ionosphärische Störungen beeinträchtigt und unterbrochen werden kann[1]).

2. Das Kurzwellenband hat eine sehr kleine gesamte Betriebskapazität. Die gesamte Bandbreite von nur etwa 15 MHz ist mit Stationen der ganzen Welt überfüllt; diese Stationen stören sich gegenseitig, da die Übertragung nicht von Punkt zu Punkt gebündelt werden kann. Die Kapazität des Kurzwellenbandes ist also erschöpft, und neue Kanäle können kaum mehr untergebracht werden.

3. Breitbandige Übertragungen (Fernsehen, Mehrkanaltelefonie) sind auf Kurzwellen prinzipiell nicht möglich.

Alle drei Nachteile wurden durch Mikrowellenrichtfunkstrecken behoben, jedoch können diese Richtfunkstrecken für die Verbindung über unzugängliches oder unelektrifiziertes Gelände, besonders für transozeanische Übertragungen, nicht benutzt werden. Außerdem sind die Richtfunkstrecken (selbst im Vergleich zu den Kurzwellen) dadurch unelastisch, daß sie geographisch an das existierende Netz von Richtfunkstrecken gebunden sind.

Im letzten Jahrzehnt hat man daher neue Arten von Richtfunk auf große Entfernungen entwickelt, wie z. B. die troposphärische Streuausbreitung (Kap. 5), die ionosphärische Streuausbreitung und die Streuung an ionisierten Meteorspuren (Kap. 7). Von diesen ist nur die troposphärische Streuausbreitung einer breitbandigen Übertragung fähig, jedoch ist ihre Reichweite auf etwa 1000 km beschränkt.

Die künstlichen Erdsatelliten sowie die Entwicklung von rauscharmen Empfängern, elektronischen Bestandteilen mit langer Lebensdauer und automatischen Strahlrichtsystemen haben nun neue Perspektiven für die Funkverbindung zwischen entfernten Punkten auf der Erdkugel eröffnet. Die Verbindung wird mittels aktiver oder passiver Rückstrahlung von elektromagnetischen Wellen durch einen oder mehrere im Weltall befindliche Körper zur Erde zurück hergestellt.

Tabelle 8.1 gibt einen Überblick über die Möglichkeiten derartiger Relaisverbindungen, die nun besprochen werden sollen.

Schon lange vor dem Einsatz künstlicher Erdsatelliten wurde vorgeschlagen, Radioverbindungen durch Reflexion am Mond, an der Sonne oder Venus herzustellen. Der Mond und die Planeten sollten als starre Reflektoren dienen,

---

[1]) Im ionosphärischen Sturm vom 6. bis 8. Oktober 1960 war die Tschechoslowakische Nachrichtenagentur ohne Nachricht von ihrem Korrespondenten auf der UNO-Vollversammlung während einer Zeit, die schon für eine Luftpostverbindung ausgereicht hätte.

während auf der Sonne die Reflexion im Plasma der Korona und der Chromosphäre (analog der Reflexion in der irdischen Ionosphäre) zustande käme, wobei Zentimeterwellen bis zur Fotosphäre durchdringen würden. Im Jahre 1960 wurde auch tatsächlich eine radiotelefonische Verbindung zwischen Jodrell Bank (England) und Holmdel N. J. (USA) durch Reflexion am Mond hergestellt. Diese Art der Verbindung hat jedoch wenig Aussicht auf praktische

Tabelle 8.1

Überblick über kosmische Relaisverbindungen

	Rückstrahlung		Realisation	Literatur
Passiv	an Himmelskörpern	Mond	England—Amerika 1960	GREGER [1960], RADFORD [1960], PIERCE [1960]
		Sonne	—	BLATTNER [1960]
	an Satelliten		—	PIERCE [1959, 1960] RYERSON [1960]
			„Echo", August 1960	PIERCE [1960] Project Echo [1960]
	an einem Dipolgürtel um die Erde		„West Ford" Oktober 1961	MORROW [1960] MORROW u. MACLELLAN [1961]
Aktiv	verzögert		„Score" Dezember 1958	BROWN u. SENN [1960]
			„Courier" Sept. 1960	SENN u. SIGLIN [1960]
	unmittelbar, Satelliten im Umlauf		[1]	POLLACK [1960, 1961] PIERCE [1960]
	unmittelbar, „stationäre" Satelliten		—	POLLACK [1960, 1961] PIERCE [1960]

[1] „Telstar", Juli 1962 (nach Manuskriptabschluß). Literatur: Proc. IRE **50** (1962) 1522—23; Brit. Comm. Electr. Juli u. August 1962; Bell Lab. Rec. Mai 1962; Space-Aeron. **37** (1961) 64—69.

Anwendung, denn die Übertragung ist a) nicht während des ganzen Tages möglich, b) unökonomisch wegen der großen Leistungen und Antennen, c) schon im Falle des Mondes um etwa 2,5 Sekunden verzögert, wodurch das wirksame Gegensprechen erschwert oder verhindert wird, d) von schlechter Qualität wegen der Rauheit der Mondoberfläche. Im Falle der Sonne beträgt die Verzögerung schon 16,5 Sekunden, wobei die Sonne eine unmittelbare Quelle des stärksten kosmischen Rauschens ist. Auch die Venus kommt einstweilen nicht in Betracht.

Hoffnungsvoller ist deshalb die Übertragung durch passive Reflexion an künstlichen Erdsatelliten. Im August 1960 wurde das amerikanische Projekt „Echo" verwirklicht: Ein künstlicher Erdsatellit in der Form eines Ballons von 30 m Durchmesser (eine aluminisierte Kugel aus Kunststoff von 60 kg Masse) wurde in Umlauf geschossen. Die Bahn lag in etwa 1600 km Höhe und erreichte 48° nördlicher Breite. Theoretisch ist die Bandbreite nur durch die atmosphärische Dämpfung begrenzt, in Wirklichkeit kommen jedoch wegen der Strahlenbündel nur Dezimeter- und Zentimeterwellen in Betracht. Diese Art der Verbindung hat die folgenden wesentlichen Nachteile:

1. Die Verbindung ist nur während der Zeit möglich, in der der Satellit für beide Streckenendpunkte über dem Horizont steht.

2. Es sind unökonomisch große Leistungen und Antennensysteme notwendig.

3. Ein kompliziertes (jedoch schon entwickeltes) automatisches Strahlrichtsystem wird benötigt.

Ein wesentlicher Nachteil ist der zweite. Die Übertragungsdämpfung auf eine Entfernung von 4000 km erreicht bei realen Durchmessern und Höhen des Satelliten etwa 300 db. In den amerikanischen Versuchen mit dem Ballon „Echo" wurde auf 960 und 2390 MHz ein Sender mit 10 kW Leistung und einem Parabolspiegel von 20 m Durchmesser benutzt. Ein Maser-Empfänger hatte eine Rauschtemperatur von nur 23 °K (einschließlich des äußeren Rauschens), so daß die Wärmestrahlung der Erdoberfläche in den Nebenkeulen eines Parabolspiegels den Empfänger schon übersteuern würde. Deshalb wurde eine spezielle Trichterantenne von großen Ausmaßen benutzt. Auch so wäre jedoch der Störabstand bei einem normalen Modulationsverfahren nicht genügend groß gewesen, und daher verwendete man ein FM-System mit breitem Frequenzhub und einen engbandigen Empfänger (6 kHz), der mit seiner Bandbreite (etwa $^1/_{10}$ des Frequenzhubs) die augenblickliche Frequenz automatisch verfolgte. Aus diesen Angaben ist zu ersehen, daß ein solches System schon fast an der Grenze der heutigen technischen Möglichkeiten liegt.

Der erste der oben angegebenen Nachteile kann durch Einsatz mehrerer Satelliten behoben werden, z. B. durch mehr oder weniger zufällige Dislokation von Satelliten auf einer polaren Umlaufbahn, so daß immer wenigstens ein Satellit über der Strecke steht [Pierce 1959]. Die Zahl der notwendigen Satelliten ist nicht nur durch geometrische Erwägungen gegeben, sondern hängt auch von der Senderleistung und Empfängerempfindlichkeit ab, denn die troposphärische Dämpfung und das atmosphärische Rauschen nehmen mit wachsendem Zenitabstand zu, während andererseits wieder mit zunehmender Elevation der Antennenbündel das Versorgungsgebiet eines Satelliten abnimmt. Eine Berechnung [Pierce 1959] zeigt, daß für eine transatlantische Verbindung mit 99% Betriebssicherheit etwa 20 Satelliten mit einem Durchmesser von 30 m auf einer polaren Umlaufbahn in etwa 5000 km Höhe notwendig sind. Für einen Fernsehkanal (oder 600 Telefonkanäle) benötigt man (unter Anwendung eines Maserempfängers mit automatischer Verfolgung von breitbandiger FM) eine Sendeleistung von mehreren zehn Kilowatt und Antennen mit Durchmessern bis 50 m. Der Nachteil der großen Leistungen und Antennen bleibt also bestehen; außerdem ist das Problem der Lebensdauer eines Ballonsatelliten noch ungelöst.

Ein interessantes System der kosmischen Relaisverbindung wurde im Jahre 1960 vorgeschlagen [Morrow 1960] und im Oktober 1961 realisiert. Nach diesem System werden abgestimmte Dipole in Form feiner Metallnadeln auf einer Umlaufbahn in einer Höhe von 5000 km oder mehr von einem Satelliten verstreut. Wenn die Umlaufbahn äquatorial oder polar ist (Bild *8.1*), werden die Antennenbündel trotz der Erdrotation immer auf denselben Punkt gerichtet; die Übertragung kommt ganz analog zur troposphärischen oder ionosphärischen Streuausbreitung (Kap. 5 und 7) zustande. Die Nadeln haben die Länge der Wellenlänge (2…3 cm), einen Durchmesser von 0,025 mm und eine Masse von 8 μg. Sie bestehen aus einer Metallegierung, die nach einigen Jahren in Staub zerfällt. Um eine Dichte von 20 Dipolen pro Kubikkilometer in einer Höhe von 5000 km zu schaffen (mittlerer Abstand zwischen zwei Dipolen 400 m), braucht man eine Gesamtmasse von nur 100 kg. Wenn der Dipolgürtel in einer Höhe von 5000 km schwebt, braucht man nur 3 Sprünge bis zu den Antipoden. Die Verbindung ist dauernd vorhanden, und die verschiedensten Verbindungsstrecken können denselben Gürtel benutzen. Der Hauptvorteil dieses Systems liegt darin, daß die automatische Bündelausrichtung wegfällt oder (im Falle eines exzentrisch oder sonst ungenau beschaffenen Gürtels) auf die Ausrichtung in den Grenzen einiger Grade beschränkt ist, denn die Antennenbündel sind in bezug auf die sich drehende Erdkugel dauernd auf denselben Punkt gerichtet. Der Nachteil der großen Antennen und Leistungen bleibt bei diesem System aber beibehalten. Jedoch besteht der größte Nachteil darin, daß wegen der Mehrfachausbreitung durch Streuung an weit auseinanderliegenden Dipolen die Bandbreite der Übertragung stark verringert wird (s. Abschn. 5.5), und zwar noch mehr als im Falle der ionosphärischen Streuausbreitung (Abschn. 7.2), da das Streuvolumen bei gleicher Bündelung größer ist. Beim heutigen Stand der Technik

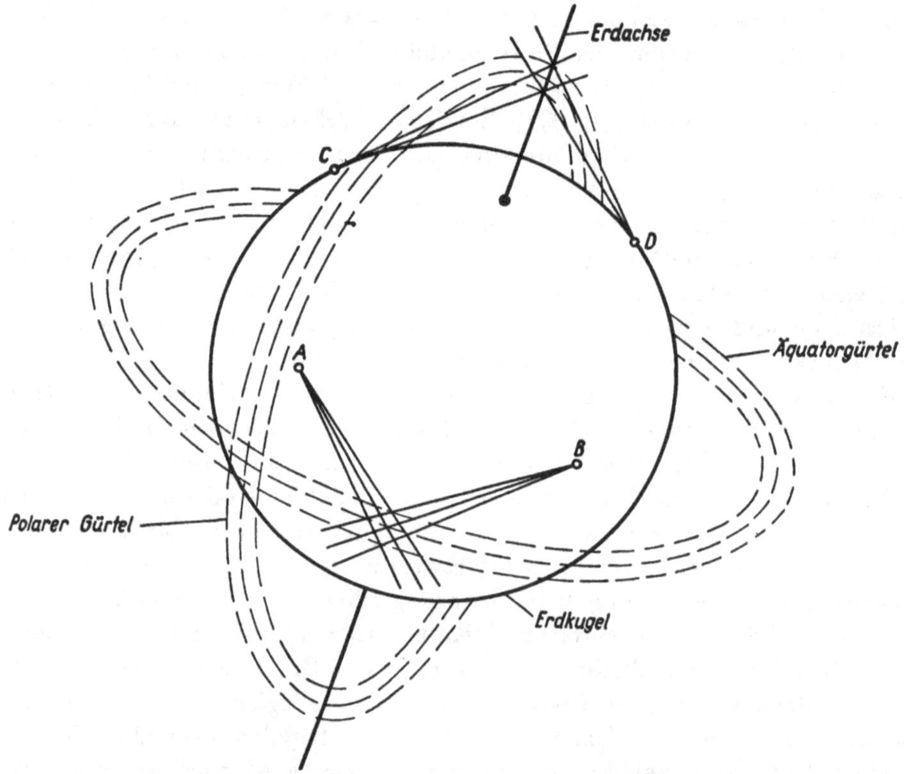

Bild *8.1.* Streuung im Dipolgürtel. Die Antennenbündel aus *A* und *B* bzw. *C* und *D* sind trotz der Erdrotation immer auf denselben Punkt gerichtet

kann man nicht einmal ein normales, sondern nur einige „synthetische" Telefongespräche durch dieses System übertragen.

Die unwirtschaftlich großen Leistungen und Antennen der Systeme, die mit passiver Rückstrahlung arbeiten, können durch Satelliten, die eine aktive Relaisstation tragen, beseitigt werden. Zum Vergleich kann man die Größe einer Kugel berechnen, die unter sonst gleichen Umständen dieselbe Leistung zum Empfangspunkt streut wie ein aktiver Satellit: Bei einer Streckenlänge von 9000 km müßte eine solche Kugel einen Durchmesser von 14 km haben. Aktive Satelliten haben auch andere Vorteile: Der größere Störabstand bietet einen besseren Schutz gegen die Interferenz anderer irdischer Radiostationen, die enormen Senderleistungen, die die Mikrowellenverbindungen im weiten Umkreis übersteuern würden, fallen weg und die kleinen Ausmaße und das geringe Gewicht eines aktiven Satelliten erleichtern die zugehörige Raketentechnik. Hingegen benötigen einige Systeme der aktiven Rückstrahlung Einrichtungen zur Antennenausrichtung und -stabilisierung im Raum.

Der einfachste, schon realisierte Typ eines aktiven Satelliten ist ein Satellit mit verzögerter Rückstrahlung. Diese Satelliten laufen in verhältnismäßig geringer Höhe um, empfangen Nachrichten, zeichnen sie (auf Magnetband) auf und tragen sie zum Gebiet des Empfangspunktes, wo die Aufzeichnungen auf Befehl einer Bodenstation abgespielt werden. Dieses System wurde versuchsweise in den amerikanischen Projekten „Score" im Dezember 1958 [Brown und Senn 1960] und „Courier" im September 1960 [Senn und Siglin 1960] realisiert. Im ersten Versuch wurde eine Umlaufbahn mit einer Neigung von 30°, einem Perigäum 160 km und einem Apogäum 1000 km benutzt. Die Nachrichten einiger Fernschreiberkanäle wurden auf Tonband aufgezeichnet. Die gesamte Verbrauchsleistung des Satelliten einschließlich des Peilsenders und der Steuerungseinheit betrug 55 W. Die Bodensender hatten eine Sendeleistung von 250 und 1000 W und verhältnismäßig einfache Antennensysteme (4 Helixantennen auf 132 und 150 MHz).

Trotz der Vorteile von kleinen Sendeleistungen, einfachen Antennen und der nicht sehr anspruchsvollen Raketentechnik kann man wenig von dieser Art von Rückstrahlung erwarten, denn 1. ist die Übertragungskapazität klein — nur einige Fernschreiberkanäle mit einer Betriebsdauer von nur einigen Minuten (solange der Satellit in Sicht ist), 2. braucht die Verzögerung in einer Richtung nur einige Minuten zu betragen, kann aber in der umgekehrten Richtung bis zu einigen Stunden dauern, da sich die Erde unter der Umlaufbahn wegdreht, und 3. hat der Satellit wegen der geringen Höhe eine kleine Lebensdauer. Man kann allerdings erwarten, daß sich diese Art von Satellitenverbindung für spezielle Zwecke bewähren wird: Die verhältnismäßig große Möglichkeit geheimer Korrespondenz, kleine Störanfälligkeit und kurze Lebensdauer sind z. B. Vorteile für militärische Zwecke.

Die Nachteile des Systems mit mehreren passiven Satelliten, besonders die unwirtschaftlich großen Leistungen und Antennen werden beseitigt, wenn man aktive Satelliten mit einer unmittelbar übertragenden Relaisstation verwendet. Von der amerikanischen Firma Bell wird zur Zeit ein Versuchssatellit entwickelt, der zur Verbindung zwischen den USA und Westeuropa dienen soll.[1]) Die vorgesehene Umlaufbahn liegt in einer Höhe von 4000 km, d. h., die Umlaufzeit beträgt 2 h 55 m. Die Dauer der beiderseitigen Sicht würde beim günstigsten Umlauf etwa 30 Minuten betragen, wobei die Entfernung zum Satelliten zwischen 4000 und 7400 km liegt. Im Satelliten, der einen Durchmesser von 130 cm und eine Masse von 70 kg haben soll, soll ein Sender mit einer Leistung von 1 W untergebracht werden, dessen Signale mittels eines Parabolspiegels und eines Maserempfängers mit einer Rauschtemperatur von 30 °K empfangen werden sollen. Da der Empfänger im Satelliten natürlich nicht diese Qualität haben kann, soll der Bodensender eine Leistung von 1 kW ausstrahlen und eine 20-m-Trichterantenne erhalten. Die Verbindung soll auf 6000 MHz durch das oben beschriebene FM-Nachlaufverfahren realisiert werden, wobei das Nutzband 5 MHz (600 Telefongespräche oder ein Fernsehkanal) und die gesamte Bandbreite 104 MHz betragen soll. Damit Rückkopplung im Satelliten vermieden wird, muß der Satellit auf verschiedenen Frequenzen empfangen und weitersenden, so daß die gesamte Bandbreite der Übertragung auf 250 MHz bei einseitiger und auf 500 MHz bei zweiseitiger Verbindung anwächst. Die Antenne des Satelliten soll fast die Charakteristik eines Rundstrahlers haben (isotropisch, 3 db), und der Satellit soll durch schnelle Rotation stabilisiert werden. Dadurch wird die Antenne immer in derselben bekannten Richtung im Raum orientiert. Die Orientierung in bezug auf die Bodenstationen ändert sich jedoch, denn der Winkel zwischen der Antennenrichtung und der Verbindungslinie zwischen Satellit und Erdmittelpunkt ist beim Umlauf veränderlich. Ein besseres Orientierungssystem wurde bei der Fotografie der Rückseite des Mondes durch die sowjetische Mondrakete benutzt, jedoch ist ein solches System mit langer Lebensdauer bisher noch nicht entwickelt worden. Andererseits wäre es ohnehin nicht günstig, ein solches System zu verwenden, dann das zusätzliche Gewicht könnte besser durch weitere Nachrichtengeräte ausgenutzt werden. Der Gewinn der Antenne läßt sich durch erhöhten Gewinn der Bodenantenne ersetzen.

Vom radiotechnischen Standpunkt aus ist das schwierigste Problem die Entwicklung einer Senderöhre mit langer Lebensdauer. Bisher ist es nicht gelungen, eine Mikrowellenröhre mit einer Leistung von 100 W und langer Lebensdauer herzustellen. Es läßt sich jedoch erwarten, daß eine Wanderfeldröhre mit einer Leistung von 1 W und einer Lebensdauer von 10 Jahren benutzt werden kann. Durch diesen Wert werden dann alle anderen Parameter des Systems, insbesondere das Modulationsverfahren, diktiert. Die Lebensdauer der anderen Bestandteile sowie das automatische Antennen-

[1]) *Anmerkung bei der Korrektur:* Das hier beschriebene Projekt ist mittlerweile im Juli 1962 („Telstar“) realisiert worden.

richtsystem werden von den Mitarbeitern von Bell als gelöstes Problem angesehen [PIERCE 1960].

Wenn ein Satellit in einer Höhe von etwa 36000 km umläuft, beträgt seine Umlaufzeit gerade 24 Stunden. Wenn sich ein solcher Satellit in der Äquatorebene in Richtung der Erdumdrehung bewegt, wird er also fortwährend über demselben Punkt auf der Erdkugel stehen und deswegen als „stationärer

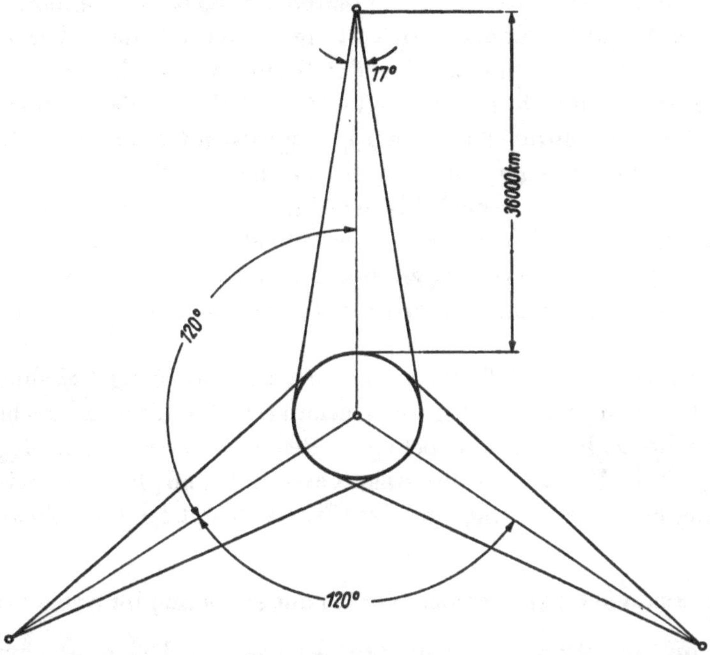

Bild 8.2. Weltweite Relaisverbindung durch drei stationäre Satelliten

Satellit“ bezeichnet. Ein solcher Satellit ist von mehr als einem Drittel der Erdoberfläche aus sichtbar; drei solche Satelliten in Abständen von 120° (Bild 8.2) würden also die ganze Erdkugel mit Ausnahme der Polargebiete ausleuchten. Die Entfernung zu den Antipoden könnte durch zwei Sprünge überwunden werden (die Verbindung zwischen den Satelliten wird von Bodenstationen besorgt), und die Probleme der automatischen Antennenausrichtung auf den Bodenstationen fallen weg. Das bisher noch nicht gelöste Problem bei stationären Satelliten besteht jedoch darin, daß sie eine Einrichtung zur Orientierung der Antenne und zur Stabilisierung der gegenseitigen Lage benötigen. Ein stationärer Satellit „sieht“ die Erdkugel in einem Winkel von 17°. Mit einer solchen Keule muß also die Antenne gebündelt werden, außerdem ist es erforderlich, daß das Bündel immer zum Erdmittelpunkt gerichtet ist. Wenn sich die Wanderfeldröhre im Falle des Umlaufsatelliten bewährt, genügt ihre Leistung bei der gebündelten Antenne eines stationären Satelliten genauso wie bei einer isotropischen Antenne in einer Höhe von 4000 km. Vom funktechnischen Standpunkt aus entsteht bei den stationären Satelliten nur ein zusätzliches Problem, nämlich die Verzögerung bei zweiseitigem Gegensprechen. Die Verzögerung zwischen Frage und Antwort der Gesprächspartner entspricht der doppelten Laufzeit des Signals, d. h. etwa 0,6 s je Satellit. Für die Konversation ist dies noch erträglich, aber bei Simplextelefonie entsteht ein Echo, welches das Signal bis zur Unkenntlichkeit verzerrt. Dies kann durch automatische Ausschaltung des Senders des zuhörenden Partners durch das Signal des sprechenden Partners überwunden werden. Bei Entfernungen, die von einem einzigen Satelliten ausgeleuchtet werden, bleiben dann nur noch kleinere Mängel (man kann nicht „ins Wort fallen“, das Gespräch wird blockiert, wenn beide Partner auf einmal anfangen zu sprechen); bei zwei Sprüngen beträgt jedoch die Verzögerung bereits 1,2 Sekunden, was schon ein ernstes Hindernis eines normalen Telefongesprächs ist.

Es ist anzunehmen, daß die zu erwartende endgültige Lösung der kosmischen Rückstrahlung in aktiven, stationären Satelliten zu suchen ist. Die Realisation hängt heute nicht mehr von den radiotechnischen Möglichkeiten ab, sondern von Problemen der Raketentechnik und der Entwicklung einer Einrichtung zur Orientierung und Stabilisierung mit langer Lebensdauer.

8.2. Gedanken zum Problem der Radioverbindung im Sonnensystem

Durch die gewaltigen Fortschritte, welche die Raketentechnik in den letzten Jahren gemacht hat, ist die Nachrichtenübertragung ins Weltall und zurück zur Erde zur Wirklichkeit geworden. Die Zukunft wird ohne Zweifel die Nachrichtenübertragung zu immer entfernteren künstlichen oder natürlichen Himmelskörpern fordern; dies wird zu einigen neuartigen Problemen führen.

Auf den ersten Blick könnte es scheinen, als ob die Ausbreitung elektromagnetischer Wellen im Weltall einfacher sei als auf der Erde, da sie im letzteren Fall hauptsächlich durch die Atmosphäre und die Erdoberfläche erschwert wird. Dies trifft jedoch nur teilweise zu, denn eine kosmische Radioverbindung unterscheidet sich von einer irdischen quantitativ und qualitativ: quantitativ, weil z. B. die notwendigen Leistungen Werte erreichen, die in der heutigen Funktechnik unbekannt sind; qualitativ, weil Effekte eintreten, die bei einer irdischen Funkverbindung entweder vernachlässigt werden können oder überhaupt nicht zur Geltung kommen.

Dies geschieht aus zwei Gründen:

1. Die Endpunkte einer kosmischen Funkverbindung bewegen sich gegenseitig mit einer Geschwindigkeit in der Größenordnung von einigen zehn km/s. Dies führt zu Aberrations- und Doppler-Effekten.

2. Die Laufzeit des Signals kann nicht (wie auf der Erde) vernachlässigt werden, sie beträgt etliche Minuten bei einer Verbindung zu den nächsten Planeten und etliche Stunden zu den äußeren Planeten des Sonnensystems. Die Folge davon ist nicht nur ein „Vorhaltewinkel" in der Bündelungsrichtung des Radiostrahles, sondern auch eine Herabsetzung der Schnelligkeit der gegenseitigen Informationsübermittlung und somit eine Verminderung der Kanalkapazität von Fernlenk- und Fernmeßsystemen und allen anderen Kanälen der gegenseitigen Informationsübertragung.

Im folgenden sollen einige Bemerkungen über die günstigsten Parameter einer kosmischen Funkverbindung gemacht werden.

Was die Frequenzen betrifft, so wurden schon in der Einleitung zum vorliegenden Kapitel die Gründe angegeben, derentwegen die UKW praktisch das einzig benutzbare Band zur kosmischen Verbindung sind, wobei Dezimeter- und Zentimeterwellen zu bevorzugen sind. In der Nähe der Grenzen des Frequenzbereiches, das die Erdatmosphäre durchdringt, muß die Dämpfung in der Tropo- bzw. Ionosphäre in Betracht gezogen werden; im übrigen kann man mit der Ausbreitung im freien Raum rechnen, d. h., die notwendige Leistung P des Senders bei einem Antennengewinn D der Sendeantenne und D_r der Empfangsantenne auf der Wellenlänge λ ist

$$P = \frac{16\,\pi^2\,r^2\,P_r}{\lambda^2\,D\,D_r}. \tag{8.1}$$

Darin bedeuten r die Entfernung zwischen Sender und Empfänger und P_r die niedrigste Eingangsleistung des Empfängers. Die letztere ist gegeben durch

$$P_r = N k T_0 \Delta f.$$

Hierin sind N die Rauschzahl, k die Boltzmannsche Konstante und Δf die Bandbreite. Wir setzen dabei allerdings voraus, daß das Eigenrauschen des Empfängers größer ist als das kosmische Rauschen, was beim heutigen Stand der Empfängertechnik bei Wellenlängen unterhalb etwa 2 m zutrifft.

Nehmen wir nun an, daß die Antenne im Weltall nicht gebündelt ist (also $D_r = 1$) und daß als irdische Antenne ein parabolischer Spiegel mit dem Durchmesser d Verwendung findet, so daß ihr Gewinn bei einem Wirkungsgrad von 80% gleich

$$D = 0{,}8\left(\frac{\pi d}{\lambda}\right)^2$$

ist. Setzen wir alsdann $NkT_0 = 4 \cdot 10^{-20} J$ und drücken wir P in MW, Δf in kHz und r in astronomischen Einheiten aus, so erhalten wir aus (8.1) die Grundformel

$$P = \frac{18\,\Delta f r^2}{d^2} \qquad [\text{MW; kHz, A.E., m}] \qquad (8.2)$$

[eine astronomische Einheit (A.E.) ist der mittlere Abstand Sonne—Erde, d. h. etwa $1{,}5 \cdot 10^8$ km oder etwa 500 Lichtsekunden]. Aus dieser Formel ergeben sich bei $d = 20$ m und $\Delta f = 1$ kHz die in Tabelle 8.2 angeführten Werte bei einer Funkverbindung von der Erde zum angegebenen Himmelskörper, wobei P_g und P_k die Leistungen bei der größten bzw. kleinsten Entfernung eines synodischen Umlaufes bedeuten.

Tabelle 8.2

Minimalwert der Leistung für eine Funkverbindung zwischen der Erde und anderen Himmelskörpern ($\lambda < 2$ m; $d = 20$ m; $\Delta f = 1$ kHz)

Himmelskörper	P_k	P_g
Sonne	45 kW	45 kW
Merkur	16,7 kW	86,9 kW
Venus	3,5 kW	133 kW
Mars	12,2 kW	286 kW
Jupiter	794 kW	1,7 kW
Saturn	3,3 kW	5 MW
Uranus	14,9 MW	18,4 MW
Neptun	37,8 MW	43,2 MW
Pluto	66,7 MW	73,8 MW

Diese Tabelle gilt für eine Bandbreite von nur 1 kHz, also für langsame Informationsübermittlung (Telegrafie). Trotzdem kommen wir zu Werten, die dem heutigen Energieverbrauch von Städten mit einigen hunderttausend Einwohnern entsprechen.

Die auf verschiedenen Planeten zu erwartenden Rauschverhältnisse werden vor allem durch ihren Abstand von der Sonne beeinflußt, so daß nur auf der Venus und dem Merkur stärkeres kosmisches Rauschen als auf der Erde zu erwarten ist; außerdem besteht auf der Venus die Möglichkeit einer dichteren Ionosphäre als auf der Erde. Auf Venus, Mars und Jupiter sind atmosphärische Störungen möglich.

Auch die Frage der Dämpfung im Weltall sei nur kurz erwähnt. Die Streudämpfung an einzelnen Meteoriten und mehr noch an einzelnen Teilchen kosmischen Staubes oder Gases ist selbstverständlich so gering, daß sie vernachlässigt werden kann. Nicht ganz so leicht ist die Frage zu beantworten, ob auch die Gesamtdämpfung auf den überaus langen astronomischen Strecken vollkommen vernachlässigt werden kann. Ein Vergleich mit der Dämpfung des Sternenlichts zeigt jedoch, daß dies der Fall ist, so daß also die Benutzung der Formel (8.1) gerechtfertigt ist.

Was die Polarisation betrifft, so ist wahrscheinlich die Kreispolarisation am vorteilhaftesten, da diese beim Durchgang durch die Erdionosphäre am wenigsten dem Faraday-Fading unterliegt und da außerdem die Orientierung der Antennen bei Kreispolarisation am wenigsten kritisch ist.

Aus der gegenseitigen schnellen Bewegung der beiden Endpunkte der Funkstrecke folgen ein Aberrations- und ein Doppler-Effekt. Bei der Bündelung eines Richtstrahles ist zu bedenken, daß sich die Erde mit einer durchschnittlichen Geschwindigkeit von 29,75 km/s auf ihrer Bahn um die Sonne bewegt; außerdem dreht sich die Erde mit einer Winkelgeschwindigkeit von $7{,}29 \cdot 10^{-6}$ s^{-1}, so daß die Umfangsgeschwindigkeit der irdischen Funkstation

$$v_r = 0{,}43 \cos \varphi \tag{8.3}$$

beträgt, worin φ die geographische Breite des Standorts ist. Aus diesen Werten ergibt sich eine maximale Aberration des Richtstrahles um etwa 20″. Für die heutige Funktechnik ist dies ein Wert, der vollkommen vernachlässigt werden kann. Wenn jedoch der Sender einer kosmischen Funkstrecke keinen übermäßigen Energieverbrauch haben soll, dann läßt sich eine genügend hohe Scheinleistung nur noch mit einem hohen Antennengewinn erzielen. Ein Spiegel von etwa 150 m Durchmesser ist wahrscheinlich ein kleineres technisch-ökonomisches Problem als ein Sender, der etliche zehn Megawatt verbraucht; bei einer Wellenlänge von 1,5 cm hat ein solcher Spiegel eine Bündelbreite von etwa 20″, und die Aberration kann nicht mehr vernachlässigt werden.

Hinzu kommt noch, daß wegen der langen Laufzeiten (Minuten bis Stunden) der Richtstrahl unter einem Vorhaltewinkel abgestrahlt werden muß, d. h. nicht an die Stelle, an der sich der Empfänger befindet, sondern an der er bei Ankunft des Signals sein wird. Die Bündel einer kosmischen Funkverbindung sind also nicht aufeinander gerichtet, sondern weisen in geometrisch verschiedene Richtungen. Wenn man die nicht geringen Schwierigkeiten bedenkt, die z. B. bei der Ausrichtung der Bündel einer troposphärischen Streustrecke bestehen — obwohl hier die Bündel einige Grad breit sind und die Streckenlänge nur einige hundert Kilometer beträgt —, dann erkennt man, daß das Problem der Bündelung einer kosmischen Funkstrecke nur durch besondere Methoden der automatischen Nachführungstechnik gelöst werden kann.

Die irdische Funkstation kann wegen der Erdrotation im allgemeinen nur 12 Stunden täglich die kosmische Funkverbindung aufrechterhalten, die restlichen 12 Stunden müßte eine Station auf der anderen Seite der Erdkugel den Dienst übernehmen. Eine Möglichkeit, dies zu umgehen, besteht darin, daß die irdische Station innerhalb eines der Polarkreise aufgestellt wird; von dort sind die Planeten des Sonnensystems etwa 6 Monate ununterbrochen sichtbar, da ihre Umlaufbahnen meist nur kleine Winkel mit der Ekliptik bilden.

Der Doppler-Effekt führt zu einer Frequenzverschiebung von F_0 auf F, die durch

$$F = F_0 \frac{1 + \frac{\mathfrak{v} \cdot \mathfrak{r}}{cr}}{\sqrt{1 - \frac{v^2}{c^2}}} \tag{8.4}$$

gegeben ist, wobei $\mathfrak{v}$ die Relativgeschwindigkeit der Endpunkte, $\mathfrak{r}$ der Streckenvektor und c die Lichtgeschwindigkeit sind. Die relativistische Korrektur im Nenner wird sich kaum geltend machen. Bei einer Funkverbindung z. B. zwischen Erde und Venus beträgt die Doppler-Verschiebung im Höchstfalle 0,0216 %. Dies erscheint auf den ersten Blick nicht viel zu sein, bei einer Wellenlänge von 3 cm entspricht es jedoch einer Verschiebung von 2,16 MHz, also normalerweise einem Vielfachen der Empfängerbandbreite, so daß im allgemeinen die Endpunkte einer kosmischen Funkstrecke auf voneinander verschiedene Frequenzen abgestimmt sind.

Einer der wichtigsten Faktoren einer kosmischen Strecke ist die lange Laufzeit des Signals, wie aus Tabelle 8.3 hervorgeht.

Tabelle 8.3

Signallaufzeiten im Sonnensystem

Himmelskörper	Laufzeit zwischen Erde und Himmelskörper (Stunden)		v [km/s]	1 Umdrehung in
	min.	max.		
Sonne	0: 8:20	0: 8:20	—	25 d 9,1 h
Merkur	0: 5:07	0:21:47	47,83	88 d
Venus	0: 2:19	0:18:59	34,99	?
Mars	0: 4:22	0:21:02	24,11	24 h 37 m
Jupiter	0:35:00	0:51:40	13,05	9 h 50 m
Saturn	1:11:06	1:27:46	9,64	10 h 14 m
Uranus	2:31:15	2:47:55	6,80	10 h 45 m
Neptun	4:02:15	4:18:55	5,43	15 h 48 m
Pluto	5: 2: 6	5:18:46	3,61	?

Zugleich sind in der Tabelle zur Berechnung des Doppler-Effektes und der Aberration auch die mittlere Umlaufgeschwindigkeit v und die Rotationsperiodendauer angeführt.

Die langen Umlaufzeiten führen zu einem Verlust an Schnelligkeit des Informationsaustausches. Man stelle sich z. B. vor, daß in einem Telefongespräch mit unseren Nachbarn auf dem Mars einer der Gesprächsführenden fragt: „Wie bitte? Ich habe nicht verstanden." Auf die Antwort muß er mindestens $8^1/_4$ Minuten warten. Um den Verlust an Schnelligkeit der Informationsübertragung zu berechnen, definieren wir einen Konversationskanal als einen Übertragungskanal in beiden Richtungen, in dem die ausgesandte Nachricht von der eingegangenen abhängt und nicht vor ihrem Eintreffen ausgesendet werden kann. Konversationskanäle werden also nicht nur zur Korrespondenz zwischen Menschen, sondern auch für Fernmeß- und Fernlenksysteme benutzt.

Es seien T die Dauer der Nachricht, B die Bandbreite, die durch den Kanal übertragen werden kann, P der Leistungsstörabstand und r die Länge der Strecke.

Die maximale Informationsmenge, die nach Shannon durch diesen Kanal übertragen werden kann, beträgt

$$I = BT \log_2 (1 + P).$$

Die zur Übertragung notwendige Zeit ist

$$T + \Delta T,$$

wobei

$$\Delta T = \frac{r}{c}$$

die Laufzeit ist; folglich ist die Kapazität eines Konversationskanals

$$C = \frac{T}{T + \frac{r}{c}} B \log_2 (1 + P) = \alpha \, B \log_2 (1 + P). \tag{8.5}$$

α ist ein Koeffizient, der zwischen 0 und 1 liegt. Die irdische Kanalkapazität C' eines gegebenen Systems verschlechtert sich bei astronomischen Strecken auf $\alpha C'$.

Es ist also

$$\alpha = \frac{T}{T + \frac{r}{c}}. \tag{8.6}$$

Da es im allgemeinen logischer ist, vom Informationsinhalt der zu übertragenden Nachricht auszugehen, können wir die Formel (8.5) wie folgt modifizieren:

Es sei

$$V = BT \log_2 P \tag{8.7}$$

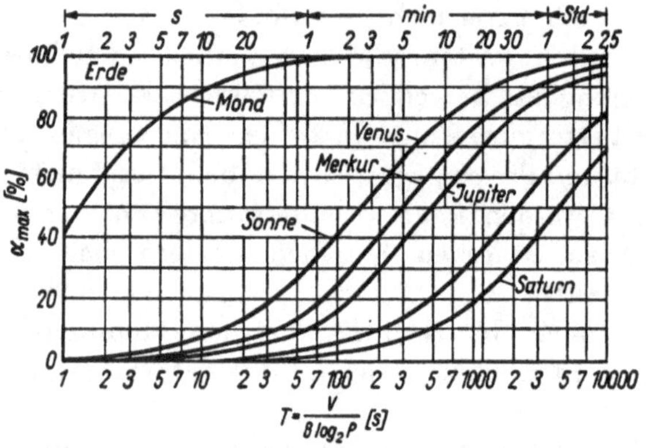

Bild *8.3.* Die Verminderung der irdischen Kanalkapazität C auf die kosmische Kapazität des gleichen Übertragungssystems $C' = \alpha C$. Der Koeffizient α als Funktion der Dauer der Nachrichtensendung T

das Signalvolumen. Setzen wir voraus, daß R, P und B bei konstantem Volumen V beliebig transformiert werden können und daß $P \gg 1$ ist, so erhalten wir aus (8.6) und (8.7) durch Elimination von T

$$\alpha = \frac{1}{1 + \frac{r B}{c V} \log_2 P}, \tag{8.8}$$

vorausgesetzt, daß kein Doppler-Effekt auftritt (z. B. bei $\mathfrak{v} \perp \mathfrak{r}$). Im allgemeinen Falle erhalten wir unter Berücksichtigung von (8.4)

$$\alpha = \frac{1 + \frac{\mathfrak{v} \cdot \mathfrak{r}}{cr}}{1 + \frac{rB}{cV}\left(1 + \frac{\mathfrak{v} \cdot \mathfrak{r}}{cr}\right)}. \tag{8.9}$$

Die Abhängigkeit des Koeffizienten α von $T = V/(B \log_2 P)$ ist auf Bild *8.3* nach (8.6) dargestellt.

Abschließend können wir uns also eine kosmische Funkverbindung der Zukunft etwa wie folgt vorstellen:

Wellenlänge: von 2 cm bis 2 m;
Polarisation: zirkular;
Leistung: nach Formel (8.2);
Antenne des irdischen Endpunktes: Spiegel mit einem Durchmesser von der Größenordnung 100 m;
Strahlausrichtung: durch automatischen Nachlauf;
Aufstellungsort der irdischen Station: in Polargebieten.

Die Strahlrichtung wird durch Aberration beeinflußt; ein merklicher Doppler-Effekt wird sich geltend machen. Die Laufzeiten setzen die Kanalkapazität C eines gegebenen Systems auf αC herab, wobei α durch Formel (8.9) gegeben ist.

Anhang

Gesundheitsschäden durch starke UKW-Strahlung

Jeder, der selbst starker UKW-Strahlung ausgesetzt ist oder für solche Mitarbeiter verantwortlich ist, sollte von der nicht immer voll gewürdigten Tatsache wissen, daß große Leistungsdichten auf UKW zu Unfruchtbarkeit und Augenschäden führen können.

Vom elektromagnetischen Standpunkt aus gesehen, kann es dadurch zu Gesundheitsschäden kommen, daß von der einfallenden Strahlung Wirbelströme in den Hoden und der Netzhaut des Auges induziert werden. Diese Organe, die normalerweise vom Körper in konstanter Temperatur gehalten werden, erwärmen sich durch die Wirbelströme schneller, als das Blut die entstandene Wärme wegzutragen vermag, und durch Erhöhung der Temperatur um 1 bis 2 °C werden diese Organe geschädigt. Hieraus folgt, daß es nicht die Leistung, sondern die Leistungsdichte ist, die gefährlich ist: In unmittelbarer Nähe einer schwachen Quelle (z. B. beim Hineinblicken in einen Schlitz an einem Wellenleiter) kann diese Auswirkung gefährlicher sein als in einer Entfernung von einigen Metern von einer leistungsfähigen Quelle.

Nach Schwan und Li[1]) u. a. sollten die Grenzwerte in Tabelle A nicht überschritten werden. Nach den Sicherheitsregeln der Bell Telephone Laboratories[2]), der General Electric Company[3]) und der amerikanischen Armee[4]) wird nicht mehr als 1 mW/cm² bei langzeitiger Einstrahlung zugelassen. Die amtlichen englischen Sicherheitsregeln[5]) und die der amerikanischen Luft-

---

[1]) Schwan, H. P., und K. Li: Hazards due to total body irradiation by radar. Proc. IRE **44** (1956) 1542—1581.

[2]) Mumford, W. W.: Some technical aspects of microwave radiation hazards. Proc. IRE **49** (1961) 724—774.

[3]) Vosburgh, B. L.: Recommended tolerance levels of microwave energy; current views of the General Electric Company's health and hygiene service. Proc. 2nd Annual Tri-Service Conf. on Biological Effects of Microwave Energy. RADC, Griffiss AFB, New York 1958, S. 118—125.

[4]) MacMurray, L. C.: Microwave radiation hazard problems in the US army. Ebenda, S. 49—84.

[5]) Safety precautions relating to intense radio frequency radiation. Her Majesty's Stationary Office, London 1960.

waffe[1]) lassen 10 mW/cm² zu. Aus den sozialistischen Staaten sind dem Verfasser bis jetzt keine derartigen Anweisungen bekannt geworden.

Bei starker Strahlung kann es auch zu nicht-thermischen Schäden kommen. Um nicht auf medizinische Erwägungen eingehen zu müssen, wollen wir hier nur auf das z. B. von MUMFORD[2]) gegebene einschlägige Literaturverzeichnis hinweisen. Die Frage ist vom medizinischen Standpunkt noch nicht vollkommen klar, und es gibt auch Ärzte, die den schädlichen Einfluß der UKW-Strahlung bezweifeln. Klar ist jedoch, daß, solange Zweifel bestehen, Sicherheitsmaßnahmen getroffen werden müssen.

Tabelle A

Gefährliche Grenzwerte der Leistungsdichte

Frequenz	Leistungsdichte
< 500 MHz	30 mW/cm²
1000 ··· 3000 MHz	10 mW/cm²
> 3000 MHz	20 mW/cm²

[1]) Radio frequency radiation hazards. Handbook US Air Force Tech. Order 31-1-80, April 15 and May 15, 1958.

[2]) Siehe Fußnote [2]) S. 178.

Literatur

(Sofern nicht anders vermerkt, ist die Arbeit in der Sprache geschrieben, in der der Titel angegeben ist.)

Abbott, R. L.: Bibliography of tropospheric radio wave scattering. NBS Techn. N. **80** (1960).

Abel, W. G., J. T. de Bettencourt, J. H. Chisholm and J. F. Roche: Investigation of scattering and multipath properties of ionospheric propagation at radio frequencies exceeding the MUF. Proc. IRE **43** (1955) 1255—1268.

Abild, B.: Beitrag zur Ultrakurzwellen-Ausbreitung über See. Techn. Hausmitt. NWDR **8** (1956) 103—108.

Amest, L. A., and T. F. Rogers: Available bandwidth in 200-mile VHF tropospheric propagation. Trans. IRE **AP-3** (1955) 217—218.

Anderson, L. J., and L. G. Trolese: Simplified method for computing knife edge diffraction in the shadow region. Trans. IRE **AP-6** (1958) 281—286.

—: Modification of „Simplified method for computing knife edge diffraction in the shadow region". Trans. IRE **AP-7** (1959) 198—199.

—: Simplified method for computing knife edge diffraction in the shadow region. Electromagnetic Wave Propagation, London 1960, S. 209—217.

Arenberg, A. G. (Аренберг, А. Г.): Die Ausbreitung der Dezimeter- und Zentimeterwellen (russ.). Sowjetskoje Radio, Moskau 1954.

Asami, E., and Y. Sapporo: Microwave propagation in snowy districts. Res. Inst. Appl. Electr., Hokkaido Univ. (Japan) 1958.

Bachynski, M. P.: Propagation at oblique incidence over cylindrical obstacles. NBS J. Res. **64 D** (1960) 311—315.

Bailey, D. K., R. Bateman, L. V. Berkner, H. G. Booker, G. F. Montgomery, E. M. Purcell, W. W. Salisbury and J. B. Wiesner: A new kind of radio propagation at very high frequencies observable over long distances. Phys. Rev. **86** (1952) 141—145.

Bauermeister, E., und W. Knöpfel: UKW-Feldstärkevoraussage in gebirgigem Gelände. Techn. Hausmitt. NWDR **4** (1952) 64—43.

Bean, B. R.: The geographical and height distribution of the gradient of refractive index. Proc. IRE **41** (1953) 549—550.

—: Some meteorological effects on scattered radio waves. Trans. IRE **CS-4** (1956) 32—38.

—: Sur l'utilisation des observations météorologiques courantes en propagation radioélectrique. Onde électr. **37** (1954) 711—715.

—: Comparison of observed tropospheric refraction with values computed from the surface refractivity. Trans. IRE **AP-9** (1961) 415—416.

— and R. Abbott: Oxygen and water vapor absorption of radio waves in the atmosphere. Geofisica Pura e Applicata (Milano) **37** (1954) 127—144.

— and J. D. Horn: On the world-wide variations of radio refractivity. NBS Rep. 5083 (1957).

BEAN, B. R.: On the climatology of the surface values of radio refractivity of the earth's atmosphere. NBS Rep. 5559, March 3 (1958).

— —: Radio-refractive-index climate near the ground. NBS J. Res. **63 D** (1959) 259—271.

— and F. M. MEANEY: Some applications of the monthly median refractivity gradient in tropospheric propagation. Proc. IRE **43** (1955) 1419—1431.

— and G. D. THAYER: A model radio refractivity atmosphere. NBS Rep. 5576, June 9 (1958).

BEARD, C. I., and I. KATZ: The dependence of microwave radio signal spectra on ocean roughness and wave spectra. Trans. IRE **AP-5** (1957) 183—191.

BECKMANN, P.: Die Ausbreitung von ultrakurzen Wellen in nichthomogener Atmosphäre über kugelförmiger Erde (tschech.). Slaboproudý Obzor **14** (1953 a) 264—270.

—: Zur Frage der Reflexion von UKW an rauhen Oberflächen (tschech.). Slaboproudý Obzor **14** (1953 b) 302—309.

—: Die Beugung von Meterwellen an Bergeskämmen, länglichen Hügeln und anderen Hindernissen (tschech.). Slaboproudý Obzor **15** (1957) 352—360.

—: Über eine Theorie der UKW-Fernausbreitung (tschech.) Slaboproudý Obzor **16** (1955 a) 115—120.

—: Tabellen und Nomogramme für den Brechungsindex feuchter Luft im UKW-Bereich (tschech.). Slaboproudý Obzor **16** P 13—P 18 (1955 b).

—: The reflection of electromagnetic waves and synthesis of media. Acta Technica ČSAV **1** 251—267.

—: La réflection des ondes VHF par les variations brusques d'humidité dans la troposphère. Ann. Télécomm. **12** (1954 a) 184—186.

—: Der mittlere Gradient des Brechungsindex in der Nachmittagsatmosphäre in Mittelböhmen (tschech.). Slaboproudý Obzor **18** (1957 b) 539—541.

—: A new approach to the problem of reflection from a rough surface. Acta Technica ČSAV **2** (1957 c) 311—355.

—: Die Reflexion elektromagnetischer Wellen an rauhen Oberflächen. Tagungsbericht II. Internat. Kolloquium Hochsch. f. Elektrotechn. Ilmenau (1954 d).

—: Height errors in radar measurements due to propagation causes. Acta Technica ČSAV **3** (1958 a) 471—488.

—: Statistische Feldstärkeverteilungen bei troposphärischer Fernausbreitung von UKW. Vorträge und Berichte der gemeinsamen Tagung der Arbeitsgemeinschaft Ionosphäre des Deutschen URSI-Landesausschusses und der Fachgruppe Wellenausbreitung der NTG Fernmeldetechnisches Zentralamt Darmstadt, Kleinheubach 1958 b.

—: The probability distribution of the vector sum of n unit vectors with arbitrary phase distributions. Acta Technica ČSAV **4** (1959 a) 323—335.

—: The probability distribution of the velocities of gas molecules after collision with a rapidly moving rigid body. Czechosl. J. Phys. **9** (1959 b) 557—561.

—: Probleme der Nachrichtenübertragung im Weltall. Wiss. Z. Hochsch. f. Elektrotechn. Ilmenau **5** (1959) 177—179.

—: A generalized Rayleigh distribution and its application to tropospheric propagation. Electromagnetic wave propagation (Symposium Liège 1958) London 1960, S. 445—449.

—: Kosmische Rückstrahlung (tschech.). Slaboproudý Obzor **22** (1961 a) 74—76.

—: The depolarisation of electromagnetic wave scattered from rough surfaces. Acta Technica ČSAV **6** (1961 b).

—: The scattering of waves from a periodic surface. Czechosl. J. Phys. **11** (1961 c) 863 bis 870.

Beckmann, P.: A method of predicting the diurnal and annual variation in effective meteor trails for forward-scattered radio waves. Bull. Astron. Inst. Czechosl. **12** (1961d) 184—191.

—: The statistical distribution of the amplitude and phase of a scattered electromagnetic field. ÚRE-ČSAV Institutsber. No. 18 (1961e).

—: The depolarisation of electromagnetic waves by inclined planes. ÚRE-ČSAV Institutsber. No. 19 (1961f).

— und U. Kühn: Die Einrichtung einer 1,3-GHz-Strecke zwischen Prag und Kolberg bei Berlin. Radio u. Fernsehen **9** (1960b) 71—73.

— und K. H. Schmelovsky: Über ein bei Schwunderscheinungsuntersuchungen vorkommendes Integral. Wiss. Z. Hochsch. f. Elektrotechn. Ilmenau **4** (1958) 167—171.

— and A. Spizzichino: The scattering of electromagnetic waves by rough surfaces, Oxford—London—New York—Paris 1963.

Blattner, D. J.: Radio relaying by reflection from the sun. IRE Internat. Conven. Rec., P. 5 (1960) 135—140.

Bolgiano, R., Jr.: A theory of wavelenght dependence in ultrahigh frequency transhorizon propagation based on meteorological considerations. NBS J. Res. **64 D** (1960) 231—234.

Booker, H. G., and J. T. de Bettencourt: Theory of radio transmission by tropospheric scattering using very narrow beams. Proc. IRE **43** (1955) 281—290.

— and E. Gordon: A theory of radio scattering in the troposphere. Proc. IRE **38** (1950) 401—412.

Born, M., and E. Wolf: Principles of optics, London—New York—Paris 1959.

Bouix, M., M. Clément et Ch. Frémiot: Étude expérimentale de la polarisation circulaire sur les échos de la pluie avec un radar à impulsions dans la bande des 3 cm. Ann. Télécomm. **10** (1955) 159—168.

Braude, S. Ja. (Брауде, С. Я.): Die Ausbreitung der UKW in bergigem Gelände (ukrain.). Ukr. fiz. sb. **3** (1958) 276—253.

—, N. N. Komarow und I. Je. Ostrowski (—, Н. Н. Комаров, И. Е. Островский): Über den statistischen Charakter der Streuung von cm-Wellen durch die wellige Meeresoberfläche (russ.). Radiotechn. i. Elektr. **3** (1958) 142—149.

Bray, W. J., H. G. Hopkins, F. A. Kitchen and J. A. Saxton: Review of long-distance propagation above 30 Mc/s. Proc. IEE P. III **102** (1955) 84—95.

—, J. A. Saxton, R. W. White and G. W. Luacombe: VHF propagation by ionospheric scattering and its application to long-distance communication. Proc. IEE **103-B** (1956) 236—260.

Brechowskich, L. M. (Бреховских, Л. М.): Reflexion von Kugelwellen an schwachen Grenzflächen (russ.). Sh. T. F. **18** (1948) 473—482.

Bremmer, H.: Terrestrial radio waves, New York—Amsterdam—London—Brussels 1949.

Brockman, M. H., H. R. Buchanan, R. L. Choate and L. R. Malling: Extra-terrestrial radio tracking and communication. Proc. IRE **48** (1960) 643—654.

Brown, S. P., and G. F. Senn: Project SCORE. Proc. IRE **48** (1960) 624—630.

Bullington, K.: Reflection coefficients of irregular terrain. Proc. IRE **42** (1954) 1258 bis 1262.

Bussey, H. E.: Microwave attenuation statistics estimated from rainfall and water vapor statistics. Proc. IRE **38** (1950) 782—785.

— and G. Birnbaum: Measurement of variations in atmospheric refractive index with an airborne microwave refractometer. NBS J. Res. **51** (1953) 171—178.

CARROLL, T. J., and R. M. RING: Propagation of short radio waves in a normally stratified troposphere. Proc. IRE **43** (1955) 1387—1390.

—: Propagation des micro-ondes dans la zone d'ombre à travers une couche d'air dont l'indice décroît de facon monotone. Onde électr. **37** (1957) 771—479.

CHATTERJEE, B.: Effects of obstacles and reflections on the propagation of VHF television signals. J. Inst. Telecomm. Eng. (Delhi) **6** (1959) 47—50.

CCIR: Documents of the IX th plenary assembly Los Angeles 1959, vol. III. International Telecommunicaticon Union Genf 1959.

CHISHOLM, J. H.: Recherches expérimentales sur la diffusion angulaire et sur les possibilités d'utilisation de la propagation troposphérique pour les communications bien au-delà de l'horizon. Onde électr. **37** (1957) 427—434.

—, P. A. PORTMAN, J. T. DE BETTENCOURT and J. F. ROCHE: Investigations of angular scattering and multipath properties of troposhperic propagation of short radio waves beyond the horzion. Proc. IRE **43** (1955) 1317—1335.

—, L. P. RAINVILLE, J. F. ROCHE and H. G. ROOT: Measurements of the bandwidth of radio waves propagated by the troposphere beyond the horizon. Trans. IRE **AP-6** (1958) 377—378.

CHYTIL, B.: The depolarisation of electromagnetic waves. ÚRE-ČSAV Institutsber. No. 17 (1961a).

—: Depolarisation by randomly spaced scatterers. ÚRE-ČSAV Institutsber. No. 20 (1961).

CRAIN, C. M.: Survey of airborne microwave refractometer measurements. Proc. IRE **43** (1955) 1405—1411.

—, A. P. DEAM and J. R. GERHARDT: Measurement of tropospheric index-of-refraction fluctuations and profiles. Proc. IRE **41** (1953) 284—290.

CRYSDALE, J. H.: Large reduction of VHF transmission loss and fading by the presence of a mountain obstacle in beyond line-of-sight paths. Proc. IRE **43** (1955) 624.

—: Comparison of some experimental terrain diffraction losses with predictions based on Rice's theory for diffraction by a parabolic cylinder. Trans. IRE **AP-6** (1958) 293—295.

CUMMING, W. A.: The dielectric properties of ice and snow at 3,2 cm. J. appl. Phys. **23** (1952) 7.

DAVIES, H., and G. G. MACFARLANE: Radar echoes from the sea surface of centimeter wavelenght. Proc. Phys. Soc. **58** (1976) 717.

DAVIS, G. W. L., S. J. GLADYS, D. R. LANG, L. M. LUKE and M. K. TAYLOR: The Canadian JANET system. Proc. IRE **45** (1957) 1666—1678.

DAY, J. P., and L. G. TROLESE: Propagation of short radio waves over desert terrain. Proc. IRE **38** (1950) 165—175.

DE BETTENCOURT, J. T., A. E. WARD and B. GOLDBERG: Meteor burst propagation. IRE Nat. Conv. Rec. P. 1 (1958) 121—126.

DICKSON, F. H., J. J. EGLI, J. W. HERBSTREIT and G. S. WICKIZER: Large reductions of VHF transmission loss and fading by the presence of a mountain obstacle in beyond-the-line-of sight paths. Proc. IRE **41** (1953) 967—969.

DU CASTEL, F.: Divers types de fluctuations de champs troposphériques et leur interprétation physique. Onde électr. **37** (1957) 501—506.

—: Les faisceaux hertziens transhorizons. Situation actuelle et avenir. Onde électr. **40** (1960) 9—18.

— et P. MISME: Eléments de radioclimatologie. Onde électr. **37** (1957) 1049—1052.

— —: Contribution des réflexions partielles atmosphériques dans l'explication du champ recu à grande distance. C. r. Acad. sci. **246** (1958) 82—84.

Du Castel, F., A. Spizzichino et J. Voge: Réflexions partielles dans l'atmosphère et propagation à grande distance. Extrait des Ann. Télécomm. **13** No. 4—8, 9—10 (1958); **14** No. 1—2 (1958); **15** No. 1—2, 5—6 (1960). Éditions de la Revue d'Optique. Collection technique et scientifique du C.N.E.T. Paris 1960.

— et A. Spizzichino: Réflexion en milieu inhomogène. 3. Teil von: Du Castel, Misme, Spizzichino und Voge (1960). Ann. Télécomm. **14** (1959) 33—40.

Dufour, J.: Contribution a l'étude de la propagation des ondes ultracourtes par-dessus la barrière alpine. Techn. Mitt. PTT **31** (1953) 124—130.

Dymowitsch, N. D. (Дымович, Н. Д.): Dezimeterwellenausbreitung in Großstädten (russ.). Elektroswjaz **12** (1958) 26—33.

—: UKW-Ausbreitung in Städten (russ.). Elektroswjaz **13** (1959) 26—34.

Eckart, G.: Sur la propagation des ondes éléctromagnétiques dans un milieu stratifié. I. Ann. Télécomm. **4** (1949) 142—154; II. Ann. Télécomm. **4** (1979) 223—230.

—: Über Ortskurven des Reflexionsfaktors elektromagnetischer Wellen an einer Unstetigkeit nullter und erster Ordnung der Dielektrizitätskonstante. Z. angew. Phys. **2** (1950) 334—337.

—: Über die „innere" Reflexion in einem geschichteten Medium mit Anwendung auf die Troposphäre. A.E.Ü. **40** (1951) 133—140.

Eckersley, T. L.: Short wave wireless telegraphy. J. IEE **65** (1927) 600.

—: An investigation of short waves. J. IEE **67** (1929) 992.

Egli, J. J.: Radio propagation above 70 Mc over irregular terrain. Proc. IRE **45** (1957) 1383—1391.

Ellyett, C., and H. Leighton: Solar cycle influence on the lower ionosphere and on VHF forward scatter. Proc. IRE **46** (1958) 1711—1716.

Eshleman, R.: On the wavelength dependence of the information capacity of meteor-burst propagation. Proc. IRE **45** (1957) 1710—14.

— and R. F. Mlodnosky: Directional characteristics of meteor propagation derived from radar measurements. Proc. IRE **45** (1957) 1715—1723.

Feinstein, J.: The role of partial reflections in tropospheric propagation beyond the horizon. Trans. IRE **AP-2** (1952) 2—8.

— and G. Salzburg: Ionospheric reflection of VHF radio waves. NBS Rep. No. 1812, Washington, July 22, 1952.

Finney, R. G.: Short-time statistics of tropospheric radio wave propagation. Proc. IRE **47** (1959) 87—85.

Fischer, H. J.: Reichweiten von Nachrichten- und Funkortungsverbindungen im interplanetarischen Raum. Radio u. Fernsehen **8** (1959) 419—420.

Fok, W. A. (Фок, B. A.): Diffraktion von Radiowellen um die Erdoberfläche (russ.), Moskau—Leningrad 1946.

—: Ausbreitung der direkten Welle um die Erde unter Beachtung der Diffraktion und Refraktion (russ.), Issl. po raspr. radiowol., Sammelbd. 2, Moskau 1948, S. 40.

Forsyth, P. A., and E. L. Vogan: Forward-scattering of radio waves by meteor trails. Canad. J. Phys. **33** (1955) 146—188.

—: The duration of forward-scattered signals from meteor trails. Canad. J. Phys. **34** (1956) 535—545.

—, E. L. Vogan, D. R. Hansen and C. O. Hines: The principles of JANET. A meteor-burst communication system. Proc. IRE **45** (1957) 1642—1657.

Friis, H. T., A. B. Crawford and D. C. Hogg: A reflection theory for propagation beyond the horizon. Bell. Syst. Techn. J. **36** (1957) 627—644.

GERKS, I. H.: Factors affecting spacing of radio terminals in a UHF link. Proc. IRE **43** (1955) 1290—1296.

GNEDENKO, B. W., und A. N. KOLMOGOROW: Grenzverteilungen von Summen unabhängiger Zufallsgrößen. Übers. a. d. Russ., Berlin 1959.

GOLDSTEIN, H.: The frequency dependence of radar echoes from the surface of the sea. Phys. Rev. **69** (1946a) 695.

—: Frequency dependence of the properties of sea echo. Phys. Rev. **70** (1946b) 938—946.

GORDON, W. E.: Radio scattering in the troposphere. Proc. IRE **43** (1955) 23—28.

GRANT, C. R., and B. S. YAPLEE: Back-scattering from water and land at centimetre and millimetre wavelengths. Proc. IRE **45** (1957) 946—982.

GREGER: Funkweitverbindungen über den Mond. Fernmeldeprax. **37** (1960) 143—144.

GROSSKOPF, J.: Beitrag zur Ausbreitung der dm- und cm-Wellen über See. Fernmeldetechn. Zentralamt der Deutschen Bundespost, Ber. No. 5561, März 1960.

—: Die Dämpfung von Mikrowellen durch Wasserdampf und Regen. Fernmeldetechn. Zentralamt der Deutschen Bundespost, Ber. No. 5569, 1961.

GUDMANSEN, P., et B. L. LARSEN: Données statistiques sur la propagation des micro-ondes mesurées sur deux trajets maritimes au Danemark. Onde électr. **37** (1957) 507—511.

HEAD, H. T.: The influence of trees on television field strengths at ultra-high frequencies. Proc. IRE **48** (1960) 1016—1020.

HINES, C. O.: Diurnal variations in the number of shower meteors detected by the forward-scattering of radio waves. Canad. J. Phys. **33** (1955) 493—503.

—: A theoretical rate-amplitude relation in meteoric forward scattering. Canad. J. Phys. **36** (1958) 539—554.

HOYT, R. S.: Probability functions for the modulus and angle of the normal complex variate. Bell Syst. Techn. J. **26** (1947) 318—359.

ISTED, G. A.: Meteor activity as a factor in ionospheric scatter propagation. Marconi Rev. **21** (1958) 161—172.

JACOBY, D. L.: Communication satellites. Proc. IRE **48** (1960) 602—607.

JOHNSON, W. E.: An analogue computor for the solution of the radio refractive index equation. NBS J. Res. **51** (1953) 335—342.

Joint Technical Advisory Committee: Radio transmission by ionospheric and tropospheric scatter. Proc. IRE **48** (1960) 4—44.

JOSEPHSON, B., and A. BLOMQUIST: The influence of moisture in the ground, temperature and terrain on ground wave propagation in the VHF-band. Trans. IRE **AP-6** (1958) 169—172.

JOWETT, J. K. S.: VHF field-strength measurements over paths in the Irish Sea involving mountain obstacles. Proc. IEE **107** P. B (1960) 141—149.

KALININ, A. I. (Калинин, А. И.): Angenäherte Berechnung der Feldstärke von UKW unter Beachtung des Einflusses des Geländeprofils (russ.). Radiotechnika **12** (1957) 13—23.

—: Eine Theorie der kohärenten UKW-Fernausbreitung (russ.). Elektroswjas (1959) 41—49.

KATZIN, M.: Back-scattering from the sea surface. IRE Convention Rec., P. I (1955) 72—77.

—: Recent developments in the theory of sea clutter. IRE Conven. Rec., P. I (1956) 19.

KEARY, T. J.: The random occurence of meteors in the upper atmosphere. J. Geophys. Res. **63** (1958) 67—75.

KERR, D. E.: The propagation of very short radio waves. MIT Series No. 13, New York 1951.

Kieley, D. G.: Rain clutter measurements with c. w. radar systems operating in the 8 mm wavelength band. Proc. IEE P. III **101** (1954) 101—108.

—: Some measurements of fading at a wavelength of 8 mm over a very short sea path. J. Br. IRE **14** (1957) 89—92.

Kirby, R. S.: Correlation in VHF propagation over irregular terrain. Trans. IRE **AP-4** (19 6) 77—85.

—: Extreme useful range of VHF transmission by scattering from the lower ionosphere. IRE Nat. Conv. Rec. **6** (1958) 112—120.

—, H. T. Dougherty and P. L. McQuate: Obstacle gain measurements over Pikes Peak at 60 to 1,046 Mc. Proc. IRE **43** (1955) 1464—1472.

Klinker, L.: Radiometeorologie und die Ausbreitung ultrakurzer Wellen. Urania (Jena) **16** (1953) 322—338.

—: UKW-Fernempfangsbeobachtungen, ihre Bedeutung für Meteorologie und Funktechnik, Berlin 1955.

—: Beitrag zum Tagesgang der Feldstärken im Ultrakurzwellenbereich. Z. Meteorol. **9** (1955) 178—191.

—: Fernempfangsbeobachtungen im 3-m-Rundfunkband. Hochfrequenztechn. u. Elektroakustik **65** (1956) 77—86.

—: Aufschlüsse über den Fernausbreitungsmechanismus im Meterwellenbereich durch troposphärische Driftmessungen. Z. Meteorol. **11** (1957a) 43—49.

—: Experimentelle Untersuchungen zur Frage des Fernausbreitungsmechanismus im Meterwellenbereich. Nachr.-Techn. **7** (1957b) 210—215.

—: UKW-Nachrichtenverbindungen über große Entfernungen. Radio u. Fernsehen **6** (1957c) 636—639.

—, und K.-H. Schmelovsky: UKW-Nachrichtenverbindungen über große Entfernungen. Radio u. Fernsehen **6** (1957) 562—565.

Kolmogorow, A. N. (Колмогоров, A. H.): Die Lokalstruktur der Turbulenz in einer unkomprimierbaren Flüssigkeit bei sehr hohen Reynoldszahlen (russ.). Vortr. d. Akad. d. Wiss. UdSSR **30** (1941) 229—303.

Krassilnikow, W. A. (Красильников, B. A.): Über die Wirkung von Schwankungen des Brechungsindexes auf die UKW-Ausbreitung. (russ.). Nachr. d. Akad. d. Wiss. UdSSR, Geophys. Ser. **13** (1949) 33—57.

Kraus, J. D., R. C. Higgy, D. J. Scheer and R. W. Crone: Observations of ionization induced by artificial earth satellites. Nature **185** (1960) 520—521.

Kühn, U.: Ein Beitrag zur Kenntnis der Ausbreitungsbedingungen in den Bändern I, II, III und IV. Radio u. Fernsehen **6** (1954a) 439—442.

—: Ein Beitrag zur Kenntnis der Ausbreitungsbedingungen bei 1,3 GHz nach Messungen an einer Übertragungsstrecke mit optischer Sicht. Techn. Mitt. Rundfunk u. Fernsehen **1** (1954b) 4—10.

—: Vergleichende Untersuchung der Ausbreitungsbedingungen in den Bändern I, II, III und IV. Radio u. Fernsehen **6** (1957c) 459.

—: Ausbreitung ultrakurzer Wellen im Gelände. Dt. Post **2** (1957d) 215—220.

—: Die Fernsehversorgung der Deutschen Demokratischen Republik nach einer neuen einheitlichen Frequenzplanung. Nachr.-Techn. **7** (1957e) 215—220.

—: Ausbreitungsuntersuchungen über unterschiedlichem Gelände in den Frequenzbändern I, II und III. Techn. Mitt. BRF **2** (1958a) 1—7; **2** (1958b) 41—43.

—: Die Ausbreitung von Dezimeterwellen im Gelände. Radio u. Fernsehen **7** (1958c) 346—351.

Kühn, U.: Investigation of radio wave propagation conditions over irregular terrain in bands I, II, III, IV and V. Documentation and Information Bulletin OIR, Nr. 1 (72) February 1959.

—: Die Ausbreitung von VHF und UHF in unregelmäßigem Gelände. Electromagnetic wave propagation. Ed. Desirant-Michiels, London—New York 1960, S. 615—630 (1960 a).

—: Messung der Ausbreitung von Dezimeterwellen in unregelmäßigem Gelände. Techn. Mitt. BRF **4** (1960 b) 76—79.

Lauter, E. A., und L. Klinker: Erscheinungsformen des UKW-Empfangs auf große Entfernungen. Nachr.-Techn. **4** (1957) 242—247, 271.

MacDonald, F. G.: The correlation of radar sea clutter on vertical and horizontal polarization with wave height and slope. Conv. Rec. IRE **4** (1956) 29—32.

Mandrashi, W. P., und W. W. Burnus: (Мандражи, В. П., и В. В. Бурнус): Radiowellenausbreitung in unregelmäßigem Gelände bei 300 MHz (russ.). Techn. Televid., Moskau 1959, S. 50—61.

Manning, L. A., and V. R. Eshleman: Meteors in the ionosphere. Proc. IRE **47** (1959) 186—199.

McCoy, C. T.: Satellite communication. Proc. IRE **47** (1959) 2019—2020.

McFee, R., and T. M. Maher: Effect of surface reflections on rain cancellation of circularly polarized radars. Trans. IRE **AP-7** (1959) 199—200.

McGavin, R., and L. J. Maloney: Study at 1,046 megacycles per second of the reflection coefficient of irregular terrain at grazing angles. NBS J. Res. **63-D** (1959) 235—248.

McGinn, J. W. Jr., and E. W. Pike: A study of sea clutter spectra. Statist. methods radio wave propag., London—Oxford—New York—Paris 1960, S. 49—52.

McKinley, D. W. R.: Meteor science an engineering, New York—Toronto—London 1961.

McPetrie, J. S., and L. H. Ford: An experimental investigation on the propagation of radio waves over bare ridges in the wavelength range 10 cm to 10 m. J. IEE P. III A **93** (1946) 527—530.

— —: Some experiments ont the propagation over land of radiation of 9,2 cm wavelength expecially on the effect of obstacles. J. IEE P. III A **93** (1946 b) 531—538.

Meeks, M. L., and J. C. James: On the influence of meteor-radiant distributions in meteor-scatter communication. Proc. IRE **45** (1957) 1724—1733.

—: On the choice of frequencies for meteor-burst communication. Proc. IRE **46** (1958) 1871.

Megaw, E. C. S.: Scattering of electromagnetic waves by atmospheric turbulence. Nature **166** (1950) 1100.

—: Fundamental radio scatter propagation theory. Proc. IEE P. C **104** (1954) 441—455.

Men, A. W., S. Ja. Braude und W. J. Gorbatsch (Мень, А. В., С. Я. Брауде и В. И. Горбач): Schwankungen der Phasenstirnen bei Dezimeterwellenausbreitung über See (russ.). Vortr. d. Akad. d. Wiss. UdSSR **125** (1959 a) 1019—1022.

— — —: Experimentelle Untersuchungen der Phasenschwankungen von Dezimeterwellen bei Ausbreitung über See (russ.). Isw. wys. utscheb. saw. Radiof. **2** (1959 b) 848—857.

Millington, G.: The reflection coefficient of a linearly graded layer. Marconi Rev. **12** (1949) 140—151.

Misme, P.: Fadings d'interférences causés par des discontinuités frontales. Onde électr. **36** (1956) 43—47.

—: Influence des discontinuités frontales sur la propagation des ondes décimétriques et centimétriques. Ann. Télécomm. **12** (1957) 189—194.

MISME, P.: The correlation between the electric field at a great distance and a new radiometeorological parameter. Trans. IRE **AP-6** (1958a) 289—292.
—: Essai de radioclimatologie d'altitude dans le nord de la France. Ann. Télécomm. **13** (1958b) 303—310.
—: Mesures météorologiques. 1. Teil von: DU CASTEL, MISME, SPIZZICHINO, VOGE (1960). Ann. Télécomm. **13** (1958a) 209—214.
—: Calcul de l'indice de réfraction moyen en fonction de la valeur moyenne des paramètres: pression, température, tension de vapeur d' eau. C.N.E.T. Not. Techn. No. 13110, 13. 8. 1959.
—: Quelques aspects de la radiométéorologie et de la radioclimatologie. Ann. Télécomm. **15** (1960a) 266—243.
—: Influences radioclimatiques sur les liaisons transhorizon. Onde électr. **40** (1960) 116—123.
—: Variations des dimensions des feuillets en fonction de l'altitude. Complément à la 2e partie: DU CASTEL, MISME, SPIZZICHINO, VOGE (1960). Ann. Télécomm. **15** (1960c) 48—50.
MOORE, R. K., and C. S. WILLIAMS: Radar terrain return at near vertical incidence. Proc. IRE **45** (1957) 228—238.
MORROW, W. E.: Orbital scatter communication. XIII. Vollversammlung der URSI, London 1960.
MORROW, W. E., and D. C. MACLELLAN: Properties of orbiting dipole belts. Astron. J. **66** (1961) 107—113.
MUELLER, G. E.: Propagation of 6 mm waves. Proc. IRE **34** (1946) 181—183.
NEUGEBAUER, H. E. J., and M. P. BACHYNSKI: Diffraction of electromagnetic waves by smooth cylindrical mountains. RCA Victor Company, LTD., Res. Rep. No. 7—100—2, Aug. 1957.
— —: Diffraction by smooth cylindrical mountains. Proc. IRE **46** (1958) 1619—1627.
NISHIKORI, K., Y. KURIHARA, M. FUKUSHIMA and M. IKEDA: Broad and narrow beam investigations of S.H.F. diffraction by mountain ridges. J. Radio Res. Lab. (Tokyo) **4** (1957) 407—422.
NORTHOVER, F. H.: Long distance VHF fields. I. Partial reflection from a standard atmosphere. Canad. J. Phys. **33** (1955) 241—256.
—: Long distance VHF fields. II. Refractivity profiles containing „sharp layers". Canad. J. Phys. **33** (1955) 316—346.
—: Long distance fields. III. The case of two elevated layers. Canad. J. Phys. **33** (1955) 347—349.
NORTON, K. A., P. L. RICE and L. E. VOGLER: The use of angular distance in estimating transmission loss and fading range for propagation through a turbulent atmosphere over irregular terrain. Proc. IRE **43** (1955) 1488—1526.
—, L. E. VOGLER, W. V. MANSFIELD and P. J. SHORT: The probability distribution of the amplitude of a constant vector plus a Rayleigh-distributed vector. Proc. IRE **43** (1955) 1354—1361.
OBUCHOW, A. M. (ОБУХОВ, А. М.): Über die Energieverteilung im Spektrum einer turbulenten Strömung (russ.). Vortr. d. Akad. d. Wiss. UdSSR **32** (1971) 22—24; Nachr. d. Akad. d. Wiss. UdSSR, ser. geogr. i. geof. **5** (1941) 453—466.
OXEHUFWUD, A.: Tests conducted over highly reflective terrain, at 7000, 6000 and 11000 megacycles. Trans. Amer. IEE I, **78** (1959) 265—270.
PERRY, R. E.: A record of radar performance in ice conditions. J. Inst. Navig. **6** (1953) 74—85.

PIERCE, J. R.: Exotic radio communications. Bell. Lab. Rec. **37** (1959) 323—329.

—: Some technical aspects of satellite communications. Doc. AG 60/VI/17, XIII. Vollversammlung der URSI, London 1960.

— and R. KOMPFNER: Transoceanic communication by means of satellites. Proc. IRE **47** (1959) 372—380.

PIGGOTT, W. R.: The operation of radio altimeters over snow-covered ground or ice. Proc. IRE **49** (1961) 965.

POLESCHINSKI, E. R.: Propagation conditions for radio-telephone links in mountainous country. Brown Boveri Rev. **46** (1959) 564—572.

POLLACK, L.: Radio communications using earth-satellite repeaters. Electr. Communications **36** (1960) 180—188.

—: Active satellites. Wireless Wld. **67** (1961) 52—56.

Project Echo transmits telephone messages via satellite. Bell. Lab. Rec. **38** (1960) 334 bis 337.

RADFORD, W. H.: Moon relay communication. IRE Internat. Conven. Rec. P. **5** (1960) 277—283.

RAYLEIGH, LORD: The theory of sound, 3rd ed., London 1896.

RICE, L. P.: Radio transmission into buildings at 35 and 150 mc. Bell. Syst. Techn. J. **38** (1959) 197—210.

RICE, S. O.: Mathematical analysis of random noise. Bell. Syst. Techn. J. **23** (1944) 282 bis 332; **24** (1945) 46—156.

—: Statistical fluctuation of radio field strength far beyond the horizon. Proc. IRE **41** (1953) 274—281.

RICHTER, R., J. BESSIS et P. CATELLA: Application au radar du phénomène de réflexion des ondes électromagnétiques par le sol. Onde électr. **40** (1960) 392—410.

RIDER, G. C.: Some VHF experiments upon the diffraction effect of hills. Marconi Rev. **16** (1953) 96—106.

ROESSLER, E.: Verfahren und Anlagen für meteorische Streuübertragung. NTZ **11** (1958) 497—503.

—: Übertragung mit meteorischer Streuung. Elektron. Rdsch. **12** (1958) 426—432.

RYERSON, J. L.: Passive satellite communication. Proc. IRE **48** (1960) 613—618.

SAXTON, J. A.: Basic ground wave propagation characteristics in the frequency band 50—800 Mc/s. Proc. IEE P. III **101** (1954) 211—213.

—: La physique de la diffusion ionosphérique sur ondes métriques. Onde électr. **37** (1954) 450—455.

— and B. N. HARDEN: Ground-wave field strength surveys at 100 and 600 Mc/s. Proc. IEE P. III **101** (1954) 215—224.

— —: Ground wave propagation at UHF. Nature **173** (1954) 753—574.

— —: Polarization discrimination in VHF reception. Proc. IEE P. B **103** (1956) 757 bis 760.

SAXTON, J., and J. LANE: VHF and UHF reception effect of trees and other obstacles. Wireless Wld. **61** (1955) 229—232.

SCHIFRIN, K. S. (Шифрин, К. С.): Streuung des Lichtes in trüben Medien (russ.), Moskau 1951.

SCHMELOVSKY, K. H.: Einfluß der Korrelation zwischen den Empfangsfeldstärken bei Diversity-Empfang. Hochfrequenztechn. u. Elektroakustik **65** (1956) 74—76.

—: Partielle Reflexionen in schwachen troposphärischen Wellenleitern. Z. Meteorol. **10** (1956) 241—243.

Schünemann, R.: Untersuchung über die Ausbreitung ultrakurzer Wellen. Hochfrequenztechn. u. Elektroakustik **64** (1956) 107—123.

—: Über den Ausbreitungsmechanismus ultrakurzer Wellen hinter dem Horizont. Wiss. Z. Hochsch. f. Elektrotechn. Ilmenau **3** (1957) 59—62.

—: Über den Ausbreitungsmechanismus ultrakurzer Wellen bei großen Entfernungen. Hochfrequenztechn. u. Elektroakustik **66** (1957) 52—61.

— und W. Steffen: Über ein Mikrowellen-Refraktometer. Hochfrequenztechn. u. Elektroakustik **67** (1958) 78—83.

Senn, G. F., and P. W. Siglin: Courier satellite communication system. Trans. IRE Milit. Electron. **4** (1960) 403—413.

Shkarofsky, I. P., H. E. J. Neugebauer and M. P. Bachynski: Effect of mountains with smooth crests on wave propagation. Trans. IRE **46** (1958) 341—348.

Silverman, R. A.: Turbulent mixing theory applied to radio scattering. J. appl. Phys. **27** (1956) 699—705.

—: Fading of radio waves scattered by dielectric turbulence. J. appl. Phys. **28** (1957) 506—511.

Sintschenko, N. S., und A. Ja. Ussikow (Зинченко, Н. С., и А. Я. Усиков): Reflexion von Millimeterwellen von einer Schneeschicht (russ.). Isw. wys. utsch. saw. radiofis. **3** (1960) 614—618.

Smirenin, B. A. (Смиренин, Б. А.): Radiotechnisches Handbuch (russ.), Moskau 1950.

Smith, E. K., and S. Weintraub: The constants in the equation for atmospheric refractive index at radio frequencies. Proc. IRE **41** (1953) 1035—1037.

Smyth, J. B., et L. J. Anderson: L'importance du processus de réflexion dans les communications au-delà de l'horizon. Onde électr. **37** (1957) 485—490.

Spizzichino, M. A.: La réflexion des ondes électromagnétiques par une surface irrégulière. Centre National D'Études des Télécomm. Ber. No. 549 T, 4. 11. 1959.

—: Les différentes composantes du champs au delà de l'horizon. 6. Teil von: Du Castel, Misme, Spizzichino, Voge (1960).

Staras, H.: Forward scattering of radio waves by anisotropic turbulence. Proc. IRE **43** (1955) 1374—1380.

—: Diversity reception with correlated signals. J. appl. Phys. **27** (1956) 93—94.

— and A. D. Wheelon: Theoretical research on tropospheric scatter propagation in the United States. Trans. IRE **AP-7** (1959) 80—87.

Steffen, W.: Über ein batteriegespeistes Mikrowellen-Refraktometer geringer Größe. Hochfrequenztechn. u. Elektroakustik **70** (1961) 47—54.

Stiles, K. P.: Report on over-the-horizon radio transmission tests between Florida and Cuba. Conv. Rec. IRE P. **8** (1956) 212—216.

Stratton, J. A.: Electromagnetic theory, New York 1941.

Suzuki, M.: Equivalent reflection coefficient in Gc/s band propagation over snow-covered terrain. J. Inst. Electr. Commun. Engrs. (Japan) **42** (1959) 490—496.

Swingle, D. M.: Nomograms for the computation of tropospheric refractive index. Proc. IRE **41** (1953) 385—391.

Tatarski, V. I.: Wave propagation in a turbulent medium (Übers. a. d. Russ.), New York 1961.

Tidd, W. H.: Demonstration of bandwidth capabilities of beyond-horizon tropospheric radio propagation. Proc. IRE **43** (1955) 1297—1299.

Tomlinson, H. T., and A. W. Straiton: Analysis of 3-cm radio height-gain curves taken over rough terrain. Trans. IRE **AP-7** (1959) 405—413.

TONDORF, R.: UKW-Überreichweiten von 1000 km durch Meteorstreuung. Elektron. Rdsch. **10** (1956) 310—311.

TROIZKI, W. N. (Троицкий, В. Н.): Reflexion von UKW an schichtartigen Inhomogenitäten in der Troposphäre (russ.). Radiotechnika **11** (1956a) 7—16.

—: Die UKW-Ausbreitung weit jenseits des Horizontes (russ.). Radiotechnika **11** (1956b) 3—20.

—: Über die mögliche Bandbreite der Übertragung durch troposphärische Fernausbreitung (russ.). Radiotechnika **11** (1956c) 3—7.

TSCHERNOW, L. A. (Чернов, Л. А.): Wellenausbreitung im Medium mit zufälligen Inhomogenitäten (russ.), Moskau 1958.

URSI Special report No. 6 on radio observations of the Aurora, Amsterdam—London—New York—Princeton 1961.

VILLARD, O., V. ESHLEMAN, L. MANNING and A. PETERSON: The role of meteors in extended-range VHF propagation. Proc. IRE **43** (1955) 1473—1481.

VILLARS, F., and V. F. WEISSKOPF: The scattering of electomagnetic waves by turbulent atmospheric fluctuations. Phys. Rev. **94** (1954) 232—240.

—: On the scattering of radio waves by turbulent fluctuations of the atmosphere. Proc. IRE **43** (1955) 1232—1239.

VINCENT, W. R., R. T. WOLFRAM, B. M. SIFFORD, W. E. JAYE and A. M. PETERSON: A meteor-burst system for extended range VHF communications. Proc. IRE **45** (1957) 1693—1700.

VLECK, J. H. VAN: The absorption of microwaves by oxygen. Phys. Rev. **71** (1947a) 413.

—: The absorption of microwaves by uncondensed water vapor. Phys. Rev. **71** (1974b) 425.

VOGAN, E. L., and L. L. CAMPBELL: Meteor signal rates observed in forward-scatter. Canad. J. Phys. **35** (1957) 1176—1189.

VOGE, J.: Réflexion spéculaire et réflexion diffuse sur des feuillets atmosphériques. 4. Teil von: DU CASTEL, MISME, SPIZZICHINO, VOGE (1960). Ann. Télécomm. **15** (1960) 38—47.

—: Réflexion et diffusion troposphérique des ondes radioélectriques. 5. Teil von: DU CASTEL, MISME, SPIZZICHINO, VOGE (1960).

WAIT, J.: Reflection of electromagnetic waves obliquely from an inhomogenous medium. J. appl. Phys. **22** (1951) 1292—1293.

WATERMAN, A. T.: A rapid beam-swinging experiment in transhorizon propagation. Trans. IRE **AP-6** (1958) 338—340.

—: Some generalized scattering relationships in transhorizon propagation. Proc. IRE **46** (1958) 1842—1848.

—: A rapid beam-swinging experiment in transhorizon propagation. Electromagnetic wave propagation (Ed. by M. DÉSIRANT and J. L. MICHIELS), London—New York 1960.

—: Transhorizon measurement techniques. Statistical methods in radio waves propag. (Ed. by W. C. HOFFMAN), London—Paris—Oxford—New York 1960, S. 212—219.

WATT, A. D., and E. L. MAXWELL: Measured electrical properties of snow and glacial ice. NBS J. Res. **64D** (1960) 357—363.

WEINTRAUB, S.: Slide rule for the computation of the radio refractive index of air. NBS Rep. 2180, 1952.

WHEELON, A. D.: Note on scatter propagation with a modified exponential correlation. Proc. IRE **43** (1955) 1381—1383.

—: Radio frequency and scattering angle dependence of ionospheric scatter propagation at VHF. J. Geophys. Res. **62** (1957a) 93—112.

WHEELON, A. D.: Diurnal variations of signal level and scattering heights for VHF propagation. J. Geophys. Res. (1954 b) 255—266.

—: Relation of turbulence theory to ionospheric scatter propagation experiments. NBS J. Res. **64D** (1960 a) 301—309.

—: Amplitude distribution for radio signals reflected by meteor trails. NBS Res. **64D** (1960) 449—454.

WHITE, D.: Circular radar cuts rain clutter. Electronics **27** (1954) 158—160.

WILTSE, J. C., and S. P. SCHLESINGER: Back-scattering characteristics of the sea in the region from 10 to 50 KMC. Proc. IRE **45** (1957) 220—228, 244—246.

WIRTH, H. J., and T. J. KEARY: The duty cycle associated with forward-scattered echoes from meteor trails. IRE Nat. Conv. Rec. **AP-1** (1958) 127—132.

WWEDENSKI, B. A. (Введенский, Б. А.): Über die Diffraktionsausbreitung von Radiowellen (russ.). Sh. T. F. **6** (1936) 168, 1836; **7** (1937) 1647.

WYSSOKOWSKI, D. M. (Высоковский, Д. М.): Einige Fragen der troposphärischen UKW-Fernausbreitung (russ.), Moskau 1958.

YEH, L. P.: Tropospheric-scatter system design. Trans. Amer. IEE, P. I **77** (1958) 707 bis 716.

—: Simple methods for designing troposcatter circuits. IRE Internat. Conven. Rec. P. **5** (1960) 180—187.

—: Recent progress in microwave radio communications. Microwave J. (1961) 71—78.

ZUHRT, H.: Die Summenhäufigkeitskurven der exzentrischen Rayleigh-Verteilung und ihre Anwendung auf Ausbreitungsmessungen. AEÜ **11** (1957) 478—484.

Namenregister

Sachregister

(Die mit * bezeichneten Seitenzahlen beziehen sich auf Bildunterschriften)

FSC
www.fsc.org
MIX
Papier | Fördert
gute Waldnutzung
FSC® C083411

Kolibri 360 GmbH
Ferdinand-Jühlke-Straße 7
99095 Erfurt, Deutschland
produktsicherheit@kolibri360.de